危险化学品从业人员安全培训系列教材

危险化学品基础管理

方文林　主　编

U0306016

中国石化出版社

内 容 提 要

    本书介绍了危险化学品和剧毒化学品的辨识方法、分类方法和标志标识，阐述了危险化学品的危害途径和预防措施；详述了危险化学品的管理原理和方法、危险源辨识和风险分析方法、相关方的安全管理和直接作业安全；简述了危险化学品企业安全文化建设和安全监管平台建设。

    本书可供从事化学工业的工程技术人员和研究人员、环保和安全管理人员等培训和参考使用，也可作为高等院校化工类专业和安全工程专业的教学参考用书。

图书在版编目（CIP）数据

危险化学品基础管理 / 方文林主编. —北京 ：中国石化出版社，2015.7

危险化学品从业人员安全培训系列教材

ISBN 978-7-5114-3400-5

Ⅰ.①危… Ⅱ.①方… Ⅲ.①化工产品-危险物品管理-安全培训-教材 Ⅳ.①TQ086.5

中国版本图书馆 CIP 数据核字（2015）第 122373 号

中国石化出版社出版发行

地址：北京市东城区安定门外大街 58 号

邮编：100011　电话：(010)84271850

读者服务部电话：(010)84289974

http://www.sinopec-press.com

E-mail：press@sinopec.com

北京柏力行彩印有限公司印刷

全国各地新华书店经销

*

787×1092 毫米 16 开本 15.25 印张 368 千字

2015 年 6 月第 1 版　2015 年 6 月第 1 次印刷

定价：48.00 元

《危险化学品基础管理》

编　委　会

主　　编　方文林

编写人员　綦长茂　　鲜爱国　　程　军

　　　　　　马洪金　　张鲁涛　　陈凤棉

审稿专家　李东洲　　杜红岩　　李福阳

前　言

化学品在工业、农业、国防、科技等领域得到了广泛的应用，且已渗透到人们的生活中。据美国化学文摘登录，目前全世界已有的化学品多达 700 万种，其中已作为商品上市的有 10 万余种，经常使用的有 7 万余种，现在每年全世界新出现化学品有 1000 余种。

由于化学品具有易燃、易爆、有害及有腐蚀特性，对人员、设施环境造成伤害或损害，因此，必须认识危险化学品，了解其基础知识和危害途径，并掌握预防事故的措施和发生事故的应急处置方法，才能为我所用，造福人类。

由于现今社会使用化学品种类及数目不断增加，国际贸易活动频繁，调和世界各国对化学品统一分类及标示制度，是目前国际间首要之目标。联合国环境发展会议(UNCED)与国际化学品安全论坛(IFCS)于 1992 年通过决议，建议各国应展开国际间化学品分类与标示调和工作，以减少化学品对人体与环境造成的危险，及减少化学品跨国贸易必须符合各国不同标示规定的成本。为此，由国际劳工组织(ILO)与经济合作发展组织(OECD)、联合国危险物品运输专家委员会(UNCETDG)共同研拟出化学品分类与标示的全球调和制度(Globally Harmonized System of Classification and Labelling of Chemicals，GHS)，经过多年的调和努力，由上述三个国际组织所共同完成的 GHS 系统文件由联合国于 2003 年通过并正式公告。

我国作为一个危险化学品生产、销售和使用大国，对危险化学品的正确分类和在生产、经营、储存、运输、使用、废弃各环节中准确应用化学品标志具有重要作用，这也将进一步促进我国化学品进出口贸易发展和对外交往，防止和减少化学品对人类的伤害和对环境的破坏。中国作为联合国常任理事国及危险货物运输和全球化学品统一分类标签制度专家委员会的正式成员国，有权利和义务按照国际规范履行自己的职责，特别是加入世界贸易组织后，在化学品管理方面应积极与国际接轨。我国政府特别是质检系统一直在跟踪、研究 GHS，并就实施 GHS 做了大量的准备工作。后来我国出台的《危险化学品安全管理条例》、《化学品分类和危险性公示 通则》（GB 13690—2009）、《危险化学品目录》（2015 版）等法律法规标准，依据 GHS，与国际协调一致。

强化危险化学品的基础管理，必须掌握危险化学品的管理原理和方法，运用危险源辨识和风险分析方法找出危险化学品设施存在的风险和隐患，全面落实整改，搞好相关方的安全管理和直接作业环节的安全监管，全面开展危险化学品企业安全文化建设和安全监管平台的建设，逐步提高危险化学品企业的安全管理水平，对于确保我国"以人为本，依法治安，安全发展"具有重要意义。

鉴于此，作者联合了危险化学品领域的相关专家，对危险化学品基础管理过程中所涉及的多方面的知识点进行了梳理形成本书。以期待给读者带来帮助。

由于时间仓促，文中不妥之处请各位提出宝贵意见和建议，以便再版时改正。

目　录

第1章 危险化学品基础知识

1.1 危险化学品概念

21世纪以来，在市场需求的拉动下，我国化工产业得到了快速发展，化学品特别是危险化学品逐渐进入普通民众的视野，部分民众因此产生了恐慌心理。其实，危险化学品早已广泛应用在民众生活的方方面面。实践表明，只要规范生产和使用，危险和风险是可防控的。

人类在日常生活和生产活动中接触多种化学品，由于各种化学品的组成和分子结构不同，性质也就各不相同，掌握化学品的一般知识，了解物质的一般结构和理化性质的规律，有助于正确认识危险化学品的性质。

化学品，是指各种化学元素、由元素组成的化合物及其混合物，包括天然的或者人造的。

危险化学品，是指易燃、易爆、有害及有腐蚀特性，对人员、设施环境造成伤害或损害的化学品。

危险化学品在不同的场合，叫法或者说称呼是不一样的，如在生产、经营、使用场所统称化工产品，一般不单称危险化学品。在运输过程中，包括铁路运输、公路运输、水上运输、航空运输都称为危险货物。在储存环节，一般又称为危险物品或危险品。当然，作为危险货物、危险物品，除危险化学品外，还包括一些其他货物或物品。在国家的法律法规中称呼也不一样。如1987年2月17日国务院发布的《化学危险物品安全管理条例》中称为"化学危险物品"；2002年1月26日，国务院公布的《危险化学品安全管理条例》将关键性名词也由"化学危险物品"变为"危险化学品"；2011年3月2日国务院公布了经修订的《危险化学品安全管理条例》中称"危险化学品"；在2014年修订的《安全生产法》中称"危险物品"。

现行的《危险化学品安全管理条例》所称"危险化学品"，是指具有毒害、腐蚀、爆炸、燃烧、助燃等性质，对人体、设施、环境具有危害的剧毒化学品和其他化学品。

民用爆炸品、放射性物品、核能物质和城镇燃气不属于危险化学品。

《危险化学品目录》(2015版)对危险化学品定义为：具有剧烈急性毒性危害的化学品，包括人工合成的化学品及其混合物和天然毒素，还包括具有急性毒性易造成公共安全危害的化学品。

1.2 危险化学品组成

化学品：指各种化学单质、由单质组成的化合物及其混合物，无论是天然的或人造的。

危险化学品：指具有毒害、腐蚀、爆炸、燃烧、助燃等性质，对人体、设施、环境具有危害的剧毒化学品和其他化学品。

剧毒化学品：具有剧烈急性毒性危害的化学品，包括人工合成的化学品及其混合物和天然毒素，还包括具有危性毒性易造成公共安全危害的化学品。

危险化学品组成如图 1-1 所示。

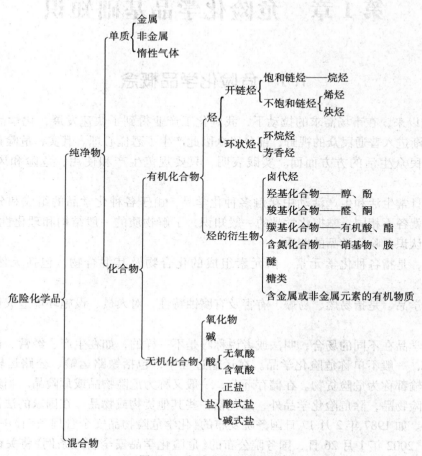

图 1-1　危险化学品的组成

1.2.1　纯净物

由同一种分子构成的物质称为纯净物，事实上，绝对纯的物质是不存在的，高纯度的单晶硅，纯度可达 99.9999%（俗称 6 个 9），但不是 100%，常用的危险化学品的纯度几乎都在 3 个 9 以下，即 ≤99.9%，很多品种仅为 1 个 9，即纯度为百分之九十几。危险化学品的纯度与安全性有很大关系，有的越纯越危险，有的则相反。在日常工作中应该注意化学品的纯度问题。

（1）单质　由同种元素构成的物质称为单质。如纯粹的硫、磷、金、铜等。单质可分为金属和非金属两大类，金属具有导电性和延展性，有特殊的金属光泽，其中铁、锰、铬称为黑色金属，黑色金属以外的称为有色金属。非金属不易导电（碳元素单质除外），无延展性，绝大多数没有金属光泽，除溴以外，常温下为固态或气态。

（2）化合物　两种或两种以上元素经化学反应产生的化学物质称为化合物，化合物又分为无机化合物与有机化合物两大类，无机化合物是分子中不含碳原子的化合物以及碳酸盐和无机氰化物等，例如，无机氧化物、酸、碱、盐；有机化合物是指分子结构中含有碳原子的化合物(无机碳酸盐和无机氰化物除外)，有机化合物的品种繁多，占所有化合物中的大多数。

1.2.2　混合物

由两种或两种以上纯净物混合在一起所组成的物质称为混合物，混合物中各物质仍保持各自原有的理化性质。

有些化学物质的混合物会大大增加燃烧爆炸危险，例如氧化剂硝酸钾与易燃固体硫黄、还原性物质木炭三者加水磨匀晾干即为黑火药。因此化学物品不得随意混合。

1.2.3　金属、非金属物质的性质

（1）周期表第 1 族锂(Li)、钠(Na)、钾(K)、铷(Rb)、铯(Cs)、钫(Fr)，最外层只有 1 个电子，容易失去电子，故呈还原性，其性质如下：

① 与空气中的 CO_2 作用，生成碳酸盐；

② 与水剧烈反应，放出氧和热量，极易发生燃烧爆炸，所以属于遇湿易燃物品，必须严格防水防潮；

③ 与酸反应比与水反应更加剧烈，更易发生爆炸，应严格防酸：

$$2Na + 2HCl ＝＝2NaCl + H_2 + 热量$$

④ 能与氯气剧烈反应，发生燃烧，生成氯化物：

$$2Na+Cl_2 ＝＝2NaCl+热量$$

⑤ 与硫磺剧烈反应发生爆炸，生成硫化物：

$$2Na+S ＝＝Na_2S+热量$$

⑥ 碱金属的过氧化物为强氧化剂，与非金属氧化物也能进行反应：

$$2NaO_2+2CO_2 ＝＝2NaCO_3+O_2$$

所以不能使用二氧化碳灭火剂扑灭碱金属的过氧化物火灾。

⑦ 碱金属的氧化物与水反应剧烈，有爆燃危险。

（2）碱土金属铍(Be)、镁(Mg)、钙(Ca)、锶(Sr)、钡(Ba)活泼性较碱金属略逊一等，但也能与水、酸剧烈反应，并呈还原剂特性。

（3）卤素、氟(F)、氯(Cl)、溴(Pr)、碘(I)最外层有 7 个电子，容易夺取 1 个电子而呈强氧化剂性质。

① 氟和氯能与所有金属起氧化作用，溴和碘与贵金属以外的所有金属反应，因此呈现强烈腐蚀性。

氟在低温下也能与溴、碘、硫、磷、砷、锑、硼、硅、碳等元素剧烈反应，产生大量热量而增加火灾爆炸的危险。

② 与氢反应，氟与氯遇氢剧烈反应发生爆炸。

③ 氯的含氧酸及其盐类为氧化剂，与易燃物混合，受摩擦撞击易发生爆炸。

（4）氧族元素氧(O)、硫(S)、硒(Se)、碲(Te)、钋 (Po) 的最外联有 6 个电子，容易夺取 2 个电子，呈氧化剂性质。

① 氧为强氧化剂，是助燃剂。在遇火或高热条件下能与碳、氧、磷、铁、有机物等猛烈反应而发生燃烧爆炸。

② 硫能在明火点燃下猛烈燃烧，为易燃固体。在高温下与氢反应，生成硫化氢。

$$S+H_2=H_2S$$

硫化氢易燃，剧毒，在隔绝空气条件下加热，会分解产生氢气和微细的硫黄粉尘，一旦进入空气极易发生猛烈爆炸，给消防工作增加困难。

（5）氮族元素氮（N）、磷（P）、砷（As）、锑（Sb）、铋（Bi）最外层有 5 个电子，夺取电子的趋势减弱，所以非金属性也减弱，而锑、铋的金属性比较显著。

① 氮虽属于惰性气体，但与氧族元素氧、氖等不同，在特殊条件下产生多种化合物，其中硝酸具有较强的氧化作用，与多种有机物以及碳、硫、磷等非金属剧烈反应而有燃烧爆炸危险。硝酸盐受热易分解发生爆炸。

② 磷是一种较强的还原剂，遇氧化剂易发生燃烧爆炸。黄磷暴露在空气中极易自燃，故应储藏在水中。

1.2.4　有机化合物的性质和分类

（1）性质　有机化合物以碳和氧元素为主体，氢原子可以被其他基团取代而产生品种极多的衍生物。衍生物的分子中除碳、氢元素外，以氧、氮元素为多，其他还有硫、磷、铁、钙等。有机化合物结构复杂，品种远比无机化合物多。

有机化合物大多难溶于水，熔点较无机化合物低，也存在三态(气态、液态和固态)。

有机化合物以其结构和所含元素的不同而性质各异，可以具有燃烧、爆炸、腐蚀、毒性等性质，或同一种品种具有多种危险性，使生产、使用、运输、储藏过程中的安全问题突出。

（2）分类

① 烃　由碳、氢两种元素构成的有机物统称为烃，烃类按碳链形状分为直链烃和环烷烃两类。其中直链烃包括饱和烃(烷烃)，如丙烷、戊烷等；不饱和烃，烯烃如乙烯、丙烯等；炔烃如乙炔、丙炔等；环烷烃，如环乙烷等；芳香烃即分子中含有苯环的芳香族化合物，如甲苯等。

烃类的最大特点是可燃或易燃，其蒸气与空气混合能形成爆炸性混合物。必须严格防火。

不饱和烃能发生加成反应和聚合反应等，伴随放热，反应剧烈时有爆炸危险。具有乙炔基的化合物多具有易爆性，应特别小心。

烃类随碳原子数量的增加而沸点升高。在常温下，含 4 个碳原子以下的烷烃为气体，5~16 个碳原子的烷烃为液体；16 个碳原子以上即呈固态。一般说来，液体烷烃含碳原子数较少的，其闪点也较低。

芳香烃即为苯及其衍生物的总称，一般呈液态或固态，苯的同系物中，碳原子增加，沸点升高，这一点与直链烃是一致的。

苯及苯的同系物的化学活泼性较不饱和烃小，但是绝大部分具有可燃、易燃性；其蒸气与空气的混合物也能形成爆炸性混合物。

② 烃的衍生物　烃分子中的一个或几个氢被其他元素的原子或原子团取代的产物称为烃的衍生物，主要的衍生物有醇、酚、醛、酮、羟酸、磺酸、醚、酯、硝基化合物、胺类及卤代烃等。

在烃的含氧衍生物中，如果在分子质量相差不大的情况下，火灾危险性是按醚、醛、酮、酯、醇、羧酸的次序下降的，在芳香烃衍生物中，由氯、烃基、氨基、羟基取代苯环中的氢，火灾危险性会降低；取代基的数量越多，火灾危险性越低，尤其是磺酸基取代后，该化合物就不易起火了。但是硝基相反，取代的硝基越多，爆炸危险性越大。

1.2.5 油品分类

（1）按油品的沸点和组分分

重质油品（沸点在 400℃ 以上，C_{16} 以上组分）；

轻质油品（沸点在 122～399℃ 之间，C_5～C_{15} 之间组分）。

（2）按油品的闪点分

易燃油品；

可燃油品。

（3）按油品的用途分

燃料油（汽油、煤油、柴油）；

溶剂油（苯、脂、酮、醚、醇）；

润滑油（机油、黄油、齿轮油）；

透平油（变压器油、刹车油、透平油）。

（4）按燃烧特性分

沸溢性；

非沸溢性油品。

1.3 危险化学品的辨识方法

列入《危险化学品目录》（2015 版）的化学品就属于危险化学品或剧毒化学品。

安全监管总局会同工业和信息化部、公安部、环境保护部、交通运输部、农业部、国家卫生计生委、质检总局、铁路局、民航局制定了《危险化学品目录》（2015 版），于 2015 年 2 月 27 日以 2015 年第 5 号公告予以发布，2015 年 5 月 1 日起实施。《危险化学品名录》（2002 版）、《剧毒化学品目录》（2002 版）同时予以废止。

被废止的两个名录中，《危险化学品名录》（2002 版）有 3823 个条目，《剧毒化学品目录》（2002 版）（含补充、修正）有 335 个条目。二者相加共 4158 个条目属于危险化学品。而新的《危险化学品目录》（2015 版）中单个危险化学品共 2827，其中：剧毒化学品 148 个，减少了 187 个；危险化学品 2679 个，减少了 1144 个。但是其中最后一条"2828 含易燃溶剂的合成树脂、油漆、辅助材料、涂料及其他制品［闭杯闪点 ≤ 60℃］"，属于类属条目，表示的是含易燃溶剂的若干条目。

《危险化学品目录》（2015 版），除列明的 2827 条目属于危险化学品或剧毒化学品外，符合 2828 条规定的相应条件的，均属于危险化学品。

1.4 常用危险化学品分类及其特性

危险化学品目前常见并用途较广的约有数千种，其性质各不相同，每一种危险化学品往往具有多种危险性，但是在多种危险性中，必有一种主要的（即对人类危害最大的）危险性。因此在对危险化学品分类时，掌握"择重归类"的原则，即根据该化学品的主要危险性来进行分类。

1.4.1 常用危险化学品的分类及其特性

目前，我国对危险化学品的分类主要有两种：一是根据 GB 13690—2009 分类，这种分类与联合国 GHS 相接轨，对我国化学品进出口贸易发展和对外交往有促进作用；二是根据 GB 6944—2012 分类，这种分类适用我国危险货物的运输、储存、生产、经营、使用和处置。

1.4.1.1 根据《化学品分类和危险性公示 通则》(GB 13690—2009) 分类

根据联合国《化学品分类及标记全球协调制度》(GHS)(第二修订版)对危险化学品危险性分类及公示的要求，我国作为一个化学品生产、消费和使用大国，执行 GHS 对我国化学品的正确分类和在生产、运输、使用各环节中准确应用化学标记具有重要作用，也将进一步促进我国化学品进出口贸易发展和对外交往，防止和减少化学品对人类的伤害和对环境的破坏。我国将《常用危险化学品分类及标志》(GB 13690—92) 修订为《化学品分类和危险性公示通则》(GB 13690—2009)。GB 13690—2009 从理化危险、健康危险和环境危险三个方面，将危险品分为 28 大类，其中包括 16 个理化危险性分类种类，10 个健康危害性分类种类以及 2 个环境危害性分类种类。

GB 13690—2009 将化学品分为 28 类。

物理化学危害(共 16 类)

① 爆炸物；② 易燃气体；③ 易燃气溶胶；④ 氧化性气体；⑤ 压力下气体；⑥ 易燃液体；⑦ 易燃固体；⑧ 自反应物质；⑨ 自燃液体；⑩ 自燃固体；⑪ 自热物质；⑫ 遇水放出易燃气体的物质；⑬ 氧化性液体；⑭ 氧化性固体；⑮ 有机过氧化物；⑯ 金属腐蚀物。

健康危害(共 10 类)

① 急性毒性；② 皮肤腐蚀/刺激；③ 严重眼睛损伤/眼睛刺激性；④ 呼吸或皮肤过敏；⑤ 生殖细胞突变性；⑥ 致癌性；⑦ 生殖毒性；⑧ 特异性靶器官系统毒性一次接触；⑨ 特异性靶器官系统毒性反复接触；⑩ 吸入危险。

环境危害(共 2 类)

① 危害水环境物质；② 危害臭氧层物质。

随着我国深入实施 GHS，2013 年国家标准化委员会发布了《化学品分类和标签规范》系列国家标准(GB 30000.1—2013~GB 30000.29—2013)，替代《化学品分类、警示标签和警示性说明安全规范》系列标准(GB 20576—2006~GB 20599—2006、GB 20601—2006 和 GB 20602—2006)。该系列标准均转化自联合国 GHS，化学品危险性分类也从 26 类增加到了 28 类。至此，我国关于化学品物理危险性的分类标准和相应的测试方法的体系已较为齐全，而且与联合国推行的危险品分类测试标准体系保持了同步。

以上 28 类具体分类如下：

(1) 理化危险性

系列国标 GB 30000.2—2013~GB 30000.17—2013 是化学品分类和标签规范的国家标准，规定了化学品引起的一共 16 类理化危险性的术语和定义、分类、判定流程和指导、类别和警示标签、类别和标签要素的配置及警示性说明的一般规定。适用于化学品引起的理化危险性按联合国《化学品分类及标记全球协调制作》的危险性分类、警示标签和警示性说明。

第 1 类 爆炸品

爆炸品[《化学品分类和标签规范 第 2 部分：爆炸物》(GB 30000.2—2013)]是一

种固态或液态物质（或混合物），能通过化学反应在内部产生一定速度、一定温度与压力的气体，且对周围环境具有破坏作用的一种固体或液体物质（或其混合物）。烟火物质无论其是否产生气体都属于爆炸物。如：叠氮钠、黑索金、2，4，6-三硝基甲苯（TNT），三硝基苯酚。

烟火物质（或烟火物质混合物）是这样一种物质或物质的混合物，它旨在通过非爆炸自持放热化学反应产生的热、光、声、气体、烟或所有这些的组合来产生效应。

爆炸物种类包括：

① 爆炸性物质或混合物；

② 爆炸性物品，但不包括下述装置：其中所含爆炸性物质或混合物由于其数量或特性，在意外或偶然点燃或引爆后，不会由于迸发、发火、冒烟、发热或巨响而在装置之外产生任何效应；

③ 在①和②中未提及的为产生实际爆炸或烟火效应而制造的物质、混合物和物品。

除未被划为不稳定的爆炸物（对热不稳定，正常搬运或使用过程中太敏感）外，根据爆炸物所具有的危险特性分为6项：

第 1 项　具有整体爆炸危险的物质、混合物和制品（整体爆炸是实际上瞬间引燃几乎所有装填料的爆炸）。

第 2 项　具有喷射危险但无整体爆炸危险的物质、混合物和制品。

第 3 项　具有燃烧危险和较小的爆轰危险或较小的喷射危险或两者兼有，但非整体爆炸危险的物质、混合物和制品。其中包括可产生大量辐射热的物质和物品，或相继燃烧产生局部爆炸或迸射效应或两种效应兼而有之的物质和物品。

第 4 项　不存在显著爆炸危险的物质、混合物和制品。这些物质、混合物和制品，万一被点燃或引爆也只存在较小危险，并且要求最大限度地控制在包装内，同时保证无肉眼可见的碎片喷出，爆炸产生的外部火焰应不会引发包装内的其他物质发生整体爆炸。

第 5 项　具有整体爆炸危险，但本身又很不敏感的物质或混合物。这些物质、混合物虽然具有整体爆炸危险，但是极不敏感，以至于在正常条件下引爆或由燃烧转至爆轰的可能性非常小；

第 6 项　极不敏感，且无整体爆炸危险的制品。这些制品只含极不敏感爆轰物质或混合物和那些被证明意外引发的可能性几乎为零的制品。

爆炸品的主要特性：

① 爆炸性是一切爆炸品的主要特征。这类物品都具有化学不稳定性，在一定外界因素的作用下，会进行猛烈的化学反应，主要有以下特点：

猛烈的爆炸性。当受到高热摩擦、撞击、震动等外来因素的作用或其它性能相抵触的物质接触，就会发生剧烈的化学反应，产生大量的气体和高热，引起爆炸。爆炸性物质如贮存量大，爆炸时威力更大。这类物质主要有：三硝基甲苯（TNT），苦味酸（三硝基苯酚），硝酸铵（NH_4NO_3），叠氮化物（RN_3），雷酸盐[$Hg(ONC)_2$]，乙炔银（$Ag-C \equiv C-Ag$）及其它超过三个硝基的有机化合物等。

化学反应速度极快。一般以 0.0001s 的时间完成化学反应，因为爆炸能量在极短时间内放出，因此具有巨大的破坏力。爆炸时产生大量的热，这是爆炸品破坏力的主要来源。爆炸产生大量气体，造成高压，形成的冲击波对周围建筑物有很大的破坏性。

② 对撞击、摩擦、温度等非常敏感。任何一种爆炸品的爆炸都需要外界供给它一定的

能量-起爆能。某一爆炸品所需的最小起爆能，即为该爆炸品的敏感度。敏感度是确定爆炸品爆炸危险性的一个非常重要的标志，敏感度越高，则爆炸危险性越大。

③ 有的爆炸品还有一定的毒性。例如，三硝基甲苯(TNT)、硝化甘油(又称硝酸甘油)、雷汞[Hg(ONC)$_2$]等都具有一定的毒性。

④ 与酸、碱、盐、金属发生反应。有些爆炸品与某些化学品如酸、碱、盐发生化学反应，反应的生成物是更容易爆炸的化学品。如：苦味酸遇某些碳酸盐能反应生成更易爆炸的苦味酸盐；苦味酸受铜、铁等金属撞击，立即发生爆炸。由于爆炸品具有以上特性，因此在储运中要避免摩擦、撞击、颠簸、震荡，严禁与氧化剂、酸、碱、盐类、金属粉末和钢材料器具等混储混运。

第 2 类　易燃气体

易燃气体(GB 30000.3—2013)是在 20℃和标准大气压 101.3kPa 时与空气混合有一定易燃范围的气体。如：甲烷、氢气、乙炔。

易燃气体分为 2 类，见表 1-1。

表 1-1　易燃气体的分类及分类原则

类别	分类原则
1	在 20℃和标准大气压 101.3kPa 时的气体： (1) 在与空气的混合物中，按体积占 13% 或更少时可点燃的气体；或 (2) 无论易燃下限如何，与空气混合，可燃范围至少为 12 个百分点的气体
2	在 20℃和标准大气压 101.3kPa 时，除类别 1 中的气体之外，与空气混合时有易燃范围的气体

注：1. 氨和甲基溴化物可以视为特例；

　　2. 对于气溶胶的分类可见 GB 30000.4—2013。

易燃气体的特性：

此类气体极易燃烧，与空气混合能形成爆炸性混合物。如氢气、甲烷、乙炔等。常见易燃气体的特性，见表 1-2。

表 1-2　易燃气体的燃爆特性

名称	特征	密度/(g/L) 或相对密度	自燃点/ ℃	爆炸极限/ %
氢	无色，无味，非常轻，与氯气混合遇光即爆炸	0.0899(0℃)	560	4.1~75
磷化氢	无色，有蒜臭味，微溶于水，能自燃，极毒	1.529(0℃)	100	2.12~15.3
硫化氢	无色，有臭鸡蛋味，有毒，与铁生成硫化铁，能自燃	1.539(0℃)	260	4~44
甲烷(沼气)	无色，无味，与空气混合见火发生爆炸，与氯混合遇光能爆炸	0.415＊＊(-164℃)	540	5.3~15
乙烷	无色，无臭	0.446＊＊(0℃)	500~522	3.1~15
丙烷		0.5852＊＊(-44.5℃)	446	2.3~9.5
丁烷	无色	0.599＊(0℃)	405	1.5~8.5
乙烯	无色，有特殊甜味及臭味，与氯气混合受日光作用能爆炸	0.610＊(0℃)	490	2.75~34

名称	特征	密度/(g/L) 或相对密度	自燃点/ ℃	爆炸极限/ %
丙烯	无色	0.581＊＊(0℃)	455	2~11
丁烯	无色，遇酸、碱、氧化物时能爆炸，与空气混合易爆炸	0.668＊(0℃)	465	1.7~9
氯乙烯	无色，似氯仿香味，甜味，有麻醉性	0.9195＊＊(-15℃)	472	4~33
焦炉气	无色，主要成分为一氧化碳、氢气、甲烷等，有毒	<空气	640	5.6~30.4
乙炔(电石气)	无色，有臭味，加压加热起聚合加成反应，与氯气混合遇光即爆炸	1.173(0℃)	335	2.53~82
一氧化碳	无色，无臭，极毒	1.25(0℃)	610	12.5~79.5
氯甲烷	无色，有麻醉性	0.918＊(20℃)	632	8.2~19.7
氯乙烷	无色，精溶于水，燃烧时发绿色火焰，会形成光气，易液化	0.9214＊＊(0℃)	518.9	3.8~15.4
环氧乙烷	无色，易燃，有毒，溶于水	0.871＊(20℃)	429	3~80
石油气	无色，有特臭，成分有丙烯，丁烷等气体		350~480	1.1~11.3
天然气	无色，有味，主要成分是甲烷及其他碳氢化合物	<空气	570~600	5.0~16
水煤气	无色，主要成分为一氧化碳、氢气，有毒	<空气	550~600	6.9~69.5
发生炉煤气	无色，主要成分为一氧化碳、氢气、甲烷、二氧化碳等，有毒	<空气	700	20.7~73.7
煤气	无色，有特臭，主要成分是一氧化碳、甲烷、氢气，有毒	<空气	648.9	4.5~40
甲胺	无色气体或液体，有氨味，溶于水、乙醇，易燃、有毒	0.662＊(20℃)	430	4.95~20.75

注：＊相对于空气密度；＊＊相对于水的密度。

第3类　气溶胶

气溶胶(GB 30000.4—2013)气溶胶是指喷射罐(系任何不可重新罐装的容器，该容器由金属、玻璃或塑料制成)内装强制压缩、液化或溶解的气体(包含或不包含液体、膏剂或粉末)，并配有释放装置以使内装物喷射出来，在气体中形成悬浮的固态或液态微粒或形成泡沫、膏剂或粉末或者以液态或气态形式出现。

分类原则：

① 如果气溶胶含有任何按 GHS 分类原则分类为易燃的成分时，该气溶胶应考虑分类为易燃的，即含易燃液体、易燃气体、易燃固体物质的气溶胶为易燃气溶胶。

易燃成分不包括自燃、自热物质或遇水反应物质，因为这些成分从来不用作气溶胶内装物。

② 易燃气溶胶根据其成分的化学燃烧热，如适用时根据其成分的泡沫试验(对泡沫气溶胶)；以及点燃距离试验和封闭空间试验(对喷雾气溶胶)的结果分为两个类别，即极易燃烧的气溶胶和易燃气溶胶。

易燃气溶胶具有易燃液体、易燃气体、易燃固体物质所具有的特性。

第4类　氧化性气体

氧化性气体(GB 30000.5—2013)是指通过提供氧，可引起或比空气更能促进其他物质燃烧的任何气体。

氧化性气体的分类如表 1-3 所示。

表 1-3　氧化性气体的分类

类别	分类
1	一般通过提供氧，可引起或比空气更能促进其他物质燃烧的任何气体

注：含氧量体积分数高至 23.5% 的人造空气视为非氧化性气体。

第 5 类　压力下气体

压力下气体（GB 30000.6—2013）是指 20℃ 时压力不小于 200 kPa 的容器中的气体或成为冷冻液化的气体。压力下气体由压缩气体、液化气体、溶解气体、冷冻液化气体组成。

按包装的物理状态，压力下气体可分为 4 类，见表 1-4。

表 1-4　压力下气体的分类

类别	分类
压缩气体	在压力下包装时，-50℃ 是完全气态的气体，包括所有具有临界温度不大于-50℃ 的气体
液化气体	在压力下包装时，温度高于-50℃ 时部分是液体的气体。它区分为： (1) 高压液化气：具有临界温度为-50～+65℃ 之间的气体； (2) 低压液化气：具有临界温度高于+65℃ 的气体
冷冻液化气体	包装时由于其低温而部分成为液体的气体
溶解气体	在压力下包装时溶解在液相溶剂中的气体

注：临界温度是指高于此温度无论压缩程度如何，纯气体都不能被液化的温度。

气体的主要特性：

① 可压缩性。一定量的气体在温度不变时，所加的压力越大其体积就会变得越小，若继续加压气体会压缩成液态。气体通常以压缩或液化状态储于钢瓶中，不同的气体液化时所需的压力、温度亦不同。临界温度高于常温的气体，用单纯的缩方法会使其液化，如氯气、氨气、二氧化硫等。而临界温度低于常温的气体，就必须在加压的同时使温度降至临界温度以下才能使其液化，如氢气、氧气、一氧化碳等。这类气体难以液化，在常温下，无论加多大压力仍是以气态形式存在，因此人们将此类气体又称为永久性气体。其难以压缩和液化的程度是与气体的分子间引力、结构、分子热运动能量有关。

② 膨胀性。气体在光照或受热后，温度升高，分子间的热运动加剧，体积增大，若在一定密闭容器内，气体受热的温度超高，其膨胀后形成的压力越大。一般压缩气体和液化气体都盛装在密闭的容器内，如果受高温、日晒，气体极易膨胀产生很大的压力。当压力超过容器的耐压强度时就会造成爆炸事故。

装有各种压缩气体的钢瓶应根据气体的种类涂上不同的颜色及标志。不同压缩气体钢瓶规定的漆色如表 1-5 所示。

表 1-5　压缩气体钢瓶规定的漆色表

钢瓶名称	外表面颜色	字样	字样颜色	横条颜色
氧气瓶	天蓝	氧	黑	
氢气瓶	深绿	氢	红	红
氮气瓶	黑	氮	黄	棕

钢瓶名称	外表面颜色	字　样	字样颜色	横条颜色
压缩空气瓶	黑	压缩气体	白	
乙炔气瓶	白	乙炔	红	
二氧化碳气瓶	黑	二氧化碳	黄	

第6类　易燃液体

易燃液体(GB 30000.7—2013)是指闪点不大于93℃的液体。分类标准如下：

类别	分类
1	闪点<23℃和初沸点≤35℃
2	闪点<23℃和初沸点>35℃
3	35℃≤闪点≤60℃
4	60℃<闪点≤93℃

注：闪点高于35℃的液体，如果在联合国《关于危险货物运输的建议书试验和标准手册》的 L.2 持续燃烧性试验中得到否定结果时，对于运输可看作为非易燃液体。

这类液体极易挥发成气体，遇明火即燃烧。可燃液体以闪点作为评定液体火灾危险性的主要根据，闪点越低，危险性越大。

易燃液体具有的特性：

① 高度易燃性。易燃液体的主要特性是具有高度易燃性，遇火、受热以及和氧化剂接触时都有发生燃烧的危险，其危险性的大小与液体的闪点、自燃点有关，闪点和自燃点越低，发生着火燃烧的危险越大。

② 易爆性。由于易燃液体的沸点低，挥发出来的蒸汽与空气混合后，浓度易达到爆炸极限，遇火源往往发生爆炸。

③ 高度流动扩散性。易燃液体的黏度一般都很小，不仅本身极易流动，还因渗透，浸润及毛细现象等作用，即使容器只有极细微裂纹，易燃液体也会渗出容器壁外。泄漏后很容易蒸发，形成的易燃蒸汽比空气重，能在坑洼地带积聚，从而增加了燃烧爆炸的危险性。

④ 易积聚电荷性。部分易燃液体，如苯、甲苯、汽油等，电阻率都很大，很容易积聚静电而产生静电火花，造成火灾事故。

⑤ 受热膨胀性。易燃液体的膨胀系数比较大，受热后体积容易膨胀，同时其蒸气压亦随之升高，从而使密封容器中内部压力增大，造成"鼓桶"，甚至爆裂，在容器爆裂时会产生火花而引起燃烧爆炸。因此，易燃液体应避热存放；灌装时，容器内应留有5%以上的空隙。

⑥ 毒性。大多数易燃液体及其蒸气均有不同程度的毒性。因此在操作过程中，应做好劳动保护工作。

第7类　易燃固体

易燃固体(GB 30000.8—2013)是指容易燃烧的或可通过摩擦引起或促进着火的固体。易燃固体可以是粉状、颗粒状或膏状物质，他们与点火源(如着火的火柴)短暂接触，能容易点燃，并且火焰蔓延很快。

易燃固体因着火点低，如受热、遇火星、受撞击、摩擦或氧化剂作用等能引起急剧的燃烧或爆炸，同时放出大量毒害气体。如赤磷、硫黄、萘、硝化纤维素等。

易燃固体分类如表1-6所示。

表 1-6 易燃固体的分类

类别	分　类
1	燃烧速率试验：除金属粉末以外的物质或混合物：（1）潮湿区不能阻挡火焰；（2）燃烧时间<45s 或燃烧速率>2.2mm/s 金属粉末：燃烧时间≤5min
2	燃烧速率试验：除金属粉末以外的物质或混合物： （1）潮湿区能阻挡火焰至少 4min； （2）燃烧时间<45s 或燃烧速率>2.2mm/s 金属粉末：5min<燃烧时间≤10min

注：对于固定物质或混合物的分类试验，该试验应按提供的物质或混合物进行。例如，如果对于供应或运输目的，同种化学品其提交的形态不同于试验时的形态，而且被认为可能实际上不同于分类试验时的性能时，则该物质还必须以新形态进行试验。

易燃固体特性：

① 易燃固体的主要特性是容易被氧化，受热易分解或升华，遇明火常会引起强烈、连续的燃烧。

② 与氧化剂、酸类等接触，反应剧烈而发生燃烧爆炸。

③ 对摩擦、撞击、震动也很敏感。

④ 许多易燃固体有毒，或燃烧产物有毒或腐蚀性。

第 8 类　自反应物质和混合物

自反应物质和混合物（GB 30000.9—2013）是指热不稳定性液体、固体物质或混合物，即使没有氧（空气），也易发生强烈放热分解反应。不包括 GHS 分类为爆炸品、有机过氧化物或氧化性物质的物质和混合物。当自反应物质或混合物具有在实验室试验以有限条件加热时易于爆炸、快速爆燃或显现剧烈反应时，可认为其具有爆炸特性。

自反应物质分类：

除下列情况外，任何自反应物质或混合物都应按本类方法进行分类

① 按照 GB 30000.2—2013 分类为爆炸物；

② 按照 GB 30000.14—2013 或 GB 30000.16—2013 分类为氧化性液体或氧化性固体；

③ 按照 GB 30000.16—2013 分类为有机过氧化物；

④ 它们的分解反应热小于 300J/g；或

⑤ 50kg 包装自加速分解温度（SADT）高于 75℃。

自反应物质和混合物按下列原则分为 A~G 型 7 个类型

A 型　任何自反应物质或混合物，如在运输包件中可能起爆或迅速爆燃，则定为 A 型自反应物质；

B 型　具有爆炸性的任何自反应物质或混合物，如在运输包件中不会起爆或迅速爆燃，但在该包件中可能发生热爆炸，则定为 B 型自反应物质；

C 型　具有爆炸性的任何自反应物质或混合物，如在运输包件中不可能起爆或迅速爆燃或发生热爆炸，则定为 C 型自反应物质；

D 型　任何自反应物质或混合物，在实验室中试验时：

（a）部分起爆，不迅速爆燃，在封闭条件下加热时不呈现任何剧烈效应；或

（b）根本不起爆，缓慢爆燃，在封闭条件下加热时不呈现任何剧烈效应；或

（c）根本不起爆或爆燃，在封闭条件下加热时呈现中等效应；则定为 D 型自反应物质；

E 型　任何自反应物质或混合物，在实验室中试验时，既绝不起爆也绝不爆燃，在封闭条件下加热时呈现微弱效应或无效应，则定为 E 型自反应物质；

F 型　任何自反应物质或混合物，在实验室中试验时，既绝不在空化状态下起爆也绝不爆燃，在封闭条件下加热时只呈现微弱效应或无效应，而且爆炸力弱或无爆炸力，则定为 F 型自反应物质；

G 型　任何自反应物质或混合物，在实验室中试验时，既绝不在空化状态下起爆也绝不爆燃，在封闭条件下加热时显示无效应，而且无任何爆炸力，则定为 G 型自反应物质。但该物质或混合物必须是热稳定的(50kg 包件的自加速分解温度为 60~75℃)，对于液体混合物，所用脱敏稀释剂的沸点不低于 150℃。如果混合物不是热稳定的，或所用脱敏稀释剂的沸点低于 150℃，则定为 F 型自反应物质。

表 1-7 为有机物质中显示自反应特性的原子团。

表 1-7　有机物质中显示自反应特性的原子团

结构特征	举　例
相互作用的原子团	氨基腈类；卤苯胺类；氧化酸的有机盐类
S＝O	磺酰卤类；磺酰氰类；磺酰肼类
P—O	亚磷酸盐
紧绷的环	环氧化物；氮丙啶类
不饱和	链烯类；氰酸盐

第 9 类　自燃液体

自燃液体(GB 30000.10—2013)是即使数量小也能在空气接触后 5min 之内引燃的液体。

自燃液体分类见表 1-8。

表 1-8　自燃液体的分类

类别	分　类
1	液体加至惰性载体上并暴露于空气中 5min 内燃烧，或与空气接触 5min 内它燃着或炭化滤纸

第 10 类　自燃固体

自燃固体(GB 30000.11—2013)是指与空气接触后 5min 内，即使少量也易着火的固体。

注：对于固体物质或混合物的分类试验而言，试验理应是对物质或混合物按提交形态进行的。例如，如果对于供应或运输目的，同样的化学品被提交的形态不同于试验时的形态并且认为其性能可能与分类试验有实质不同时，该物质或混合物还必须以新的形态试验。

自燃固体根据联合国《关于危险货物运输的建议书 试验和标准手册》的 33.3.1.4 中 N.2 试验，按表 1-9 进行分类。

表 1-9　自燃固体的分类

类别	分　类
1	燃烧速率试验： 除金属粉末外的物质或混合物： (1) 潮湿区不能阻挡火焰； (2) 燃烧时间小于 45s，或燃烧速率大于 2.2mm/s 金属粉末： 燃烧时间不大于 5min

类别	分　　类
2	燃烧速率试验： 除金属粉末外的物质或混合物： （1）潮湿区能阻挡火焰至少 4min； （2）燃烧时间小于 45s，或燃烧速率大于 2.2mm/s 金属粉末： 燃烧时间大于 5min，且小于或等于 10min

　　燃烧性是自燃物品的主要特性，自燃物品在化学结构上无规律性，因此自燃物质就有各自不同的自燃特性。

　　例如，黄磷性质活泼，极易氧化，燃点又特别低，一经在空气中暴露很快引起自燃。但黄磷不和水发生化学反应，所以通常放置在水中保存。另外黄磷本身极毒，其燃烧的产物五氧化二磷也为有毒物质，遇水还能生成剧毒的偏磷酸。所以遇有磷燃烧时，在扑救的过程中应注意防止中毒。

　　再如，二乙基锌、三乙基铝等有机金属化合物，不但在空气中能自燃，遇水还会强烈分解，产生易燃的氢气，引起燃烧爆炸。因此，储存和运输必须用充有惰性气体或特定的容器包装，失火时亦不可用水扑救。

　　第 11 类　自热物质和混合物

　　自热物质和混合物（GB 30000.12—2013）是指通过与空气反应并且无能量供应，易于自热的固体、液体物质或混合物。该物质或混合物与自燃液体或固体不同之处在于只在大量（几千克）和较长的时间周期（数小时或数天）时才会着火。

　　物质或混合物的自热，导致自发燃烧，是由该物质或混合物与氧（空气中的）反应和产生的热不能足够迅速地传导至周围环境中引起的。当产生热的速度超过散失热的速度和达到了自燃温度时就会发生自燃。

　　一种物质或混合物如果按联合国《关于危险货物运输的建议书 试验和标准手册》的33.3.1.6 中所列的试验方法进行的试验符合下列要求，则应被分类为自热物质或混合物，并按表 1-10 进行分类。

表 1-10　自热物质或混合物的分类

类别	分类原则
1	用边长 25mm 的立方体样品在 140℃时得到肯定结果
2	（1）用边长 100mm 的立方体样品在 140℃试验时得到肯定结果和使用边长 25mm 的立方体样品在 140℃试验时得到否定结果并且该物质是待包装在体积大于 3m³ 的包装中；或 （2）用边长 100mm 的立方体样品在 140℃试验时得到肯定结果和使用边长 25mm 的立方体样品在 140℃试验时得到否定结果，用边长 100mm 的立方体样品在 120℃试验时得到肯定结果并且该物质是待包装在体积大于 450L 的包装中；或 （3）用边长 100mm 的立方体样品在 140℃试验时得到肯定结果和使用边长 25mm 的立方体样品在 140℃试验时得到否定结果并且用边长 100mm 的立方体样品在 100℃试验时得到肯定结果

　　注：1. 对于固体物质或混合物的分类试验而言，该试验应对其提交的物质或混合物进行。例如，如果对于供应或运输的目的，同样的化学品被提交的形态不同于试验时的形态并且认为其性能可能与分类试验有实质不同时，该物质或混合物还必须以新的形态试验。

　　2. 该标准基于木炭的自燃温度，27 m³ 的试样立方体的自燃温度为 50℃。体积为 27 m³，自燃温度高于 50℃ 的物质和混合物不应划入本危险类别。体积 450 L，自燃温度高于 50℃ 的物质和混合物不应划入类别 1。

第 12 类　遇水放出易燃气体的物质或混合物

遇水放出易燃气体的物质（GB 30000.13—2013）是指通过与水相互反应所产生的气体通常显示自燃的倾向，或放出危险数量的易燃气体的固体或液体物质。例如钠、钾、氢化钾、电石等。

遇水放出易燃气体的物质或混合物根据联合国《关于危险货物运输的建议书 试验和标准手册》的33.4.1.4 中 N.5 进行试验，按照表 1-11 分类。

表 1-11　遇水放出易燃气体的物质和混合物的分类

类别	分　类
1	在环境温度下与水剧烈反应所产生的气体通常显示自燃的倾向，或在环境温度下容易与水反应，放出易燃气体的速率大于或等于每千克物质在任何 1min 内释放 10L 的物质或混合物
2	在环境温度下易与水反应，放出易燃气体的最大速率大于或等于每小时 20L/kg，并且不符合类别 1 准则的任何物质或混合物
3	在环境温度下与水缓慢反应，放出易燃气体的最大速率大于或等于每小时 1L/kg，并且不符合类别 1 和类别 2 准则的任何物质或混合物

注：1. 如果在试验程序的任何一步中发生自燃，该物质就被分类为遇水放出易燃气体的物质或混合物。

2. 对于固体物质或混合物的分类试验而言，该试验应对其提交的物质或混合物的形态进行。例如，如果对于供应或运输的目的，同样的化学品被提交的形态不同于试验时的形态并认为其性能可能与分类试验有实质不同时，该物质或混合物还必须以新的形态试验。

遇水放出易燃气体的物质除遇水反应外，遇到酸或氧化剂也能发生反应，而且比遇到水发生的反应更为强烈，危险性也更大。因此，储存、运输和使用时，注意防水、防潮，严禁火种接近，与其他性质相抵触的物质隔离存放。遇湿易燃物质起火时，严禁用水、酸碱泡沫、化学泡沫扑救！

第 13 类　氧化性液体

氧化性液体（GB 30000.14—2013）是指通过产生氧，可引起或促使其他物质燃烧，而其本身不一定可燃的一种液体。

氧化性液体根据联合国《关于危险货物运输的建议书 试验和标准手册》的 34.4.2 中 0.2 试验进行分类，见表 1-12。

表 1-12　氧化性液体的分类

类别	分　类
1	试验物质（或混合物）与纤维素 1:1（质量比）混合物可自燃，或试验物质（或混合物）与纤维素 1:1（质量比）混合物的平均压力升高时间小于 50%高氯酸水溶液和纤维素 1:1（质量比）混合物的平均压力升高时间的任何物质和混合物
2	试验物质（或混合物）与纤维素 1:1（质量比）混合物显示的平均压力升高时间小于或等于 40%氯酸钠水溶液和纤维素 1:1（质量比）混合物的平均压力升高时间，并且不符合类别 1 的任何物质和混合物
3	试验物质（或混合物）与纤维素 1:1（质量比）混合物显示的平均压力升高时间小于或等于 65%硝酸水溶液和纤维素 1:1（质量比）混合物的平均压力升高时间，并且不符合类别 1 和类别 2 的任何物质和混合物

第 14 类　氧化性固体

氧化性固体（GB 30000.15—2013）是指本身不一定可燃，但一般通过产生氧而引起或促使其他物质燃烧的一种固体。如氯酸铵、高锰酸钾等。

氧化性物质具有强烈的氧化性，按其不同的性质遇酸、碱、受潮、强热或与易燃物、有机物、还原剂等性质有抵触的物质混存能发生分解，引起燃烧和爆炸。对这类物质可以分为：

一级无机氧化性物质-性质不稳定，容易引起燃烧爆炸。如碱金属（第一主族元素）和碱土金属（第二主族元素）的氯酸盐、硝酸盐、过氧化物、高氯酸及其盐、高锰酸盐等。

二级无机氧化性物质-性质较一级氧化剂稳定。如重铬酸盐，亚硝酸盐等。

氧化性固体根据联合国《关于危险货物运输的建议书 试验和标准手册》的34.4.1中0.1试验进行分类，见表1-13。

表1-13 氧化性固体的分类

类别	分 类
1	试验物质（或混合物）与纤维素4∶1或1∶1（质量比）混合物显示平均燃烧时间小于溴酸钾与纤维素3∶2（质量比）混合物的平均燃烧时间的任何物质或混合物
2	试验物质（或混合物）与纤维素4∶1或1∶1（质量比）混合物显示平均燃烧时间等于或小于溴酸钾与纤维素2∶3（质量比）混合物的平均燃烧时间和不符合类别1的任何物质或混合物
3	试验物质（或混合物）与纤维素4∶1或1∶1（质量比）混合物显示平均燃烧时间等于或小于溴酸钾与纤维素3∶7（质量比）混合物的平均燃烧时间和不符合类别1和2的任何物质或混合物

注：对于固体物质或混合物的分类试验，试验应对其提交的物质或混合物进行。例如，如果对于供应或运输的目的，同样的化学品被提交的形态不同于试验时的形态，并且认为其性能可能与分类试验有实质不同时，该物质还必须以新的形态试验。

第 15 类　有机过氧化物

有机过氧化物（GB 30000.16—2013）是指含有二价—O—O—结构和可视为过氧化氢的一个或两个氢原子已被有机基团取代的衍生物的液体或固体有机物。本术语还包括有机过氧化配制物（混合物）。有机过氧化物是可发生放热自加速分解的热不稳定物质或混合物。

此外，它们可具有一种或多种下列性质：①易爆炸分解；②快速燃烧；③对撞击或摩擦敏感；④与其他物质发生危险的反应。

注：实验室试验中有机过氧化物在封闭条件下加热时易发生爆炸、迅速爆燃或表现剧烈效果，被认为具有爆炸性质。

有机过氧化物具有强烈的氧化性，按其不同的性质遇酸、碱、受潮、强热或与易燃物、有机物、还原剂等性质有抵触的物质混存能发生分解，引起燃烧和爆炸。对这类物质可以分为：

一级有机氧化性物质——既具有强烈的氧化性，又具有易燃性。如过氧化二苯甲酰。

二级有机氧化性物质——既具有强的氧化性，又具有强烈的腐蚀性。如过乙酸、过氧苯甲酸等。

任何有机过氧化物都应考虑划入本类别，除非：

① 有机过氧化物的有效氧≤1.0%，而且过氧化氢含量≤1.0%；或

② 有机过氧化物的有效氧≤0.5%，而且过氧化氢含量>1.0%但不超过7.0%。有机过氧化物混合物的有效氧含量 m_{O_2}（%）可按式（1-1）计算：

$$m_{O_2} = 16 \times \sum_{i}^{n} \left(\frac{n_i \times c_i}{m_i} \right) \tag{1-1}$$

式中　n_i——每个分子有机过氧化物 i 的过氧化基团数；

c_i——有机过氧化物 i 的浓度（质量分数用%表示）；

m_i——有机过氧化物 i 的相对分子质量。

第 16 类　金属腐蚀剂

金属腐蚀物（GB 30000.17—2013）是指通过化学作用会显著损伤或甚至毁坏金属的物质或混合物。

腐蚀金属的物质或混合物是通过化学作用显著损坏或毁坏金属的物质或混合物。

金属腐蚀物质或混合物根据联合国《关于危险货物运输的建议书 试验和标准手册》的第 Ⅲ 部分 37.4 节进行试验，按表 1-14 分类。

表 1-14　金属腐蚀剂的分类

类别	分 类
1	在试验清晰度 55 下，钢或铝表面的腐蚀速率超过 6.25mm/a

（2）健康危险

GB 30000.18—2013～GB 30000.27—2013 系列国标是健康危害分类的国家标准，规定了化学品引起的以下 10 类健康危害的术语和定义、分类、判定流程和指导、类别和警示标签、类别和标签要素的配置及警示性说明的一般规定。适用于化学品引起的健康危害按联合国《化学品分类及标记全球协调制度》的危险性分类、警示标签和警示性说明。

第 17 类　急性毒性

急性毒性（GB 30000.18—2013）是指在单剂量或在 24h 内多剂量口服或皮肤接触一种物质，或吸入接触 4h 之后出现的有害效应。

以化学品的急性经口、经皮肤和吸入毒性划分为 5 类危害，即按其经口、经皮肤（大致）LD_{50}、吸入 LC_{50} 值的大小进行危害性的基本分类见表 1-15。

表 1-15　急性毒性危险类别 LD_{50}/LC_{50} 值

接触途径	单位	类别 1	类别 2	类别 3	类别 4	类别 5[③]
经口	mg/kg	5	50	300	2000	5000
经皮肤	mg/kg	50	200	1000	2000	
气体[①]	mL/L	0.1	0.5	2.5	5	
蒸气[①②]	mg/L	0.5	2.0	10	20	
粉尘和烟雾	mg/L	0.05	0.5	1.0	5	

注：① 表中吸入的最大值是基于 1h 接触试验得出的。如现有 1h 接触的吸入毒性数据，对于气体和蒸气应除以 2，对于粉尘和烟雾应除以 4 加以转换；

② 对于某些化学品所试气体不会正好是蒸气，而会由液相与蒸气相的混合物组成对于另一些化学品所试气体可由几乎为气相的燕气组成。对后者，应根据如下的 mL/L 进行危害分类：类别 1（0.1mL/L）、类别 2（0.5mL/L）、类别 3（2.2.5mL/L）、类别 4（5mL/L）。

③ 类别 5 的指标是旨在能够识别急性毒性危害相对较低的，但在某些情况下，对敏感群体可能存在危害的物质。这些物质预期它的经口或经皮肤 LD_{50} 的范围为 2000～5000 mg/kg 体重和相应的吸入剂量。类别 5 的具体准则为：

a. 如果现有可靠的证据表明 LD_{50}（或 LC_{50}）在类别 5 的数值范围内，或者其他动物研究或人体毒性效应表明对人体健康有急性影响，那么该物质应被分为这一类别。

b. 通过数据的推断、评估或测定，如果不能分类到更危险的类别，并有如下情况时，该物质分到此类别：

——得到的可靠信息说明对人类有显著的毒性效应；或

——通过经口、吸入或经皮肤接触试验直至类别 4 的剂量水平时观察到任何一种致死率，或

——在试验至类别 4 的数值时，除了出现腹泻、被毛蓬松、外观污秽之外，专家判断确定有明显的临床毒性表现；或

——判定来自其他动物研究的明显急性毒性效应的可靠信息。

评价化学品经口和吸入途径的急性毒性时的最常用的试验动物是大鼠,而评价经皮肤急性毒性较佳的是大鼠和兔。

第18类 皮肤腐蚀/刺激

皮肤腐蚀(GB 30000.19—2013)是对皮肤造成不可逆损伤,即将受试物在皮肤上涂敷4h后,可观察到表皮和真皮坏死。

典型的腐蚀反应的特征是溃疡、出血、有血的结痂,而且在观察期14d结束时,皮肤、完全脱发区域和结痂处由于漂白而褪色。应考虑通过组织病理学来评估可疑的病变。

皮肤刺激是将受试物涂皮4h后,对皮肤造成可逆性损害。

皮肤腐蚀的类别和子类别、皮肤刺激类别分别见表1-16和表1-17。

表1-16 皮肤腐蚀的类别和子类别

类别1:腐蚀	腐蚀子类别	3只试验动物中≥1只出现腐蚀	
		涂皮时间	观察时间
腐蚀	1A	≤3min	≤1h
	1B	>3min,且≤1h	≤14d
	1C	>1h,且≤4h	≤14d

注:人类经验表明对皮肤能造成不可逆伤害的化学品应划入该类。

表1-17 皮肤刺激类别

类别	分 类
刺激 (类别2)	(1)3只试验动物至少2只在斑贴物除去后,于24h、48h和72h阶段红斑/焦痂或浮肿的平均值为≥2.3且小于4.0,或者如果反应是延迟的,则从皮肤反应开始后,各阶段3个相继日评估; (2)至少2只动物保持炎症至观察期末正常为14d,尤其考虑到脱毛(发)症(有限面积),表皮角化症,增生和伤痕; (3)在某些情况,动物中间的反应会明显不同,1只动物对化学品暴露有关的很明确的阳性反应但低于上述准则。

注:人类经验表明皮肤接触4h后,对皮肤能造成可逆伤害的化学品应划入该类。

轻度刺激 (类别3)	3只试验动物至少(2面)3只在斑贴物除去后,于24h、48h和72h阶段红斑(焦痂或浮肿)的平均值为≥1.5且<2.3,或者如果反应是延迟的,则从皮肤反应开始后各阶段三个相继日评估(当不包括在上述刺激类别时)

第19类 严重眼损伤/眼刺激

严重眼损伤(GB 30000.20—2013)是将受试物滴入眼内表面,对眼睛产生组织损害或视力下降,且在滴眼21d内不能完全恢复。

眼刺激是将受试物滴入眼内表面,对眼睛产生变化,但在滴眼21d内可完全恢复。

眼损伤和眼刺激分为不可逆效应影响和可逆效应影响,其分类如表1-18所示。

表1-18 眼睛不可逆效应影响和可逆效应影响

类别1:眼睛不可逆效应的影响类别	类别2:眼睛可逆效应的类别
试验物质有以下情况,分类为眼睛刺激类别1(对眼不可逆效应): (1)至少1只动物影响到角膜、虹膜或结膜,并预期不可逆或在正常21d观察期内没有完全恢复;和(或) (2)3只试验动物,至少2只有如下阳性反应:	眼睛刺激类别2A的受试物质产生如下情况: (1)3只试验动物中至少2只有如下项目的阳性反应: 角膜浑浊度≥1和(或) 虹膜炎≥1和(或) 结膜红度≥2和(或)

类别1：眼睛不可逆效应的影响类别	类别2：眼睛可逆效应的类别
角膜浑浊度≥3 和（或） 虹膜炎>1.5 它们是在受试物质滴入眼内后按24h、48h 和72h 分级试验的平均值计算的	结膜浮肿≥2 （2）在受试物（接触）滴眼后按24h、48h、72h 分别计算平均得分数；并 （3）在正常21d 观察期内完全恢复； 在本类别范围，如以上所列效应在7d 观察期内完全恢复，则被认为是对眼睛的轻度刺激（子类别2B）

第20类　呼吸或皮肤过敏（GB 30000.21—2013）

呼吸过敏物是吸入后会引起呼吸道过敏反应的物质。

皮肤过敏物是皮肤接触后会引起过敏反应的物质。

过敏包含两个阶段：第一阶段是某人接触某种变应原而引起特定免疫记忆。第二阶段是引发，即某一致敏个人因接触某种变应原而产生细胞介导或抗体介导的过敏反应。

就呼吸过敏而言，随后为引发阶段的诱发，其形态与皮肤过敏相同。对于皮肤过敏，需要有一个让免疫系统能学会作出反应的诱发阶段；此后，可出现临床症状，这时的接触就足以引发可见的皮肤反应（引发阶段）。因此，预测性的试验通常取这种形态，其中有一个诱发阶段，对该阶段的反应则通过标准的引发阶段加以计量，典型做法是使用斑贴试验。直接计量诱发反应的局部淋巴结试验则是例外做法。人体皮肤过敏的证据通常通过诊断性斑贴试验加以评估。

就皮肤过敏和呼吸过敏而言，对于诱发所需的数值一般低于引发所需数值。

表1-19 为呼吸或皮肤过敏分类表。

表1-19　呼吸或皮肤过敏分类

危险类别	分类原则
呼吸致敏物	（1）如果有人的证据（哮喘、鼻炎、结膜炎、肺泡炎等），说明该物质能引起特异性呼吸过敏，和（或）有合适动物的阳性结果。 （2）如果这些混合物符合下列之一"搭桥原则"的规定： ①稀释；②产品批次；③实质上类似的混合物 （3）如果搭桥原则不适用，如在该混合物中各种呼吸致敏物组分达到如下浓度者可分类： ≥0.1%，固体/液体 ≥0.1%，气体
皮肤致敏物	（1）适用于具有下列特性的物质和试验混合物： 如果有人的证据（过敏性接触性皮炎）说明各种物质对皮肤接触能引起大多数人的过敏反应，或有合适动物试验的阳性结果； （2）如果这些混合物在以下情况下符合下列之一"搭桥原则"的规定： ①稀释；②分批；③实质类似的混合物 （3）如果搭桥原则不适用，如在该混合物中各种物质的皮肤敏化物组分达到如下浓度者可分类： ≥0.1%（固、液 W/W） ≥1%（固、液 W/W）或 ≥0.1%（气 V/V） ≥0.2%（气 V/V）

第21类 生殖细胞致突变性（GB 30000.22—2013）

主要是指可引起人体生殖细胞突变并能遗传给后代的化学品。然而，物质和混合物分类在这一危害类别时还要考虑体外致突变性/遗传毒性试验和哺乳动物体细胞体内试验。

"突变"是指细胞中遗传物质的数量或结构发生的永久性改变。

"突变"适用于可遗传的基因变异，包括显示在表型改变和发现的重要的 DNA 改型两方面（例如，包括异性碱基对改变和染色体易位）。"致突变"、"致突变物"用于引起细胞和（或）生物群体的突变发生次数增加的物质。

"遗传毒性的"和"遗传毒性"适用于导致 DNA 的结构、信息内容的改变，或 DNA 的分离，包括通过干扰正常复制过程，或以非生理方式（暂时地）改变其复制物质所致 DNA 损害。遗传毒性试验结果通常被用作致突变效应的指标。

生殖细胞突变分为两类，如表1-20所示。

表1-20　生殖细胞突变的危害类别

类别1	已知能引起人体生殖细胞可遗传的突变或可能引起可遗传的突变的化学品
类别1A	已知能引起人体生殖细胞可遗传的突变的化学品 指标：人群流行病学研究的阳性证据
类别1B	应认为可能引起人体生殖细胞可遗传的突变的化学品 指标： • 哺乳动物体内可遗传的生殖细胞突变试验的阳性结果；或 • 哺乳动物体内体细胞突变试验的阳性结果，结合该物质具有诱发生殖细胞突变的某些证据。这种支持数据，例如，可由体内生殖细胞中突变性/遗传毒性试验推导，或由该物质或其代谢物与生殖细胞的遗传物质的相互作用证实，或 • 显示人类的生殖细胞突变影响的试验的阳性结果，不遗传给后代，例如接触该物质的人群的精液细胞中非整倍体频度的增加
类别2	由于其可诱发人类的生殖细胞中遗传性突变的可能性而引起担心的化学品 指标： • 来自哺乳动物试验和/或在某些情况来自体外试验得到的阳性结果； • 可得自哺乳动物体内的体细胞突变性试验，或 • 其他体外突变性试验的阳性结果支持的体内体细胞遗传毒性试验

注：体外哺乳动物细胞突变性试脸为阳性，并且从化学结构活性关系已知为生殖细胞突变的化学品，应考虑分为类别2致突变物。

第22类 致癌性（GB 30000.23—2013）

能诱发癌症或增加癌症发病率的化学物质或化学物质的混合物。在操作良好的动物实验研究中，诱发良性或恶性肿瘤的物质通常可认为或可疑为人类致癌物，除非有确切证据表明形成肿瘤的机制与人类无关。

具有致癌危害的化学物质的分类是以该物质的固有性质为基础的，而不提供使用化学物质中发生人类癌症的危险度。

对于致癌性的分类目的而言，化学物质根据是证据力度和其他的参考因素被分成两个类别。在某些情况下，特定的分类方法被认为是正确的，见表1-21。

表 1-21　致癌物的危害类别

类别1	已知或可疑人类致癌物 根据流行病学和/或动物的致癌性数据，可将化学品划分在类别1中。个别的化学品可以进一步分类为： 类别1A：已知对人类具有致癌能力；化学品分类主要根据人类的证据 类别1B：可疑对人类有致癌能力，化学品分类主要根据动物的证据 分类根据证据力度和其他参考因素，这样的证据由人类的研究得出，确定人类接触化学品与癌症发病间的因果关系，为已知人类的致癌物。或者，研究证据由动物实验得出，有充分的证据证明动物致癌性（为可疑人类致癌物）。此外，在逐个分析证据的基础上，从人体致癌性的有限证据结合动物试验的致癌性有限证据中经过科学判断可以合理地确定可疑人类致癌物 分类：致癌物类别1（A 和 B）
类别2	可疑人类致癌物 某化学品被分在类别2中是根据人类和/或动物研究得到的证据进行的，但没有充分证据可将该化学品分在类别1中。根据证据力度与其他参考因素，这些证据可来源于人类研究的有限致癌性证据或来自动物研究的有限致癌性证据 分类：致癌物类别2

第23类　生殖毒性（GB 30000.24—2013）

生殖毒性对成年男性或女性的性功能和生育力的有害作用，以及对子代的发育毒性。

在此分类系统中，生殖毒性被细分为两个主要部分：对生殖或生育能力的有害效应和对后代发育的有害效应

对生殖能力的有害效应：化学品干扰生殖能力的任何效应，这可包括，但不仅限于，女性和男性生殖系统的变化，对性成熟期开始的有害效应、配子的形成和输送、生殖周期的正常性、性功能、生育力、分娩、未成熟生殖系统的早衰和与生殖系统完整性有关的其他功能的改变。对经过哺乳造成的有害效应也包括在生殖毒性中，但是出于分类目的，应分别处理这样的效应。因为希望能将化学品对哺乳的有害效应作专门分类，以便将这种效应特定的危险警告提供给哺乳的母亲。

对子代发育的有害效应：取其最广义而言，发育毒性包括妨碍胎儿无论出生前后的正常发育过程中的任何影响，而影响是无论来自在妊娠前其父母接触这类物质的结果，还是子代在出生前发育过程中，或出生后至性成熟时期前接触的结果。然而，对发育毒性的分类，其主要目的是对孕妇及有生育能力的男性与女性提供危险性警告。因此，对于分类的实用目的而言，发育毒性主要指对怀孕期间的有害影响，或由于父母的接触造成有害影响的结果。这些影响能在生物体生存时间的任何阶段显露出来。生育毒性的主要表现形式包括：①正在发育的生物体死亡；②结构畸形；③生长不良；④功能缺陷。

对于生殖毒性分类目的而言，化学物质被分为两个类别。对生殖、生育能力的影响和对发育的影响被分别考虑。此外，对哺乳的影响被单独分为一个危害类别，危害类别分类见表1-22、表1-23。

表 1-22　生殖毒物的危害类别

类别 1	已知或足以确定的人类的生殖或发育毒物 此类别包括对人类的生殖能力或发育已产生有害效应的物质，或有动物研究的证据，及可能用其他信息补充提供其具有妨碍人生殖能力的物质。根据其分类的证据来源可作进一步区分，主要来自人的数据（类别 1A）或来自动物的数据（类别 1B） 类别 1A：已知对人类的生殖能力、生育或发育造成有害效应的，该物质分类在这一类别主要根据人的数据 类别 1B：推定对人的生殖能力或对发育的有害影响 该物质分类在这一类别主要根据实验动物的数据。动物研究数据应提供清楚的、没有其他毒性作用的和特异性生殖毒性的证据，或者当有害生殖效应与其他毒性效应一起发生时，这种有害生殖效应不被认为是继发的、非特异性的其他毒性效应。然而，当存在有机制方面的信息怀疑这种效应对人类的相关性时，将其分类至类别 2 也许更合适
类别 2	可疑人类的生殖毒(性)物或发育毒(性)物 此类别的物质应有人或动物试验研究的某些证据(可能还有其他补充材料)表明对生殖能力、发育的有害效应而不伴其他毒性效应；但如果生殖毒性效应伴其他毒性效应时，这种生殖毒性效应不被认为是其他毒性效应的继发的非特异性结果；同时，没有充分证据支持分为类别 1。例如，研究中的欠缺可以使证据的说服力较差，基于此原因，分类于类别 2 可能更合适

表 1-23　生殖毒物的危害类别

哺乳效应：

对哺乳的影响是被单独划分在单一类别。已知许多物质不存在经哺乳能对子代引起有害影响的信息。然而，已知一些物质被妇女吸收后显示干扰哺乳，或该物质(包括代谢物)可能存在于乳汁中，而且其含量足以影响哺乳婴儿的健康，那么应标示出该物质分类对哺乳婴儿造成危害的性质。这一分类可根据如下情况确定：

(1) 对该物质吸收、代谢、分布和排泄的研究应指出该物质在乳汁中存在，且其含量达到可能产生毒性的水平；和(或)

(2) 在动物实验中一代或二代的研究结果表明，物质转移至乳汁中对子代的有害影响或对乳汁质量的有害影响的清楚证据；和(或)

(3) 对人的实验证据包括对哺乳期婴儿的危害

第 24 类　特异性靶器官系统毒性———一次接触（GB 30000.25—2013）

由一次接触产生特异性的、非致死性靶器官系统毒性的物质。包括产生即时的和（或）迟发的、可逆性和不可逆性功能损害的各种明显的健康效应。

基本要素：

① 分类是将化学物质鉴定为特异性靶器官系统毒物，因此提出接触该化学物质的人可能会产生有害健康的效应。该物质的一次接触染毒能对人引起一致的可辨认的毒性效应。

② 分类取决于现有可靠证据，或对实验动物引起组织/器官功能或结构有意义的毒理学变化，或生物化学或血液学的严重变化而且这些变化与人体的健康有关。公认人体数据是这种危害类别的首选证据来源。

③ 评估应不仅考虑一个器官或生物系统的显著变化，而且也应涉及几个器官不太严重的一般变化。可以通过与人类相关的任何接触途径产生特异性靶器官系统毒性，即主要经口、经皮肤或吸入。

④ 反复染毒接触的特异性靶器官系统毒性见 GB 30000.26—2013。其他特异性的毒性影响，如急性致死性/毒性、眼睛严重损伤/刺激和皮肤腐蚀性/刺激、皮肤和呼吸的致敏性、致癌性、致突变性和生殖毒性都分别加以评估，因此不包括在这里。

物质根据全部现有证据的权衡，包括使用推荐的指导值，通过专家判断，分别地将物质分为产生急性或迟发效应。然后依据观察到的效应的性质和严重程度将物质分为以下两个类别，见表1-24。

表1-24　特异性靶器官系统毒性——一次接触的类别

类别1：一次接触对人体造成明显特异性靶器官系统毒性的物质，或根据实验动物研究的证据推定可能对人体造成明显特异性靶器官系统毒性的物质

将物质分入类别1的根据是：

人类的病例报告或流行病学研究的可靠和高质量的证据；或

实验动物研究的观察资料，其中在一般低浓度接触时产生与人类健康有关的明显和（或）严重的特异性靶器官系统毒性效应。下表提供的指导剂量/浓度值可用于证据权衡评价

类别2：根据实验动物研究的证据，可以推定一次接触可能对人体的健康产生危害的物质

根据实验动物研究的观察资料将物质分类于类别2，其中在一般中等接触浓度时即会产生与人类健康相关的明显的特异性靶器官系统毒性。为了有助于分类，表1-25提供了指导剂量/浓度值

在特别情况，人类的证据也能用于将物质分类于类别2

注：对于特异性靶器官系统的两个类别的鉴定易受已被分类物质的影响，或可将物质确定为一般的系统毒物。应设法确定毒性的主要靶器官并为此分类，例如肝脏毒物和神经毒物。应认真评估数据，在可能容许的场合下不考虑次要效应，例如肝脏毒物能够产生神经系统或胃肠系统的次要效应。

表1-25　一次接触剂量的指导值范围（浓度值）

接触途径	单位	指导值范围	
		类别1	类别2
经口（大鼠）	mg/kg	$C \leqslant 300$	$2000 \geqslant C > 300$
经皮肤（大鼠或兔）	mg/kg	$C \leqslant 1000$	$2000 \geqslant C > 1000$
吸入（大鼠），气体	mL/L	$C \leqslant 2.5$	$5 \geqslant C > 2.5$
吸入（大鼠），蒸气	mg/L	$C \leqslant 10$	$20 > C > 10$
吸入（大鼠），粉尘/烟/雾	mg/(L·4 h)	$C \leqslant 1.0$	$5.0 > C > 1.0$

第25类　特异性靶器官系统毒性反复接触（GB 30000.26—2013）

由反复接触而引起特异性的非致死性靶器官系统毒性的物质。包括能够引起即时的和（或）迟发的、可逆性和不可逆性，功能损害的各种明显的健康效应。

基本要素：

① 分类可以说明该化学物质是一种特异性靶器官系统毒物，因此，它可说明接触该化学物质对人类可产生有害健康效应。

② 分类取决于现有可靠依据，该物质反复接触后能对人或试验动物引起组织（器）官功能或结构的明显变化。对动物的这些生化或血液学的变化并与人的健康相关。

③ 评估不仅应考虑单一器官或生物系统发生的显著变化，而且应涉及几个器官不大严重的一般性变化。

④ 可以通过与人类有关的各种途径产生特异性靶器官系统毒性，即主要为经口、经皮肤或吸入。

⑤ 在本标准中不包括一次接触后观察到的非致死毒性效应在化学品中分类，见第24类。本标准也不包括其他特异性的毒性效应，如急性致死率/毒性、对眼睛的严重损伤/眼刺激和皮肤腐蚀性/刺激，皮肤和呼吸致敏性、致癌性、致突变性和生殖毒性。

物质根据全部现有证据的权衡，包括使用推荐的指导值应考虑所致效应的接触期限和剂

量/浓度，并根据所见效应的性质和严重程度将物质分为两个类别，见表1-26。

表1-26　特异性靶器官系统毒性——反复接触的类别

类别1：反复接触对人体已产生明显特异性靶器官系统毒性的物质，或根据现有实验动物研究的证据能推定对人体有可能产生明显特异性靶器官系统毒性的物质

将物质分入类别1是根据：

人类的病例报告或流行病学研究的可靠和高质量的证据；或

实验动物研究的观察资料，其中在低接触浓度时产生与人类健康有关的明显和/或严重的特异性靶器官系统毒性效应。下表提供的指导剂量/浓度值可用于证据权衡评价

类别2：反复接触，根据实验动物研究得来的证据能推定对人类健康可能产生危害的物质。

将物质分类于类别2是根据实验动物研究的观察资料，其中在中等接触浓度时产生与人类健康有关的明显特异性靶器官系统毒性。为了有助于分类，下表提供了指导剂量/浓度值

在特别情况，分至类别2也可使用人类证据

注：对于特异性靶器官系统的两个类别的鉴定易受已被分类物质的影响或可将物质确定为一般的系统毒物。应设法确定毒性的主要靶器官并为此分类。例如肝脏毒物和神经毒物应认真评估数据，在可能容许的场合下不考虑次要效应，例如肝脏毒物能够产生神经系统或胃肠系统的次要效应。

类别1和类别2分类的指导值(90天反复接触)，见表1-27和表1-28。

表1-27　类别1分类的指导值(90天反复接触)

接触途径	单位	指导值(剂量/浓度)
经口(大鼠)	(mg/kg)/d	10
经皮肤(大鼠或兔)	(mg/kg)/d	20
吸入(大鼠)，气体	(mL/L)/6h/d	0.05
吸入(大鼠)，蒸气	(mg/L)/6h/d	0.2
吸入(大鼠)，粉尘/烟/雾	(mg/L)/6h/d	0.02

注：对于类别1分类而言，在对实验动物进行的90d反复接触研究中观察到明显毒性效应，并且以等于或小于在上表中说明的建议的指导值时所见效应时，便可进行分类。

表1-28　类别2分类的指导值(90天反复接触)

接触途径	单位	指导值(剂量/浓度)
经口(大鼠)	(mg/kg)/d	10~100
经皮肤(大鼠或兔)	(mg/kg)/d	20~200
吸入(大鼠)，气体	(mL/L)/6h/d	0.05~0.25
吸入(大鼠)，蒸气	(mg/L)/6h/d	0.2~1.0
吸入(大鼠)，粉尘/烟/雾	(mg/L)/6h/d	0.02~0.2

注：对于类别2分类而言，在实验动物进行的90d重复剂量研究中观察到明显毒性影响并且以等于或小于上表中的(建议的)指导值发生的毒性影响时，就有理由分类。

第26类　吸入危害(GB 30000.27—2013)

本类是对可能对人类造成吸入毒性危险的物质或混合物。

"吸入"指液态或固态化学品通过口腔或鼻腔直接进入或者因呕吐间接进入气管和呼吸系统。

24

吸入毒性包括化学性肺炎、不同程度的肺损伤或吸入后死亡等严重急性效应。

吸入开始是在吸气的瞬间，在吸一口气所需的时间内，引起效应的物质停留在咽喉部位的上呼吸道和上消化道交界处时。

物质或混合物的吸入可能在消化后呕吐出来时发生。这可能影响到标签，特别是如果由于急性毒性，可能考虑消化后引起呕吐的建议。不过，物质/混合物也呈现吸入毒性危险，引起呕吐的建议可能需要修改。

（3）环境危害性

第27类　危害水生环境物质

GB 30000.28—2013 规定了化学品引起的危害水生环境物质术语和定义、分类、判定流程和指导、类别和警示标签、类别和标签要素的配置及警示性说明的一般规定。适用于化学品引起的危害水生环境物质按联合国《化学品分类及标记全球协调制度》的危险性分类、警示标签和警示性说明。

急性水生生物毒性是指物质对短期接触它的生物体造成伤害的固有性质。

慢性水生生物毒性是指物质在与生物生命周期相关的接触期间对水生生物产生有害影响的潜在或实际的性质。

物质协调分类制度（GHS）由三个急性分类类别和四个慢性分类类别组成，见表1-29。急性和慢性类别单独使用。将物质划为急性原则仅以急性毒性数据（EC_{50} 或 LC_{50}）为基础。将物质划为慢性类别的原则结合了两种类型的信息，即急性毒性信息和环境后果数据（降解性和生物积累数据）。要将混合物划为慢性类别，可从组分试验中获得降解和生物积累性质。

表 1-29　危害水环境物质的类别

急性毒性	类别：急性 1 96h LC_{50}（鱼类）≤1mg/L 和（或） 48h EC_{50}（甲壳纲）≤1mg/L 和（或） 72h 或 96h ErC_{50}（藻类或其他水生植物）≤1mg/L 一些管理制度可能将急性 1 细分，纳入 $L(E)C_{50}$≤0.1mg/L 的更低范围
	类别：急性 2 96h LC_{50}（鱼类）>1mg/L~≤10mg/L 和（或） 48h EC_{50}（甲壳纲）>1mg/L~≤10mg/L 和（或） 72h 或 96h ErC_{50}（藻类或其他水生植物）>1mg/L~≤10 mg/L
	类别：急性 3 96h LC_{50}（鱼类）>10mg/L~≤100mg/L 和（或） 48h EC_{50}（甲壳纲）>10mg/L~≤100mg/L 和（或） 72 或 96h ErC_{50}（藻类或其他水生植物）>10mg/L~≤100mg/L 一些管理制度可能通过引入另一个类别，将这一范围扩展到 $L(E)C_{50}$> 100mg/L 以外
慢性毒性	类别：慢性 1 96h LC_{50}（鱼类）≤1mg/L 和（或） 48h EC_{50}（甲壳纲）≤1mg/L 和（或） 72h 或 96h ErC_{50}（藻类或其他水生植物）≤1mg/L 该物质不能快速降解和（或）$logK_{OW}$≥4（除非试验确定 BCF<500）

	类别：慢性 2
	96h LC_{50}（鱼类）> 1mg/L，且 ≤10mg/L 和（或） 48h EC_{50}（甲壳纲）> 1mg/L，且 ≤10mg/L 和（或） 72h 或 96h ErC_{50}（藻类或其他水生植物）> 1mg/L，且 ≤10mg/L 该物质不能快速降解和（或）$\log K_{OW} \geq 4$（除非试验确定 $BCF<500$），除非慢性毒性 $NOEC > 1mg/L$
慢性毒性	类别：慢性 3
	96h LC_{50}（鱼类）> 10mg/L，且 ≤100mg/L 和（或） 48h EC_{50}（甲壳纲）> 10mg/L，且 ≤100mg/L 和（或） 72h 或 96h ErC_{50}（藻类或其他水生植物）>10mg/L，且 ≤100mg/L 该物质不能快速降解和/或 $\log K_{OW} \geq 4$（除非试验确定 $BCF<500$），除非慢性毒性 $NOEC > 1mg/L$
	类别：慢性 4
	在水溶性水平之下没有显示急性毒性，而且不能快速降解，$\log K_{OW} \geq 4$，表现出生物积累潜力的不易溶解物质可划为本类别，除非有其他科学证据表明不需要分类。这样的证据包括经试验确定的 $BCF<500$，或者慢性毒性 $NOECs>1mg/L$，或者在环境中快速降解的证据

注：EC_{50} 半效应浓度，对于亚致死或模糊不清的致死效应，在预定的时间内，如 96h，影响 50%被暴露个体的浓度。

ErC_{50} 指生长速率下降方面的 EC_{50}。

LC_{50} 指空气中或水中某种化学品造成一组试验动物 50%（半数）死亡的浓度。

LD_{50} 指如果一次染毒，某种化学品造成一组试验动物 50%（半数）死亡的剂量。

HCF 指生物富集因子。按经济合作与发展组织（OECD）化学品试验准则 305 确定。

$\log K_{OW}$ 指生物积累潜能。通常用辛醇/水分配系数确定，通常按 OECD 化学品试验准则 107 或 117 确定的。

$NOEC$（$NOECs$）指无可观察效应浓度。

第 28 类　危害臭氧层物质

化学品分类和警示新增一类危险物质：危害臭氧层物质（GB 30000.29—2013）。危害臭氧层物质是指任何被列在《关于消耗臭氧层物质的蒙特利尔议定书》附件中的消耗臭氧层物质或者任何含有一种浓度大于或等于 0.1%的消耗臭氧层物质的混合物。

臭氧层的破坏造成的危害主要表现在下列几个方面。

① 对人类健康的影响。紫外线对促进的皮肤上合成维生素 D，对骨组织的生成、保护均起有益作用。但紫外线（$\lambda = 200 \sim 400nm$）中的紫外线 B（$\lambda = 280 \sim 320nm$）过量照射可以引起皮肤癌和免疫系统及白内障等眼的疾病。据估计平流层 O_3 减少 1%（即紫外线 B 增加 2%），皮肤癌的发病率将增加 4%~6%。按现在全世界每年大约有 10 万人死于皮肤癌计，死于皮肤癌的人每年大约要增加 5000 人。在长期受太阳照射地区的浅色皮肤人群中，50%以上的皮肤病是阳光诱发的，即肤色浅的人比其他种族的人更容易患各种由阳光诱发的皮肤癌。此外，紫外线还会使皮肤过早老化。

② 对植物的影响。10 多年来，科学家对 200 多个品种的植物进行了增加紫外线照射的实验，发现其中 2/3 的植物显示敏感性。试验中有 90%的植物是农作物品种，其中豌豆、大豆等豆等，南瓜等瓜类，西红柿以及白菜科等农作物对紫外线特别敏感（花生和小麦等植物有较好的抵御能力）。一般说来，秧苗比有营养机能的组织（如叶片）更敏感。紫外辐射会使植物叶片变小，因而减少捕获阳光进行光合作用的有效面积，生成率下降。对大豆的初步研

究表明，紫外辐射会使其更易受杂草和病虫害的损害，产量降低。同时紫外线 B 可改变某些植物的再生能力及收获产物的质量。

1.4.1.2 根据《危险货物分类和品名编号》(GB 6944—2005) 分类

《危险货物分类和品名编号》(GB 6944—2005)将危险化学品按危险货物具有的危险性或最主要的危险性分为爆炸品、气体、易燃液体、易燃固体和易于自燃的物质及遇水放出易燃气体的物质、氧化性物质和有机过氧化物、毒性物质和感染性物质、放射性物质、腐蚀性物质、杂项危险物质和物品 9 大类，共 21 项。

第 1 类　爆炸品

爆炸品系指在外界作用下（如受热、受压、撞击等），能发生剧烈的化学反应，瞬时产生大量的气体和热量，使周围压力急骤上升，发生爆炸，对周围环境造成破坏的物品。

本类包括：

① 爆炸性物质；

② 爆炸性物品；

③ 为产生爆炸或烟火实际效果而制造的上述 2 项中未提及的物质或物品。

根据《危险货物分类和品名编号》(GB 6944—2005)，爆炸品在国家标准中分 6 项：

第 1.1 项：有整体爆炸危险的物质和物品

第 1.2 项：有迸射危险，但无整体爆炸危险的物质和物品

第 1.3 项：有燃烧危险并有局部爆炸危险或局部迸射危险或这两种危险都有，但无整体爆炸危险的物质和物品

本项包括：可产生大量辐射热的物质和物品；或相继燃烧产生局部爆炸或迸射效应或两种效应兼而有之的物质和物品。

第 1.4 项：不呈现重大危险的物质和物品

本项包括运输中万一点燃或引发时仅出现小危险的物质和物品；其影响主要限于包件本身，并预计射出的碎片不大、射程也不远，外部火烧不会引起包件内全部内装物的瞬间爆炸。

第 1.5 项：有整体爆炸危险的非常不敏感物品

本项包括有整体爆炸危险性、但非常不敏感以致在正常运输条件下引发或由燃烧转为爆炸的可能性很小的物质。

第 1.6 项：无整体爆炸危险的极端不敏感物品。

本项包括仅含有极端不敏感起爆物质、并且其意外引发爆炸或传播的概率可忽略不计的物品。

注：该项物品的危险仅限于单个物品的爆炸。

第 2 类　气体

本类气体指在 50℃ 时，蒸气压力大于 300 kPa 的物质，或在 20℃ 时在 101.3 kPa 标准压力下完全是气态的物质。

本类包括压缩气体、液化气体、溶解气体和冷冻液化气体、一种或多种气体与一种或多种其他类别物质的蒸气的混合物、充有气体的物品和烟雾剂。

本类根据气体在运输中的主要危险性分为 3 项。

第2.1项：易燃气体

本项气体极易燃烧，与空气混合能形成爆炸性混合物。在常温常压下遇明火、高温即会发生燃烧或爆炸。如乙炔、氢气等。

本项还包括在20℃和101.3 kPa条件下：与空气的混合物按体积分类占13%或更少时可点燃的气体；或不论易燃下限如何，与空气混合，燃烧范围的体积分数至少为12%的气体。

第2.2项：非易燃无毒气体

在20℃压力不低于280 kPa条件下运输或以冷冻液体状态运输的气体，并且是：

① 窒息性气体——会稀释或取代通常在空气中的氧气的气体（如氮气、氩气、氦气等）；

② 氧化性气体——通过提供氧气比空气更能引起或促进其他材料燃烧的气体（如氧气）；

③ 不属于其他项别的气体。

第2.3项：有毒气体

本项气体有毒，毒性指标与第6类毒性指标相同。对人畜有强烈的毒害、窒息、灼伤、刺激作用。其中有些还具有易燃、氧化、腐蚀等性质。如液氯、液氨等。

本项包括：

① 已知对人类具有的毒性或腐蚀性强到对健康造成危害的气体；

② 半数致死浓度LC_{50}值不大于5000 mL/m³，因而推定对人类具有毒性或腐蚀性的气体。

注：具有两个项别以上危险性的气体和气体混合物，其危险性先后顺序为2.3项优先于其他项，2.1项优先于2.2项。

气体的主要特性：

① 可压缩性。一定量的气体在温度不变时，所加的压力越大其体积就会变得越小，若继续加压气体会压缩成液态。气体通常以压缩或液化状态储于钢瓶中，不同的气体液化时所需的压力、温度亦不同。临界温度高于常温的气体，用单纯的缩方法会使其液化，如氯气、氨气、二氧化硫等。而临界温度低于常温的气体，就必须在加压的同时使温度降至临界温度以下才能使其液化，如氢气、氧气、一氧化碳等。这类气体难以液化，在常温下，无论加多大压力仍是以气态形式存在，因此人们将此类气体又称为永久性气体。其难以压缩和液化的程度是与气体的分子间引力、结构、分子热运动能量有关。

② 膨胀性。气体在光照或受热后，温度升高，分子间的热运动加剧，体积增大，若在一定密闭容器内，气体受热的温度超高，其膨胀后形成的压力越大。一般压缩气体和液化气体都盛装在密闭的容器内，如果受高温、日晒，气体极易膨胀产生很大的压力。当压力超过容器的耐压强度时就会造成爆炸事故。

第3类　易燃液体

本类包括易燃液体和液态退敏爆炸品。

易燃液体是指在其闪点温度（其闭杯试验闪点不高于60.5℃，或其开杯试验闪点不高于65.6℃）时放出易燃蒸气的液体或液体混合物，或是在溶液或悬浮液中含有固体的液体。

这类液体极易挥发成气体，遇明火即燃烧。可燃液体以闪点作为评定液体火灾危险性的主要根据，闪点越低，危险性越大。

易燃液体根据其危险程度分为两级：

① 一级易燃液体：闪点在28℃以下（包括28℃）。如乙醚、石油醚、汽油、甲醇、乙醇、苯、甲苯、乙酸乙酯、丙酮、二硫化碳、硝基苯等。

② 二级易燃液体：闪点在29~45℃（包括45℃）。如煤油等。

易燃液体按闪点高低还可分为以下3项：

第3.1项：闪点液体　指闭杯闪点低于−18℃的液体；

第3.2项：中闪点液体　指闭杯闪点在−18~23℃的液体；

第3.3项：高闪点液体　指闭杯闪点在23~60.5℃的液体。

第4类　易燃固体、易于自燃的物质、遇水放出易燃气体的物质

第4类分为3项。

第4.1项：易燃固体

易燃固体是指燃点低、对热、撞击、摩擦敏感，易被外部火源点燃，燃烧迅速，并可能散发出有毒烟雾或有毒气体的固体，但不包括已列入爆炸品的物质。

此项物品因着火点低，如受热，遇火星，受撞击，摩擦或氧化剂作用等能引起急剧的燃烧或爆炸，同时放出大量毒害气体。如赤磷、硫磺、萘、硝化纤维素等。

第4.2项：易于自燃的物质

自燃物品是指自燃点低，在空气中易于发生氧化反应，放出热量，而自行燃烧的物品。包括发火物质和自热物质。

此类物质暴露在空气中，依靠自身的分解、氧化产生热量，使其温度升高到自燃点即能发生燃烧。如白磷等。

第4.3项：遇水放出易燃气体的物质

遇水放出易燃气体的物质是指遇水或受潮时，发生剧烈化学反应，放出大量的易燃气体和热量的物品。有些不需明火，即能燃烧或爆炸。如金属钾、钠、氢化钾、电石等。

遇水放出易燃气体的物质除遇水反应外，遇到酸或氧化剂也能发生反应，而且比遇到水发生的反应更为强烈，危险性也更大。因此，储存、运输和使用时，注意防水、防潮，严禁火种接近，与其他性质相抵触的物质隔离存放。遇湿易燃物质起火时，严禁用水、酸碱泡沫、化学泡沫扑救！

第5类　氧化性物质和有机过氧化物

第5类分为2项。

第5.1项　氧化性物质

第5.2项　有机过氧化物

氧化性物质系指处于高氧化态，具有强氧化性，易分解并放出氧和大量热的物质。其本身不一定可燃，但通常因放出氧或起氧化反应可能引起或促使其他物质燃烧的物质；与松软的粉末状可燃物能组成爆炸性混合物，对热、震动或摩擦较为敏感。如氯酸铵、高锰酸钾等。

有机过氧化物系指分子组成中含有过氧基的有机物。该物质为热不稳定物质，可能发生放热的自加速分解。该类物质还可能具有以下一种或数种性质：① 可能发生爆炸性分解；② 迅速燃烧；③ 对碰撞或摩擦敏感；④ 与其他物质起危险反应；⑤ 损害眼睛。如过氧化苯甲酰、过氧化甲乙酮等。

氧化性物质和有机过氧化物具有强烈的氧化性，按其不同的性质遇酸、碱、受潮、强热或与易燃物、有机物、还原剂等性质有抵触的物质混存能发生分解，引起燃烧和爆炸。对这类物质可以分为：

① 一级无机氧化性物质　性质不稳定，容易引起燃烧爆炸。如碱金属（第一主族元素）和碱土金属（第二主族元素）的氯酸盐、硝酸盐、过氧化物、高氯酸及其盐、高锰酸盐等。

② 二级无机氧化性物质　性质较一级氧化剂稳定。如重铬酸盐，亚硝酸盐等。

③ 一级有机氧化性物质　既具有强烈的氧化性，又具有易燃性。如过氧化二苯甲酰。

④ 二级有机氧化性物质　既具有强的氧化性，又具有强烈的腐蚀性。如过乙酸、过氧苯甲酸等。

第 6 类　毒性物质和感染性物质

本类分为 2 项。

第 6.1 项：毒性物质

经吞食、吸入或皮肤接触后可能造成死亡或严重受伤或健康损害的物质。

本项物质进入肌体后，累积达一定的量，能与体液和组织发生生物化学作用或生物物理学变化，扰乱或破坏肌体的正常生理功能，引起暂时性或持久性的病理改变，甚至危及生命。

毒性物质的毒性分为急性口服毒性、皮肤接触毒性和吸入毒性。分别用口服毒性半数致死量 LD_{50}、皮肤接触毒性半数致死量 LD_{50}，吸入毒性半数致死浓度 LC_{50} 衡量。半数致死量是指在一群实验动物中，一次染毒后引起半数动物死亡的剂量（mg/kg 或 mg/L）。

经口摄取半数致死量：固体 $LD_{50} \leqslant 200$mg/kg，液体 $LD_{50} \leqslant 500$mg/kg；经皮肤接触 24h，半数致死量 $LD_{50} \leqslant 1000$mg/kg；粉尘、烟雾吸入半数致死浓度 $LC_{50} \leqslant 10$mg/L 的固体或液体。

凡生物实验半数致死量（LD_{50}）在 50mg/kg 以下者均称为剧毒品。如氰化物、三氧化二砷（砒霜）、二氧化汞、硫酸二甲酯等。有毒品如氟化钠、一氧化铅、四氯化碳、三氯甲烷等。

影响毒害品毒性大小的因素：

① 毒害品的化学组成与结构是决定毒害品毒性大小的决定因素。

② 毒害品的挥发性越大，其毒性越大。挥发性较大的毒害品在空气中能形成较高的浓度，易从呼吸道侵入人体而引起中毒。

③ 毒害品在水中溶解度越大，其毒性越大。越易溶于水的毒 害品越易被人体吸收。

④ 毒害品的颗粒越小，越易中毒。

第 6.2 项：感染性物质

含有病原体的物质，包括生物制品、诊断样品、基因突变的微生物、生物体和其他媒介，如病毒蛋白等。

第 7 类　放射性物质

含有放射性核素且其放射性活度浓度和总活度都分别超过 GB 11806—2004 规定的限值的物质。

此类物品具有反射性。人体受到过量照射或吸入放射性粉尘能引起放射病。如硝酸钍及放射性矿物独居石等。

放射性物质属于危险化学品，但不属于《危险化学品安全管理条例》的管理范围，国家还另外有专门的"条例"来管理。

第 8 类　腐蚀性物质

通过化学作用使生物组织接触时会造成严重损伤、或在渗漏时会严重损害甚至毁坏其他货物或运载工具的物质。

腐蚀性物质包含与完好皮肤组织接触不超过 4h，在 14d 的观察期中发现引起皮肤全厚度损毁，或在温度 55℃时，对 S235JR + CR 型或类似型号钢或无覆盖层铝的表面均匀年腐蚀率超过 6.25mm/a 的物质。

这类物品具有强腐蚀性，与其它物质如木材、铁等接触使其因受腐蚀作用引起破坏，与人体接触引起化学烧伤。有的腐蚀物品有双重性和多重性。如苯酚既有腐蚀性还有毒性和燃烧性。腐蚀物品有硫酸、盐酸、硝酸、氢氟酸、氟酸氟酸、冰乙酸、甲酸、氢氧化钠、氢氧化钾、氨水、甲醛、液溴等。

该类化学品按化学性质分为：酸性腐蚀品（如硫酸、硝酸、盐酸等）；碱性腐蚀品（如氢氧化钠、硫氢化钙等）和其他腐蚀品（如二氯乙醛、苯酚钠等）。

第 9 类　杂项危险物质和物品

具有其他类别未包括的危险的物质和物品，如危害环境物质、高温物质、经过基因修改的微生物或组织等。

杂类货物分为：

磁性物质：该类物质是指航空运输时，其包件表面任何一点距 2.1m 处的磁场强度 $H \geq 0.159A/m$。

另行规定的物品：该类物质是指具有麻醉、毒害或其他类似性质，能造成飞行机组人员情绪烦燥或不适，以致影响飞行任务的正确执行，危及飞行安全的物品。

1.4.2　危险化学品的危险性与分类辨识方法

化学品危险性辨识与分类就是根据化学品（化合物、混合物或单质）本身的特性，依据有关标准，确定是否是危险化学品，并划出可能的危险性类别及项别。我国危险化学品分类依据《化学品分类和危险性公示　通则》（GB 13690—2009），分类不仅影响产品是否受管制，而且影响到产品标签的内容，危险标志以及化学品安全技术说明书（SDS，safety data sheet for chemical products）的编制。辨识与分类是化学品管理的基础。

1.4.2.1　危险化学品分类的一般程序

确定某种化学品类别和项别，一般可按下列程序：

① 对于现有的化学品，可以对照现行的《危险化学品目录》（2015 版），确定其危险性类别和项别。

② 对于新的化学品，可首先检索文献，利用文献数据进行危险性初步评估，然后进行针对性实验；对于没有文献资料的，需要进行全面的物化性质、毒性、燃爆、环境方面的试验，然后依据《危险化学品目录》（2015 版）、GB 13690—2009 两项标准进行分类。试验方法

和项目参照联合国《关于危险货物运输的建议书规章范本》(第 13 修订版第 2 部分：分类)进行。化学品危险性辨识程序如图 1-2 所示。

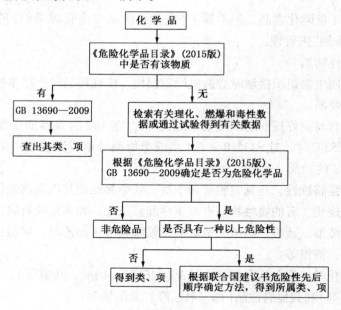

图 1-2　化学品危险性分类的一般程序

1.4.2.2　混合物危险性辨识与分类

上述辨识与分类程序和方法适用于任何化学品，包括纯品和混合物。但对于混合物，列在《危险化学品目录》(2015 版)中的种类很少，文献数据也较少。但其在生产、应用、流通领域中却相当普遍，加之品种多、商业存在周期短，而某些危险性试验如急性毒性试验周期长、费用高，要进行全面试验并不现实。有资料表明，混合物的急性毒性数据存在加和性，在难以得到试验数据的情况下，可以根据危害成分浓度的大小进行推算。

分类时，燃爆危险性数据由于相对较易获得，一般可通过试验解决。下面介绍混合物 LC_{50}、LD_{50} 的计算。

(1) 蒸气吸入急性毒性

有害组分的 LC_{50} 未知时，其 LC_{50} 数据取与该组分具有类似生理学和化学作用的化学品的 LC_{50} 值；LC_{50} 已知时，可通过式(1-2)计算：

$$\frac{1}{(LC_{50})_{mix}} = \sum_{i=1}^{n} \left(\frac{x}{LC_{50}}\right)_i \tag{1-2}$$

式中　n——危害组分总数；

x——第 i 种有害组分的摩尔分数。

例如，已知 NO、NO_2 的 LC_{50}(4h，大鼠吸入)分别为 $1068mg/m^3$ 和 $126mg/m^3$，若 NO 中含 10%(体积比)的 NO_2，则该混合物的 LC_{50} 计算如下：

$$\frac{1}{(LC_{50})_{mix}} = \frac{90}{100} \times \frac{1}{1068} + \frac{10}{100} \times \frac{1}{126} = 1.636 \times 10^{-3} \quad (m^3/mg)$$

$$(LC_{50})_{mix} = 611.2 \quad (mg/m^3)$$

（2）经口、经皮急性毒性

若各组分 LD_{50} 均已知，可通过式（1-3）计算：

$$\frac{1}{(LD_{50})_{\text{mix}}} = \sum_{i=1}^{n}\left(\frac{p}{LD_{50}}\right)_i \tag{1-3}$$

式中　p——组分的质量分数。

例如，已知 4-甲酚、2-甲酚的 LD_{50}（大鼠经口）分别为 207 mg/kg 和 121mg/kg。若 4-甲酚中含 5% 的 2-甲酚，则该混合物的 LD_{50} 计算如下：

$$\frac{1}{(LD_{50})_{\text{mix}}} = \frac{95}{100} \times \frac{1}{207} + \frac{5}{100} \times \frac{1}{121} = 5.003 \times 10^{-3} \quad (\text{kg/mg})$$

$$(LC_{50})_{\text{mix}} = 199.9 \quad (\text{mg/kg})$$

由此得到 LD_{50}、LC_{50} 数据，结合由试验得到的燃爆数据，根据《化学品分类和危险性公示　通则》（GB 13690—2009）即可对该混合物进行分类。

1.5　危险化学品的标志

危险化学品的种类、数量较多，危险性也各异，为了便于对危险化学品的运输、贮存及使用安全，有必要对危险化学品进行标识。危险化学品的安全标志是通过图案、文字说明、颜色等信息鲜明、形象、简单的表征危险化学品危险特性和类别，向作业人员传递安全信息的警示性资料。

GB 13690—2009 中规定下列了危险符号是 GHS 中应当使用的标准符号，见图 1-3。

图 1-3　GHS 中应当使用的标准符号

GHS 使用的所有危险象形图都应是设定在某一点的方块形状，应当使用黑色符号加白色背景，红框要足够宽，以便醒目，如图 1-4 所示。

图 1-4　GHS 象形图示例

根据 GHS 及 GB 30000 系列、GB 30000.28~29，各种危险化学品的标志如图 1-5 所示。

爆炸物 第 1.1、1.2、1.3 项	易燃气体类别 1	易燃气溶胶	氧化性气体
压力下气体	易燃液体类别 1、2、3	易燃固体	自反应物质或混合物 A 型

自反应物质或混合物 B 型		自反应物质或混合物 C 型、D 型、E 型、F 型	自热物质

自燃液体	自燃固体	遇水放出易燃 气体的物质	金属腐蚀物

氧化性液体	氧化性固体	有机过氧化物 A 型	

有机过氧化物 B 型		有机过氧化物 C 型、D 型、E 型、F 型	

急性毒性口服/ 皮肤/吸入 1、2、3	急性毒性口服/ 皮肤/吸入 4	皮肤腐蚀/刺激 类别 1A、2A、3A	皮肤腐蚀/刺激 类别 4A

| 严重眼睛损伤/
眼睛刺激性类别1 | 严重眼睛损伤/
眼睛刺激性类别2A | 呼吸过敏类别1 | 皮肤过敏类别1 |
| 生殖细胞突变性 | 致癌性 | 生殖毒性 | 特异性靶器官系统
毒性—一次接触 |

对水环境的危害

图 1-5 各类危险化学品象形图汇总

1.6 监控化学品（化学武器）

1.6.1 化学武器定义

（1）有毒化学品及其前体，但预定用于《禁止化学武器公约》（全称《关于禁止发展、生产、储存和使用化学武器及销毁此种武器的公约》）不加禁止的目的者除外，只要种类和数量符合此种目的；

（2）经专门设计通过使用后而释放出的(1)项所指有毒化学品的毒性造成死亡或其他伤害的弹药和装置；

（3）经专门设计其用途与本款(2)项所指弹药和装置的使用直接有关的任何设备。

注：《禁止化学武器公约》签订于1993年1月13日，其草案是由负责裁军事务的联合国大会第一委员会经过长达20多年的艰苦谈判后于1992年9月定稿，并于1992年11月30日由第47届联大一致通过，1997年4月29日生效。包括序言、24个条款和3个附件。主要内容是签约国将禁止使用、生产、购买、储存和转移各类化学武器；将所有化学武器生产

设施拆除或转作他用；提供关于各自化学武器库、武器装备及销毁计划的详细信息；保证不把防暴剂等化学物质用于战争目的等。1997 年 4 月，中国批准了《禁止化学武器公约》，成为该公约的原始缔约国。

1.6.2 前体定义

在以无论何种方法生产一有毒化学品的任何阶段参与此一生产过程的任何化学反应物。其中包括二元或多元化学系统的任何关键组分。

1.6.3 监控化学品类别

第一类：可作为化学武器的化学品；

第二类：可作为生产化学武器前体的化学品；

第三类：可作为生产化学武器主要原料的化学品；

第四类：除炸药和纯碳氢化合物外的特定有机化学品。"特定有机化学品"是指可由其化学名称、结构式（如果已知的话）和化学文摘社登记号（如果已给定此登记号）辨明的属于除碳的氧化物、硫化物和金属碳酸盐以外的所有碳化合物所组成的化合物族类的任何化学品。）

上述各类监控化学品的名录由国务院主管部门提出，报国务院批准后公布。

1.7 易制毒、易制爆化学品

1.7.1 易制毒化学品

《易制毒化学品管理条例》已经 2005 年 8 月 17 日国务院第 102 次常务会议通过，自 2005 年 11 月 1 日起施行。

国家对易制毒化学品的生产、经营、购买、运输和进口、出口实行分类管理和许可制度。

1.7.2 分类

易制毒化学品分为三类。第一类是可以用于制毒的主要原料。第二类、第三类是可以用于制毒的化学配剂。第三类是甲苯、丙酮、甲基乙基酮、高锰酸钾、硫酸、盐酸等。

易制毒化学品的分类和品种见表 1-30。

表 1-30 易制毒化学品的分类和品种目录

类　别	易制毒化学品品种
第一类	1.1-苯基-2-丙酮；2.3,4-亚甲基二氧苯基-2-丙酮；3. 胡椒醛；4. 黄樟素；5. 黄樟油；6. 异黄樟素；7. N-乙酰邻氨基苯酸；8. 邻氨基苯甲酸；9. 麦角酸＊；10. 麦角胺＊；11. 麦角新碱＊；12. 麻黄素、伪麻黄素、消旋麻黄素、去甲麻黄素、甲基麻黄素、麻黄浸膏、麻黄浸膏粉等麻黄素类物质＊；13. 羟亚胺
第二类	1. 苯乙酸；2. 醋酸酐；3. 三氯甲烷；4. 乙醚；5. 哌啶
第三类	1. 甲苯；2. 丙酮；3. 甲基乙基酮；4. 高锰酸钾；5. 硫酸；6. 盐酸

注：第一类、第二类所列物质可能存在的盐类，也纳入管制；带有＊标记的品种为第一类中的药品类易制毒化学品，第一类中的药品类易制毒化学品包括原料药及其单方制剂。

1.8 易制爆化学品

"易制爆"化学品是指其本身不属于爆炸品但是可以做为原料或辅料而制成爆炸品的化学品。易制爆化学品名单：硝酸、硫酸、过氧化氢（又称双氧水）、汞（又称水银）、乙醇（又称酒精）、丙三醇（又称甘油）、苯酚、甲基苯（又称甲苯）、季戊四醇、六亚甲基四胺（又称乌洛托品）、硫化钠（又称硫化碱）、氮化钠、硝酸铅、醋酸铅（又称乙酸铅）。

1.9 高毒、剧毒品

1.9.1 定义

高毒物品是指《卫生部关于印发<高毒物品目录>的通知》（卫法监发〔2003〕142号）附件中所列物品。

剧毒化学品定义为具有非常剧烈毒性危害的化学品，包括人工合成的化学品及其混合物（含农药）和天然毒素。

剧毒化学品毒性判定界限为大鼠试验，经口 $LD_{50} \leq 50mg/kg$，经皮 $LD_{50} \leq 200mg/kg$，吸入 $LC_{50} \leq 500ppm$（气体）或 $2.0mg/L$（蒸气）或 $0.5mg/L$（尘、雾），经皮 LD_{50} 的试验数据，可参考兔试验数据。

毒物具有以下基本特征：对机体不同水平的有害性，但具备有害性特征的物质并不是毒物，如单纯性粉尘；经过毒理学研究之后确定的；必须能够进入机体，与机体发生有害的相互作用。具备上述3点才能称之为毒物，而毒物造成机体损害的能力称为毒性。

按 WHO 急性毒性分级标准，将毒物分为剧毒、高毒、中等毒、低毒、微毒5级：

（1）剧毒

毒性分级5级；成人致死量，小于 0.05g/kg 体重；60kg 成人致死总量，0.1g。

（2）高毒

毒性分级4级；成人致死量，0.05~0.5g/kg 体重；60kg 成人致死总量，3g。

（3）中等毒

毒性分级3级；成人致死量，0.5~5g/kg 体重；60kg 成人致死总量，30g。

（4）低毒

毒性分级2级；成人致死量，5~15g/kg 体重；60kg 成人致死总量，250g。

（5）微毒

毒性分级1级；成人致死量，大于 15g/kg 体重；60kg 成人致死总量，大于 1000g。

中华人民共和国职业危害程度分级以毒性、扩散性、蓄积性、致癌性、生殖毒性、致命性、刺激与腐蚀性、实际危害后果进行分级，《职业性接触毒物危害程度分级》（GBZ 230—2010）将毒物分极度危害、高度危害、中毒危害、轻度危害和轻微危害，如表1-31所示。

表 1-31　职业性接触毒物危害程度分级和评分标准

分项指标		极度危害	高度危害	中度危害	轻度危害	轻微危害	权重系数
积分值		4	3	2	1	0	
急性吸入 LC_{50}	气体/（cm^3/m^3）	<100	≥100~<500	≥500~<2500	≥2500~<20000	≥20000	5
	蒸气/（mg/m^3）	<500	≥500~<2000	≥2000~<10000	≥10000~<20000	≥20000	
	粉尘和烟雾/（mg/m^3）	<50	≥50~<500	≥500~<1000	≥1000~<5000	≥5000	
急性经口 LD_{50}/（mg/kg）		<50	≥5~<50	≥50~<300	≥300~<2000	≥2000	
急性经皮 LD_{50}/（mg/kg）		<50	≥50~<200	≥200~<1000	≥1000~<2000	≥2000	1
刺激与腐蚀性		pH≤2 或 pH≥11.5；腐蚀作用或不可逆损伤作用	强刺激作用	中等刺激作用	轻刺激作用	无刺激作用	2
致敏性		有证据表明该物质能引起人类特定的呼吸系统致敏或重要脏器的变态反应性损伤	有证据表明该物质能导致人类皮肤过敏	动物试验证据充分，但无人类相关证据	现有动物试验证据不能对该物质的致敏性做出结论	无致敏性	2

1.9.2　判别标准

《高毒物品目录》（2003 版）如表 1-32 所示。

表 1-32　高毒物品目录（2003 版）

序号	毒物名称 CAS No.	别名	英文名称	MAC/（mg/m^3）	PC-TWA/（mg/m^3）	PC-STEL/（mg/m^3）
1	N-甲基苯胺　100-61-8		N-Methyl aniline	—	2	5
2	N-异丙基苯胺　768-52-5		N-Isopropylaniline		10	25
3	氨　7664-41-7	阿摩尼亚	Ammonia		20	30
4	苯　71-43-2		Benzene		6	10
5	苯胺　62-53-3		Aniline		3	7.5
6	丙烯酰胺　79-06-1		Acrylamide		0.3	0.9
7	丙烯腈　107-13-1		Acrylonitrile		1	2
8	对硝基苯胺　100-01-6		p-Nitroaniline		3	7.5
9	对硝基氯苯/二硝基氯苯　100-00-5/25567-67-3		p-Nitrochlorobenzene/Di-nitrochlorobenzene	—	0.6	1.8

序号	毒物名称 CAS No.	别名	英文名称	MAC/ (mg/m³)	PC-TWA/ (mg/m³)	PC-STEL/ (mg/m³)
10	二苯胺 122-39-4		Diphenylamine	—	10	25
11	二甲基苯胺 121-69-7		Dimethylanilne		5	10
12	二硫化碳 75-15-0		Carbon disulfide		5	10
13	二氯代乙炔 7572-29-4		Dichloroacetylene	0.4		
14	二硝基苯(全部异构体) 582-29-0/ 99-65-0/100-25-4		Dinitrobenzene（all iso- mers）		1	2.5
15	二硝基(甲)苯 25321-14-6		Dinitrotoluene		0.2	0.6
16	二氧化(一)氮 10102-44-0		Nitrogen dioxide		5	10
17	甲苯-2,4-二异氰酸酯(TDI) 584-84-9		Toluene - 2, 4 - diisocyanate（TDI）		0.1	0.2
18	氟化氢 7664-39-3	氢氟酸	Hydrogen fluoride	2	—	—
19	氟及其化合物(不含氟化氢)		Fluorides（except HF）， as F		2	5
20	镉及其化合物 7440-43-9		Cadmium and compounds		0.01	0.02
21	铬及其化合物 305-03-3		Chromic and compounds	0.05	0.15	—
22	汞 7439-97-6	水银	Mercury		0.02	0.04
23	碳酰氯 75-44-5	光气	Phosgene	0.5	—	—
24	黄磷 7723-14-0		Yellow phosphorus		0.05	0.1
25	甲(基)肼 60-34-4		Methyl hydrazine	0.08		
26	甲醛 50-00-0	福尔马林	Formaldehyde	0.5	—	—
27	焦炉逸散物		Coke oven emissions		0.1	0.3
28	肼；联氨 302-01-2		Hydrazine		0.06	0.13
29	可溶性镍化物 7440-02-0		Nickel soluble compounds		0.5	1.5
30	磷化氢；膦 7803-51-2		Phosphine	0.3		
31	硫化氢 7783-06-4		Hydrogen sulfide	10	—	—
32	硫酸二甲酯 77-78-1		Dimethyl sulfate		0.5	1.5
33	氯化汞 7487-94-7	升汞	Mercuric chloride		0.025	0.025
34	氯化萘 90-13-1		Chlorinated naphthalene		0.5	1.5
35	氯甲基醚 107-30-2		Chloromethyl methyl ether	0.005		
36	氯；氯气 7782-50-5		Chlorine	1		
37	氯乙烯；乙烯基氯 75-01-4		Vinyl chloride		10	25
38	锰化合物(锰尘、锰烟) 7439-96-5		Manganese and compounds	—	0.15	0.45
39	镍与难溶性镍化物 7440-02-0		Nichel and insoluble com- pounds		1	2.5
40	铍及其化合物 7440-41-7		Beryllium and compounds	—	0.0005	0.001
41	偏二甲基肼 57-14-7		Unsymmetric dimethyl- hydrazine		0.5	1.5

序号	毒物名称 CAS No.	别名	英文名称	MAC/ （mg/m³）	PC-TWA/ （mg/m³）	PC-STEL/ （mg/m³）
42	铅：尘／烟 7439-92-1/7439-92-1		Lead dust	0.05	—	—
			Lead fume	0.03	—	—
43	氰化氢（按 CN 计） 460-19-5		Hydrogen cyanide, as CN	1	—	—
44	氰化物（按 CN 计） 143-33-9		Cyanides, as CN	1	—	—
45	三硝基甲苯 118-96-7	TNT	Trinitrotoluene	—	0.2	0.5
46	砷化（三）氢；胂 7784-42-1		Arsine	0.03		
47	砷及其无机化合物 7440-38-2		Arenic and inorganic compounds		0.01	0.02
48	石棉总尘/纤维 1332-21-4		Asbestos		0.8 0.8f/ml	1.5 1.5f/ml
49	铊及其可溶化合物 7440-28-0		Thallium and soluble compounds		0.05	0.1
50	（四）羰基镍 13463-39-3		Nickel carbonyl	0.002	—	—
51	锑及其化合物 7440-36-0		Antimony and compounds		0.5	1.5
52	五氧化二钒烟尘 7440-62-6		Vanadium pentoside fume and dust		0.05	0.15
53	硝基苯 98-95-3		Nitrobenzene（skin）		2	5
54	一氧化碳（非高原） 630-08-0		Carbon monoxide not in high altitude area		20	30

注：1. CAS 为化学文摘号；

2. MAC 为工作场所空气中有毒物质最高容许浓度；

3. PC-TWA 为工作场所空气中有毒物质时间加权平均容许浓度；

4. PC-STEL 为工作场所空气中有毒物质短时间接触容许浓度。

1.9.3　剧毒化学品

《剧毒化学品名录》（2002 版）已经被《危险化学品目录》（2015 版）取代，剧毒品的数量也由 335 种改变为 148 种，比较典型和常见的有 54 种。剧毒化学品是众多化学品、危险化学品中的对人（动物）危害最大，能扰乱或破坏肌体的正常生理功能，引起病理改变，甚至危及生命的一类物品。

2001 年 5 月 22 日，斯德哥尔摩举行的联合国环境会议上通过了《关于持久性有机污染物的斯德哥尔摩公约》，决定在全世界范围内禁用或严格限用 12 种高毒有机污染物：艾氏剂、氯丹、狄氏剂、异狄氏剂、七氯、灭蚁灵、毒杀芬、滴滴涕、六氯代苯、多氯联苯、二恶英和呋喃。

其中，艾氏剂、氯丹、狄氏剂、异狄氏剂、七氯、灭蚁灵和毒杀芬 7 种杀虫剂将被禁止生产和使用；滴滴涕由于仍是一些国家目前所使用的惟一有效杀虫剂，将被严格限制使用并将尽快被其他杀虫剂所取代；多氯联苯因目前仍需要用于变压器、电容器等工业设备上，将在 2025 年之前被禁用；六氯代苯、二恶英和呋喃 3 种工业有机污染物是在燃烧和工业生产过程中产生的副产品，各国需要采取措施将其数量尽可能限制在最低范围之内。

1.10 重点监管的危险化学品

1.10.1 首批重点监管的危险化学品

近年来，我国采取了一系列强化危化品安全监管的措施，全国危化品安全生产形势呈现稳定好转的发展态势。但是，由于危化品企业 80% 以上是小企业，大多工艺技术落后、设备简陋、管理水平低，从业人员素质不能满足安全生产需要，安全监管体制机制也需进一步完善，因而危化品事故还时有发生，形势依然严峻。因此，迫切需要国家对危化品安全监管加强指导，突出重点，完善体系。2011 年 6 月下旬以后，《国家安全监管总局关于公布首批重点监管的危险化学品名录的通知》（安监总管三〔2011〕95 号）公布了《首批重点监管的危险化学品名录》（表 1-33），首批重点监管的危险化学品共 60 种。

表 1-33 首批重点监管的危险化学品名录

序号	化学品名称	别名	CAS 号
1	氯	液氯、氯气	7782-50-5
2	氨	液氨、氨气	7664-41-7
3	液化石油气		68476-85-7
4	硫化氢		7783-06-4
5	甲烷、天然气		74-82-8（甲烷）
6	原油		
7	汽油（含甲醇汽油、乙醇汽油）、石脑油		8006-61-9（汽油）
8	氢	氢气	1333-74-0
9	苯（含粗苯）		71-43-2
10	碳酰氯	光气	75-44-5
11	二氧化硫		7446-09-5
12	一氧化碳		630-08-0
13	甲醇	木醇、木精	67-56-1
14	丙烯腈	氰基乙烯、乙烯基氰	107-13-1
15	环氧乙烷	氧化乙烯	75-21-8
16	乙炔	电石气	74-86-2
17	氟化氢、氢氟酸		7664-39-3
18	氯乙烯		75-01-4
19	甲苯	甲基苯、苯基甲烷	108-88-3
20	氰化氢、氢氰酸		74-90-8
21	乙烯		74-85-1
22	三氯化磷		7719-12-2
23	硝基苯		98-95-3
24	苯乙烯		100-42-5
25	环氧丙烷		75-56-9

序号	化学品名称	别名	CAS 号
26	一氯甲烷		74-87-3
27	1，3-丁二烯		106-99-0
28	硫酸二甲酯		77-78-1
29	氰化钠		143-33-9
30	1-丙烯、丙烯		115-07-1
31	苯胺		62-53-3
32	甲醚		115-10-6
33	丙烯醛、2-丙烯醛		107-02-8
34	氯苯		108-90-7
35	乙酸乙烯酯		108-05-4
36	二甲胺		124-40-3
37	苯酚	石炭酸	108-95-2
38	四氯化钛		7550-45-0
39	甲苯二异氰酸酯	TDI	584-84-9
40	过氧乙酸	过乙酸、过醋酸	79-21-0
41	六氯环戊二烯		77-47-4
42	二硫化碳		75-15-0
43	乙烷		74-84-0
44	环氧氯丙烷	3-氯-1，2-环氧丙烷	106-89-8
45	丙酮氰醇	2-甲基-2-羟基丙腈	75-86-5
46	磷化氢	膦	7803-51-2
47	氯甲基甲醚		107-30-2
48	三氟化硼		7637-07-2
49	烯丙胺	3-氨基丙烯	107-11-9
50	异氰酸甲酯	甲基异氰酸酯	624-83-9
51	甲基叔丁基醚		1634-04-4
52	乙酸乙酯		141-78-6
53	丙烯酸		79-10-7
54	硝酸铵		6484-52-2
55	三氧化硫	硫酸酐	7446-11-9
56	三氯甲烷	氯仿	67-66-3
57	甲基肼		60-34-4
58	一甲胺		74-89-5
59	乙醛		75-07-0
60	氯甲酸三氯甲酯	双光气	503-38-8

1.10.2 第二批重点监管危险化学品

2013年2月5日，国家安全监管总局发布了《国家安全监管总局关于公布第二批重点监管危险化学品名录的通知》（安监总管三〔2013〕12号），公布了《第二批重点监管的危险化学品名录》（表1-34），共14种。

表1-34 第二批重点监管的危险化学品名录

序号	化学品名称	CAS号
1	氯酸钠	7775-9-9
2	氯酸钾	3811-4-9
3	过氧化甲乙酮	1338-23-4
4	过氧化(二)苯甲酰	94-36-0
5	硝化纤维素	9004-70-0
6	硝酸胍	506-93-4
7	高氯酸铵	7790-98-9
8	过氧化苯甲酸叔丁酯	614-45-9
9	N, N'-二亚硝基五亚甲基四胺	101-25-7
10	硝基胍	556-88-7
11	2,2'-偶氮二异丁腈	78-67-1
12	2,2'-偶氮-二-(2,4-二甲基戊腈)（即偶氮二异庚腈）	4419-11-8
13	硝化甘油	55-63-0
14	乙醚	60-29-7

1.11 危险化学品重大危险源

1.11.1 危险化学品重大危险源的辨识方法

危险化学品重大危险源是指长期地或临时地生产、加工、搬运、使用或储存危险物质，且危险物质的数量等于或超过临界量的单元（包括场所和设施）。危险化学品重大危险源的判别以列入《危险化学品重大危险源辨识》（GB 18218—2009）且单元内达到临界量的化学品为准。

危险源的辨识和分析方法主要有经验法和系统安全分析法。

经验法有对照法和类比法。对照法即对照有关标准、法规、检查表或依靠分析人员的观察分析能力，借助于经验和判断能力直观地对评价对象的危险因素进行分析。类比法即利用相同或相似工程系统或作业条件的经验和劳动安全卫生的统计资料来类推、分析评价对象的危险、危害因素。

系统安全分析方法是指，应用某些系统安全工程评价方法进行危险、危害因素辨识。系统安全分析方法常用于复杂、没有事故经历的新开发系统。常用的系统安全分析方法有事件树、事故树等。

《危险化学品重大危险源辨识》（GB 18218—2009）辨识方法：

（1）确定划分的单元，摸清单元中的危险化学品的品种、储存数量；

（2）对照 GB 18218—2009 附表 1，一一查找单元中的危险化学品：如有，摘出其临界量；如附表 1 中没有该危险化学品，则查找《危险化学品名录》（2015 版），查出其类别号和小类号，再从 GB 18218—2009 附表 2 中查出其临界量。

（3）对照标准进行计算

危险化学品重大危险源的辨识依据是危险化学品的危险特性及其数量。

依据 GB 18218—2009 中临界量和企业实际储存量进行计算。

$$\frac{q_1}{Q_1} + \frac{q_2}{Q_2} + \cdots + \frac{q_n}{Q_n} \geq 1$$

式中　q_1，q_2，$\cdots$，q_n——每一种危险物品的实际储存量；

　　Q_1，Q_2，$\cdots$，Q_n——对应危险物品的临界量。

（4）判别

单元内存在的危险化学品为单一品种，则该危险化学品的数量即为单元内危险化学品的总量，若等于或超过相应的临界量，则定为重大危险源。

单元内存在的危险化学品为多品种时，则按上式计算，若上式值大于等于 1，则定为重大危险源。

1.11.2　重大危险源分级

重大危险源分级的目的在于按其危险性进行初步排序，便于对重大危险源的安全评估、监测监控、应急演练周期等安全管理工作提出不同的要求，也便于各级安全监管部门根据重大危险源级别进行重点监管。

《危险化学品重大危险源监督管理暂行规定》根据危险程度将重大危险源由高到低划分为一级、二级、三级、四级 4 个级别。同时，考虑到重大危险源分级方法属于具体的技术性和专业性内容，《危险化学品重大危险源监督管理暂行规定》虽在条文中未直接明确分级方法，但以附件的形式给出了重大危险源分级方法，确定了分级指标及其计算方法，以及分级标准。

（1）重大危险源分级的原则

采用单元内各种危险化学品实际存在（在线）量与其在 GB 18218—2009 中规定的临界量比值，经校正系数校正后的比值之和 R 作为分级指标。

（2）R 的计算方法

$$R = \alpha\left(\beta_1 \frac{q_1}{Q_1} + \beta_2 \frac{q_2}{Q_2} + \cdots + \beta_n \frac{q_n}{Q_n}\right)$$

式中　q_1，q_2，$\cdots$，q_n——每种危险化学品实际存在（在线）量，t；

　　Q_1，Q_2，$\cdots$，Q_n——与各危险化学品相对应的临界量，t；

　　β_1，$\beta_2\cdots$，β_n——与各危险化学品相对应的校正系数；

　　　　α——该危险化学品重大危险源厂区外暴露人员的校正系数。

（3）校正系数 β 及 R 值分级区间的确定

根据单元内危险化学品的类别不同，设定校正系数 β，见表 1-35 和表 1-36。

表 1-35　校正系数 β

危险化学品类别	毒性气体	爆炸品	易燃气体	其他类危险化学品
β 值	见表 1-36	2	1.5	1

注：危险化学品类别依据《危险货物品名表》（GB 12268—2012）中的分类标准确定。

表 1-36　常见毒性气体校正系数 β

毒性气体名称	一氧化碳	二氧化硫	氨	环氧乙烷	氯化氢	溴甲烷	氯
β 值	2	2	2	2	3	3	4
毒性气体名称	硫化氢	氟化氢	二氧化氮	氰化氢	碳酰氯	磷化氢	异氰酸甲酯
β 值	5	5	10	10	20	20	20

注：未在上表中列出的有毒气体可按 β=2 取值，剧毒气体可按 β=4 取值。

（4）校正系数 α 的取值

根据重大危险源的厂区边界向外扩展 500m 范围内常住人口数量，设定厂外暴露人员校正系数 α，见表 1-37。

表 1-37　校正系数 α

厂外可能暴露人员数量	α 值
100 人以上	2.0
50~99 人	1.5
30~49 人	1.2
1~29 人	1.0
0 人	0.5

（5）分级标准

根据计算出来的 R 值，按表 1-38 确定危险化学品重大危险源的级别。

表 1-38　危险化学品重大危险源级别和 R 值的对应关系

危险化学品重大危险源级别	R 值
一级	$R \geq 100$
二级	$100 > R \geq 50$
三级	$50 > R \geq 10$
四级	$R < 10$

第 2 章　危险化学品危害

危险化学品导致的危害是工人、生产经营单位主要负责人和政府共同关注的问题。本章将从理化危害、健康危害和环境危害三个方面详细讲述危险化学品的危害，目的是提高危险化学品安全监管执法人员的知识水平，使之明确燃烧、爆炸的基本概念，掌握燃烧爆炸的基本原理，运用这些基本原理对危险化学品的燃爆危害进行预防；重点掌握危险化学品的健康危害，加强危险化学品管理，防止中毒事故的发生；认识化学品对环境的危害，最大限度地降低化学品的污染，加强环境保护力度。

危险化学品生产经营单位需认真贯彻落实《职业病防治法》，充分认识职业病危害防治工作的重要性，从中毒事故和以往发生的各类职业病危害事故中吸取教训，采取有力、有效的措施，严防各类职业病危害事故的发生。

2.1　危险化学品的理化性质

物理性质是物质不需要发生化学变化就表现出来的性质，例如颜色、状态、气味、密度、熔点、沸点、硬度、溶解度、延展性、导电性、导热性等，这些性质是能被感观感知或利用仪器测知的。

化学性质是物质在化学变化中表现出来的性质。如所属物质类别的化学通性：酸性、碱性、可燃性、助燃性、氧化性、还原性、热稳定性及一些其他特性。

以下对部分性质进行简要介绍。

（1）溶解度

在一定温度下，某固态物质在100g溶剂中达到饱和状态时所溶解的溶质的质量，叫做这种物质在这种溶剂中的溶解度。

物质的溶解性是物质本身固有的一种属性，是物质的一个重要物理性质。它表示一种物质溶解在另一种物质里的能力，这种能力既取决于溶质的本身性质，又取决于溶质和溶剂的关系。物质溶解性通常用可溶、易溶、微溶、难溶或不溶等粗略概念表示。有两种表示方法，一种是定性表示法，另一种是定量表示法。定性就是用可溶、易溶、微溶、难溶或不溶表示。定量表示法就是用溶解度表示。

（2）延展性

延展性是物质的物理属性之一，它指可锤炼可压延程度。易锻物质不需退火可锤炼可压延。可锻物质，则需退火进行锤炼和压延。脆性物质则在锤炼后压延程度显得较差。物体在外力作用下能延伸成细丝而不断裂的性质叫延性，在外力（锤击或滚轧）作用能碾成薄片而不破裂的性质叫展性。如金属的延展性良好，其中金、铂、铜、银、钨、铝都富于延展性。石英、玻璃等非金属材料在高温时也有一定的延展性。

（3）导电性

物体传导电流的能力叫做导电性。各种金属的导电性各不相同，通常银的导电性最好，其次是铜和金。固体的导电是指固体中的电子或离子在电场作用下的远程迁移，通常以一种类型的电荷载体为主，如：电子导体，以电子载流子为主体的导电；离子导电，以离子载流子为主体的导电；混合型导体，其载流子电子和离子兼而有之。除此以外，有些电现象并不是由于载流子迁移所引起的，而是电场作用下诱发固体极化所引起的，例如介电现象和介电材料等。

（4）导热性

物质传导热量的性能称为导热性。一般说导电性好的材料，其导热性也好。若某些零件在使用中需要大量吸热或散热时，则要用导热性好的材料。如凝汽器中的冷却水管常用导热性好的铜合金制造，以提高冷却效果。

导热性能好的物体，往往吸热快，散热也快。

其大小用热导系数来衡量，热导系数定义为，物体上下表面温度相差 1℃ 时，单位时间内通过导体横截面的热量。符号为 λ，单位为 $W/(m \cdot K)$。

（5）酸性

酸性是指一种物质在溶剂中能向其他物质提供质子的能力。在水溶液，25℃ 下，当 pH<7 时，溶液呈酸性。

① 不同元素的最高价含氧酸，成酸元素的非金属性越强，则酸性越强。如非金属性 Cl>S>P>C>Si，则酸性 $HClO_4>H_2SO_4>H_3PO_4>H_2CO_3>H_2SiO_3$。

② 同种元素的不同价态含氧酸，元素的化合价越高，酸性越强。如酸性：$HClO_4>HClO_3>HClO_2>HClO$，$H_2SO_4>H_2SO_3$，$HNO_3>HNO_2$，$H_3PO_4>H_3PO_3>H_3PO_2$。

③ 同一主族元素，核电荷数越多，原子半径越大，氢化物酸性越强，如酸性：$HI>HBr>HCl>HF$（弱酸）。

④ 非同一主族元素的无氧酸酸性，需靠记忆。如酸性：$HCl>HF>H_2S$。

（6）碱性

碱性是指一种物质在溶剂中能向其他物质提供未共用电子对的能力，其当 pH>7 的时候，溶液呈碱性。

对于一种物质，是否具有碱性取决于未成对电子接受质子的能力。如在水溶液中，OH^- 能够接受 H^+、NH_4^+ 等离子，从而表现出碱性；相应的，在非水体系中，如在液氨溶剂中，NH_2^- 能够接受 NH_4^+ 等离子，同样也表现出碱性。

常用的无机碱有：NaOH、KOH、$Ca(OH)_2$、$NaNH_2$、$NH_3 \cdot H_2O$ 等，常用的有机碱主要是季铵碱类：R_4NOH。

元素的金属性越强，其最高价氧化物的水化物的碱性越强；元素的非金属性越强，最高价氧化物的水化物的酸性越强。

某些化合物的碱性也可以用 O^{2-} 负离子的含量来表示，如某些工业用渣的碱性大小用 O^{2-} 负离子的活度来表示。

（7）可燃性

可燃性是物质的一种化学性质，表示这种物质在达到一定的温度时可以在空气或氧气中燃烧，这个温度叫做燃点。具有可燃性的物质称作可燃物。

① 可燃性气体

氧气不是可燃性气体，它是助燃剂，可燃性气体有很多，如：氢气（H_2）、一氧化碳（CO）、甲烷（CH_4）、乙烷（C_2H_6）、丙烷（C_3H_8）、丁烷（C_4H_{10}）、乙烯（C_2H_4）、丙烯（C_3H_6）、丁烯（C_4H_8）、乙炔（C_2H_2）、丙炔（C_3H_4）、丁炔（C_4H_6）、硫化氢（H_2S）、磷化氢

（PH_3）、氯乙烯等。

点燃可燃性气体前都要验纯。

② 物质的可燃性

物质的可燃性，即燃烧危险性取决于其闪点、自燃点、爆炸（燃烧）极限及燃烧热4个因素。

从物质的可燃性来比较，可燃物燃点高低表明可燃物的易燃程度。

③ 可燃性气体存在的场所

设置可燃气体报警器的主要依据是所关注地点要有可燃气体或者易挥发的可燃液体，此类生产、加工、存储区均要求设置可燃气体报警器。

可燃气体报警器主要针对工作场所，譬如说现在化工企业普遍设置的煤气化装置-气体变换装置-气体净化装置以及副产易燃品的存储装置等。

易挥发可燃液体包括甲醇、甲醚、二甲醚、苯、甲苯、汽油等。

（8）助燃性

助燃性：可燃物能在某物质中燃烧，这某物质就是有助燃性。如：纸在氧气中燃烧，氧气就是有助燃性；镁在二氧化碳中燃烧，二氧化碳就是有助燃性。

助燃性和可燃性二者不能兼得，有助燃性的没有可燃性，有可燃性的没有助燃性，但它们又是相互依存的，要想燃烧就必须要有具有助燃性和可燃性的两种物质。

助燃性是能够支持燃烧的性质，可燃性是能够燃烧的性质。

为什么说氧气有助燃性，而不是可燃性？

因为氧气是得电子的，所以在反应中是氧化剂，就是助燃剂。

而且，H_2和Cl_2也可以燃烧，和其他比如F_2接触也会剧烈燃烧，但氧气是不会的。

助燃性是一种氧化性，氧化性就是得电子，氢气与氧气点燃失去电子，所以不是氢气助燃，而是氧气助燃。

有的时候氮气和镁也可以发生剧烈反应，对于氮气来说其也可以是具有助燃性。

至于氧气的氧化性，从微观角度来解释，大概可以说氧元素的电子亲合能比较大，氧原子与其他物质形成离子键或共价键时放出的能量很多，形成的物质比游离态的物质更稳定。

（9）氧化性

氧化性是指物质得电子的能力。

处于高价态的物质一般具有氧化性，如：部分非金属单质：O_2、Cl_2等；部分金属阳离子：Fe^{3+}、MnO_4^-（Mn^{7+}）等。

处于低价态的物质一般具有还原性，如：部分金属单质：Cu、Ag（金属单质只具有还原性），部分非金属阴离子：Br^-、I^-等等。

处于中间价态的物质一般兼具还原性和氧化性（如：S^{4+}）。

判断方法：

① 根据化学方程式判断

氧化剂（氧化性）+还原剂（还原性）===还原产物+氧化产物

氧化剂————→发生还原反应————→还原产物

还原反应：得电子，化合价降低，被还原

还原剂————→发生氧化反应————→氧化产物

氧化反应：失电子，化合价升高，被氧化，发生

氧化性（得到电子的能力）：氧化剂>氧化产物

还原性（失去电子的能力）：还原剂>还原产物

② 根据物质活动性顺序比较

a. 对于金属还原剂来说，金属单质的氧化性强弱一般与金属活动性顺序相反，即越位于后面的金属，越容易得电子，氧化性越强。

b. 金属阳离子氧化性的顺序

$K^+<Ca^{2+}<Na^+<Mg^{2+}<Al^{3+}<Mn^{2+}<Zn^{2+}<Cr^{3+}<Fe^{2+}<Ni^{2+}<Sn^{2+}<Pb^{2+}<(H)<Cu^{2+}<Fe^{3+}<Hg^{2+}<Ag^+$（注意 Sn^{2+}、Pb^{2+}，不是 Sn^{4+}、Pb^{4+}，Pt、Au 很稳定，未列出）

c. 金属单质的还原性与氧化性自然完全相反，对应的顺序为：$K>Ca>Na>Mg>Al>Mn>Zn>Cr>Fe>Ni>Sn>Pb>(H)>Cu>Hg>Ag>Pt>Au$

d. 非金属活动性顺序（常见元素）

$F---Cl/O---N---Br---I---S---C---P---Si---H$

原子（或单质）氧化性逐渐减弱，对应阴离子还原性增强（注意元素的氧化性不一定等同于单质的氧化性，以上顺序为元素氧化性排列）。

③ 根据反应条件判断

当不同氧化剂分别于同一还原剂反应时，如果氧化产物价态相同，可根据反应条件的难易来判断。反应越容易，该氧化剂氧化性就强。

如：$16HCl（浓）+2KMnO_4\xrightarrow{\quad\quad}2KCl+2MnCl_2+8H_2O+5Cl_2\uparrow$

$4HCl（浓）+MnO_2\xrightarrow{\triangle}MnCl_2+2H_2O+Cl_2\uparrow$

$4HCl（浓）+O_2\xrightarrow[\quad]{\triangle，CuCl_2}2H_2O+2Cl_2\uparrow$

氧化性：$KMnO_4>MnO_2>O_2$

④ 根据氧化产物的价态高低来判断

当含有变价元素的还原剂在相似的条件下作用于不同的氧化剂时，可根据氧化产物价态的高低来判断氧化剂氧化性强弱。如：

$2Fe+3Cl_2\xrightarrow{点燃}2FeCl_3$

$Fe+S\xrightarrow{\triangle}FeS$

氧化性：$Cl_2>S$

⑤ 根据元素周期表判断

a. 同主族元素（从上到下）

非金属原子（或单质）氧化性逐渐减弱，对应阴离子还原性逐渐增强。

金属原子还原性逐渐增强，对应阳离子氧化性逐渐减弱。

b. 同周期主族元素（从左到右）

单质还原性逐渐减弱，氧化性逐渐增强。

阳离子氧化性逐渐增强，阴离子还原性逐渐减弱。

⑥ 根据元素酸碱性强弱比较

根据元素最高价氧化物的水化物酸碱性强弱比较

酸性越强，对应元素氧化性越强

碱性越强，对应元素还原性越强

⑦ 根据原电池的电极反应判断

两种不同的金属构成的原电池的两极。负极金属是电子流出的极，正极金属是电子流入的极。

还原性：负极金属>正极金属

⑧ 根据物质的浓度大小判断

具有氧化性（或还原性）的物质浓度越大，其氧化性（或还原性）越强，反之则越弱。

⑨ 根据元素化合价价态高低判断

一般来说，变价元素位于最高价态时只有氧化性，处于最低价态时只有还原性，处于中间价态时，既有氧化性又有还原性。一般处于最高价态时，氧化性最强，随着化合价降低，氧化性减弱还原性增强。

硼氢化钠还原性相似的产品：Na、H_2、CO、C 等。

⑩数据比较法

数据比较法也能计算电极电势了解氧化反应能否发生，这也是最准确地判断方法。根据标准电极电势表，也可推翻一些常见的错误。O_2、Cl_2 与 MnO_2 的氧化性强弱 $4HCl$（浓）+

MnO_2 = 加热 = $MnCl_2+2H_2O+Cl_2$（气）$4HCl$（浓）$+O_2 \xrightarrow{\triangle, \ CuCl_2} 2H_2O+2Cl_2$（气）。如果根据反应来判断就乱套了。根据反应难易 $MnO_2>O_2>Cl_2$，又知道 $2MnO+O_2 \xrightarrow{\triangle} 2MnO_2$。根据氧化剂大于氧化产物 $Cl_2<MnO_2<O_2$，这样氧化性就没有定数了。而在标准电极电势表中一看就明白：$Mn(IV)-(II)$ $MnO_2+4H^++2e^- \rule{1cm}{0.4pt} Mn^{2+}+2H_2O$ 1.224 $\rule{1cm}{0.4pt}$ $O(0)-(-II)$ $O_2+4H^++4e^- \rule{1cm}{0.4pt}$ $2H_2O$ 1.229 $\rule{1cm}{0.4pt}$ $Cl(0)-(-I)$ $Cl_2(g)+2e^- \rule{1cm}{0.4pt} 2Cl^-$ 1.35827。可以知道 $Cl_2>O_2>MnO_2$。由于三者氧化性很接近，所以什么做氧化剂都有可能，随着反应条件浓度而变化，所以很多反应说明不了氧化性强弱。要根据具体的数据才能判断氧化性强弱。

（10）还原性

还原性是指物质失电子的能力，低价态的物质一般具有还原性。还原性是相对于氧化性来说的，能还原别的物质，即具有还原性（物质失电子的能力）。别的物质把它氧化了，它就有还原性。

越活泼的金属元素的单质，是越强的还原剂，具有越强的还原性。由此可见，元素的金属性的强弱跟它的还原性强弱是一致的。常见金属的活动性顺序，也就是还原性顺序。

根据化学方程式判断：

① 氧化剂（氧化性）+还原剂（还原性）=====还原产物+氧化产物

氧化剂---得电子---化合价降低---被还原---发生还原反应---还原产物

还原剂---失电子---化合价升高---被氧化---发生氧化反应---氧化产物

氧化性：氧化剂>氧化产物

还原性：还原剂>还原产物

② 可根据同一个反应中的氧化剂，还原剂判断

氧化性：氧化剂>还原剂 氧化剂>氧化产物>还原产物

还原性：还原剂>氧化剂 还原剂>还原产物>氧化产物

根据物质活动性顺序比较：

① 对于金属还原剂来说，金属单质的还原性强弱一般与金属活动性顺序相一致，即越位于后面的金属，越不容易失电子，还原性越弱。

51

还原性：$K>Ca>Na>Mg>Al>Mn>Zn>Cr>Fe>Ni>Sn>Pb>(H)>Cu>Hg>Ag>Pt>Au$

② 金属阳离子氧化性的顺序

$K^+<Ca^{2+}<Na^+<Mg^{2+}<Al^{3+}<Mn^{2+}<Zn^{2+}<Cr^{3+}<Fe^{2+}<Ni^{2+}<Sn^{2+}<Pb^{2+}<(H^+)<Cu^{2+}<Hg^{2+}<Fe^{3+}<Ag^+<Pt^{2+}<Au^{2+}$

注意 Fe^{2+}、Sn^{2+}、Pb^{2+}，不是 Fe^{3+}、Sn^{4+}、Pb^{4+}

③非金属活动性顺序（常见元素）

F---Cl---Br---I---S

原子（或单质）氧化性逐渐减弱，对应阴离子还原性增强

补充：非金属氧化性顺序一般教材中常忽略 Fe^{3+}，而着重 Fe，因此添加它的顺序：

$Cl_2>Br_2>Fe^{3+}>I_2>S$

（11）热稳定性

热稳定性的实质是受热分解的难易度，本质就是破坏一种物质所需要的能量。能量越高，那么这种物质就越稳定；反之，能量越低，那么这种物质就越不稳定。

物质的热稳定性与元素周期表有关，在同周期中，氢化物的热稳定性从左到右越来越稳定，在同主族中的氢化物的热稳定性则从下到上越来越稳定，也就是非金属性越强的元素，其氢化物的热稳定性越稳定。

① 单质的热稳定性与键能的相关规律

一般说来，单质的热稳定性与构成单质的化学键牢固程度正相关，而化学键牢固程度又与键能正相关。

② 气态氢化物的热稳定性：元素的非金属性越强，形成的气态氢化物就越稳定。同主族的非金属元素，从上到下，随核电荷数的增加，非金属性渐弱，气态氢化物的稳定性渐弱；同周期的非金属元素，从左到右，随核电荷数的增加，非金属性渐强，气态氢化物的稳定性渐强。

③ 氢氧化物的热稳定性：金属性越强，碱的热稳定性越强（碱性越强，热稳定性越强）。

④ 含氧酸的热稳定性：绝大多数含氧酸的热稳定性差，受热脱水生成对应的酸酐。一般地：

a. 常温下酸酐是稳定的气态氧化物，则对应的含氧酸往往极不稳定，常温下可发生分解。

b. 常温下酸酐是稳定的固态氧化物，则对应的含氧酸较稳定，在加热条件下才能分解。

c. 某些含氧酸易受热分解并发生氧化还原反应，得不到对应的酸酐。

⑤ 含氧酸盐的热稳定性：

a. 酸不稳定，其对应的盐也不稳定；酸较稳定，其对应的盐也较稳定，例如硝酸盐比较稳定。

b. 同一种酸的盐，热稳定性：正盐>酸式盐>酸。

c. 同一酸根的盐的热稳定性顺序：碱金属盐>过渡金属盐>铵盐。

d. 同一成酸元素，其高价含氧酸比低价含氧酸稳定，其相应含氧酸盐的稳定性顺序也是如此。

2.2 危险化学品的理化危害

近些年来，我国化工系统所发生的各类事故中，由于火灾爆炸导致的人员伤亡为各类事故之首，由此导致的直接经济损失也相当可观。1993 年 8 月 5 日，深圳某危险化学品仓库

发生特大火灾爆炸事故，导致 15 人死亡，200 余人受伤，其中重伤 25 人，直接经济损失达 2.5 亿元人民币。2012 年 2 月 28 日上午 9 时 4 分左右，位于河北省的某化工公司，生产硝酸胍的一车间发生重大爆炸事故，造成 25 人死亡、4 人失踪、46 人受伤。这起事故是近来危险化学品领域发生的伤亡最严重的事故。这些事故都是由于化学品自身的火灾爆炸危险性造成的。据不完全统计，2000~2002 年，由于化学品的火灾、爆炸所导致的事故占化学品事故的 53%，伤亡人数占所有事故伤亡人数的 50.1%。因此了解化学品的火灾与爆炸危害，正确进行危险性评价，及时采取防范措施，对搞好安全生产，防止事故发生具有重要意义。

2.2.1 燃烧与爆炸

2.2.1.1 燃烧

（1）定义

可燃物与氧或氧化剂发生强烈的氧化反应，同时发出热和光的现象称为燃烧。人们通常说的"起火"、"着火"，就是燃烧一词的通俗叫法。燃烧是一种特殊的氧化反应，这里的"特殊"是指燃烧通常伴随有放热、发光、火焰和发烟等特征。在燃烧过程中，可燃物与氧化合生成了与原来物质完全不同的新物质。

燃烧反应与一般的氧化反应不同，其特点是燃烧反应激烈，放出热量多，放出的热量足以把燃烧物加热到发光程度，并进行化学反应形成新的物质。除可燃物和氧化合反应外，某些物质与氯、硫的蒸气等所发生的化合反应也属于燃烧。如灼热的铁丝能在氯气中燃烧等，它虽然没有同氧化合，但所发生的反应却是一种激烈的伴有放热和发光的化学反应。

综上所述，燃烧反应必须具有三个特征：一个剧烈的氧化还原反应；放出大量的热；发光。

（2）燃烧条件

燃烧必须同时具备三要素：可燃物、助燃物（氧化剂）和点火源（着火源）。

可燃物　凡能与空气中的氧或氧化剂起剧烈化学反应的物质称为可燃物。它们可以是固态的，如木材、棉纤维、纸张、硫黄、煤等；液态的，如酒精、汽油、苯、丙酮等；也可以是气态的，如氢气、乙炔、一氧化碳等。

助燃物　凡能帮助和支持燃烧的物质，即能与可燃物发生氧化反应的物质称为助燃物。常见的助燃物是广泛存在于空气中的氧气。此外还有氯气以及能够提供氧的含氧化合物（氧化剂），如氯酸钾、双氧水等。

着火源　凡能引起可燃物质燃烧的能源称为着火源。着火源主要有明火、电弧、电火花、高温、摩擦与撞击以及化学反应热等几种。此外，热辐射、绝热压缩等都可能引起可燃物的燃烧。

要发生燃烧，不仅必须具备以上"三要素"，而且每一个条件都要有一定的量且相互作用，燃烧才能发生。例如氢气在空气中的体积分数少于 4% 时，便不能被点燃。一般可燃物质在含氧量低于 14% 的空气中不能燃烧。一根火柴燃烧时释放出的热量，不足以点燃一根木材或一堆煤。反过来，对于已经发生的燃烧，只要消除其中任何一个条件，燃烧便会终止。这就是灭火的原理。

（3）燃烧形式

任何物质的燃烧必经氧化分解、着火和燃烧三个过程。

由于可燃物质存在的状态不同，所以它们的燃烧过程也不同，燃烧的形式也是多种多样的。

按参加燃烧反应相态的不同，可分为均一系燃烧和非均一系燃烧。均一系燃烧是指燃烧反应在同一相中进行，如氢气在氧气中燃烧，煤气在空气中燃烧均属于均一系燃烧。与此相反，在不同相内进行的燃烧叫非均一系燃烧。如石油、苯和煤等液、固体的燃烧均属非均一系燃烧。

根据可燃气体的燃烧过程，又分为混合燃烧和扩散燃烧两种形式。可燃气体和空气（或氧气）预先混合成混合可燃气体的燃烧称混合燃烧。混合燃烧由于燃料分子与氧分子充分混合，所以燃烧时速度很快，温度也高。另一类就是可燃气体（如煤气，直接由管道中喷出点燃）在空气中燃烧，这时可燃气体分子与空气中的氧分子通过互相扩散，边混合边燃烧，这种燃烧成为扩散燃烧。

根据燃烧反应进行的程度（燃烧产物）分为完全燃烧和不完全燃烧。

在可燃液体燃烧中，通常不是液体本身燃烧而是由液体产生的蒸气进行燃烧，这种形式的燃烧叫蒸发燃烧。

很多固体或不挥发性液体，由于热分解而产生可燃烧的气体而发生燃烧，这种燃烧叫分解燃烧。像硫在燃烧时，首先受热熔化（并有升华），继而蒸发形成蒸气而燃烧；而复杂固体，如木材和煤，燃烧时先是受热分解，生成气态和液态产物，然后气态和液体产物的蒸气再氧化燃烧。

蒸发燃烧和分解燃烧均有火焰产生，因此属于火焰燃烧。当可燃固体燃烧到最后，分解不出可燃气体时，只剩下碳；燃烧是在固体的表面进行，看不出扩散火焰，这种燃烧称为表面燃烧（又称为均热型燃烧），如焦炭、金属铝、镁的燃烧。木材的燃烧是分解燃烧与表面燃烧交替进行的。

（4）燃烧的种类

燃烧因起因不同分为闪燃、着火和自燃。

① 闪燃

任何液体表面都有一定数量的蒸气存在，蒸气的浓度取决于该液体所处的温度，温度越高则蒸气浓度越大。在一定温度下。易（可）燃液体表面上的蒸气和空气混合物与火焰接触时，能闪出火花，但随即熄灭，这种瞬间燃烧的过程叫闪燃。闪燃往往是着火的先兆，能使可燃液体发生闪燃的最低温度称为该液体的闪点。在闪点温度，液体蒸发速度较慢，表面上积累的蒸气遇火瞬间即已烧尽，而新蒸发的蒸气还来不及补充，所以不能持续燃烧。

闪点是评价液体化学品燃烧危险性的重要参数，闪点越低，它的火灾危险性越大。常见易（可）燃液体的闪点见表 2-1。

表 2-1　常见易燃、可燃液体闪点

液体名称	闪点/℃	液体名称	闪点/℃
汽油	-42.8	乙醚	-45
石油醚	-50	乙醛	-39
二硫化碳	-30	原油	-35
丙酮	-19	醋酸丁酯	22
辛烷	-16	石脑油	25

液体名称	闪点/℃	液体名称	闪点/℃
苯	-11.1	丁醇	29
醋酸乙酯	-4.4	氯苯	29
甲苯	4.4	煤油	30~70
甲醇	9	重油	80~130
乙醇	11.1	乙二醇	100

② 着火

可燃物质在有足够助燃物质(如充足的空气、氧气)的情况下,因着火源作用引起的持续燃烧现象,称为着火。使可燃物质发生持续燃烧的最低温度称为该液体的着火点(燃点)。物质的燃点越低,越容易着火。液体的闪点低于它的燃点,两者的差与闪点高低有关。闪点高则差值大,闪点在100℃以上时,两者相差可达30℃;闪点低则差值小,易燃液体的燃点与闪点就非常接近,对易燃液体来说,一般燃点约高于闪点1~5℃。一些可燃物的燃点见表2-2。

表 2-2   一些可燃物的燃点

物质名称	燃点/℃	物质名称	燃点/℃
樟脑	70	有机玻璃	260
石蜡	158~195	聚丙烯	270
赤磷	160	醋酸纤维	320
硝酸纤维	180	聚乙烯	400
硫黄	255	聚苯乙烯	400
松香	216	吡啶	482

③ 自燃

可燃物质在助燃性气体中(如空气),无外界明火的直接作用下,因受热或自行发热能引燃并持续燃烧的现象,称为自燃。

自燃不需要点火源。在一定条件下,可燃物质产生自燃的最低温度为自燃点,也称引燃温度,自燃点是衡量可燃物质火灾危险性的又一个重要参数。可燃物的自燃点越低,越易引起自燃,其火灾危险性越大。某些可燃物质的自燃点见表2-3。

表 2-3   一些可燃物质的自燃点

物质名称	自燃点/℃	物质名称	自燃点/℃
二硫化碳	102	二甲苯	465
乙醚	170	丙烷	466
硫化氢	260	乙酸甲酯	475
汽油	280	乙酸	485
乙酸酐	315	乙烷	515
重油	380~420	甲苯	535
煤油	380~425	甲烷	537

物质名称	自燃点/℃	物质名称	自燃点/℃
丙醇	405	丙酮	537
乙醇	422	天然气	550~650
乙苯	430	苯	555
甲胺	430	一氧化碳	605
甲醇	455	氨	630

自燃又可分为受热自燃和自热自燃。

在化工生产中，由于可燃物靠近蒸气管道、加热或烘烤过度、化学反应的局部过热等，均可发生自燃。可燃物质在外界热源作用下，温度逐渐升高，当达到自燃点时，即可着火燃烧，称为受热自燃。物质发生受热自燃取决于两个条件：一是要有外界热源；二是有热量积蓄的条件。在化工生产中，由于可燃物料靠近或接触高温设备、烘烤过度、熬炼油料或油溶温度过高、机械转动部件润滑不良而摩擦生热、电气设备过载或使用不当造成温度上升而加热等，都有可能造成受热自燃的发生。如合成橡胶干燥工段，若橡胶长期积聚在蒸汽加热管附近，则极易引起橡胶的自燃；合成橡胶干燥尾气用活性炭纤维吸附时，若用水蒸气高温解吸后不能立即降温，某些防老剂则极易发生自燃事故，导致吸附装置烧毁。

某些物质在没有外来热源影响下，由于物质内部所发生的化学、物理或生化过程而产生热量，并逐渐积聚导致温度上升，达到自燃点使物质发生燃烧，这种现象称为自热自燃。造成自热自燃的原因有氧化热、分解热、聚合热、发酵热等。常见的自热自燃物质有：自燃点低的物质，如磷、磷化氢；遇空气氧气发热自燃的物质，如油脂类、锌粉、铝粉、金属硫化物、活性炭；自燃分解发热物质，如硝化棉；易产生聚合热或发酵热的物质，如植物类产品、湿木屑等。危险化学品在储存、运输等过程中遇到的大多是自热自燃现象。

综上，引起自热自燃是有一定条件的：首先，必须是比较容易产生反应热的物质，例如，那些化学上不稳定的容易分解或自聚合并发生反应热的物质；能与空气中的氧作用而产生氧化热的物质；以及由发酵而产生发酵热的物质等；其次，此类物质要具有较大的比表面积或是呈多孔隙状的，如纤维、粉末或重叠堆积的片状物质，并有良好的绝热和保温性能；第三，热量产生的速度必须大于向环境散发的速度。满足了这3个条件，自热自燃才会发生。因此，预防自热自燃的措施，也就是设法防止这3个条件的形成。

2.2.1.2 爆炸

（1）爆炸特征

系统自一种状态迅速转变为另一种状态，并在瞬间以对外作机械功的形式放出大量能量的现象称为爆炸。爆炸是一种极为迅速的物理或化学的能量释放过程。

爆炸现象一般具有如下特征：爆炸过程进行得很快；爆炸产生冲击波，爆炸点附近瞬间压力急剧上升；发出声响，产生爆炸声；具有破坏力，使周围建筑物或装置发生震动或遭到破坏。

（2）爆炸分类

根据爆炸发生的不同原因，可将其分为物理爆炸、化学爆炸和核爆炸3大类；按其爆炸速度分为轻爆、爆炸和爆轰；而按反应相又可分为气相爆炸、凝固相爆炸等。

危险化学品的防火防爆技术中，通常遇到的是物理爆炸和化学爆炸。

物理爆炸由物质的物理变化所致，其特征是爆炸前后系统内物质的化学组成及化学性质均不发生变化。物理爆炸主要是指压缩气体、液化气体和过热液体在压力容器内，由于某种原因使容器承受不住压力而破裂，内部物质迅速膨胀并释放出大量能量的过程。如蒸汽锅炉或装有液化气、压缩气体的钢瓶受热超压引起的爆炸。

化学爆炸是由物质的化学变化造成的，其特征是爆炸前后物质的化学组成及化学物质都发生了变化。化学爆炸按爆炸时所发生的化学变化，又可分为简单分解爆炸、复杂分解爆炸和爆炸性混合物爆炸。

爆炸性混合物爆炸比较普遍，化工企业中发生的爆炸多属于此类。所有可燃气体、可燃液体蒸气和可燃粉尘与空气或氧气组成的混合物发生的爆炸称为爆炸性混合物爆炸。

如果可燃气体或液体蒸气与空气的混合是在燃烧过程中进行的，则发生稳定燃烧（扩散燃烧），如火炬燃烧、气焊燃烧、燃气加热等。但是如果可燃气体或液体蒸气与空气在燃烧之前按一定比例混合，遇火源则发生爆炸。尤其是在燃烧之前（即气体扩散阶段）形成的一个足够大的云团，如在一个作业区域内发生泄露，经过一段延迟时期后再点燃，则会产生剧烈的蒸气云爆炸，形成大范围的破坏，这是要极力避免的。

2.2.1.3 爆炸极限及影响因素

（1）爆炸极限的概念

可燃气体、可燃蒸气或可燃粉尘与空气组成的混合物，当遇点火源时易发生燃烧爆炸，但并非在任何浓度下都会发生，只有达到一定的浓度时，在火源的作用下才会发生爆炸。这种可燃物在空气中形成爆炸混合物的最低浓度称为该气体、蒸气或粉尘的爆炸下限，最高浓度称为爆炸上限。可燃物在爆炸上限和爆炸下限之间都能发生爆炸，这个浓度范围称为该物质的爆炸极限。

可燃性混合物的爆炸极限范围越宽，其爆炸的危险性越大，这是因为爆炸极限越宽，则出现爆炸条件的机会就越多。爆炸下限越低，少量可燃物（如可燃气体稍有泄露）就会形成爆炸条件；爆炸上限越高，则有少量空气渗入容器，就能与容器内的可燃物形成爆炸条件。

浓度在下限以下或上限以上的混合物是不会着火或爆炸的。浓度在上限以下时，体系内有过量的空气，由于空气的冷却作用，阻止了火焰的蔓延；浓度在上限以上时，含有过量的可燃物，但空气不足，缺乏助燃的氧气，火焰也不能蔓延，但此时若补充空气，也是有火灾成爆炸危险的。因此对上限以上的可燃气体或蒸气与空气的混合气，通常仍认为它们是危险的。

爆炸极限通常用可燃气体或可燃蒸气在空气混合物中的体积分数（%）来表示，可燃粉尘则用 g/m^3 表示。例如：乙醇爆炸范围为 3.5%~19.0%，3.5% 称为爆炸下限，19.0% 称为爆炸上限。通常的爆炸极限是在常温、常压的标准条件下测定出来的，它随温度、压力的变化而变化。

一些可燃气体、可燃蒸气的爆炸极限见表2-4。

表2-4 一些可燃气体、蒸气的爆炸极限

可燃气体或蒸气	化学分子式	爆炸极限/%	
		下限	上限
氢气	H_2	4.0	75.6
氨	NH_3	15.0	28.0

可燃气体或蒸气	化学分子式	爆炸极限/%	
		下限	上限
一氧化碳	CO	12.5	74.0
甲烷	CH_4	5.0	15.0
乙烷	C_2H_6	3.0	15.5
乙烯	C_2H_4	2.7	34.0
苯	C_6H_6	1.2	8.0
甲苯	C_7H_8	1.4	6.7
环氧乙烷	C_2H_4O	3.0	80.0
乙醚	$(C_2H_5)O$	1.9	48.0
乙醛	CH_3CHO	4.1	55.0
丙酮	$(CH_3)_2CHO$	2.5	13.0
乙醇	C_2H_5OH	3.5	19.0
甲醇	CH_3OH	5.5	36.0
乙酸乙酯	$C_4H_8O_2$	2.1	11.5

粉尘混合物达到爆炸下限时所含粉尘量已经相当多，以像云一样的形态存在，这种浓度只有在设备内部或其扬尘点附近才能达到。至于爆炸上限，因为太大，以致大多数场合都不会达到，因此没有实际意义。一些可燃粉尘的爆炸下限见表2-5。

表2-5 一些可燃粉尘的爆炸下限

粉尘名称	爆炸下限/(g/m^3)	粉尘名称	爆炸下限/(g/m^3)
松香	15	酚醛树脂	36~49
聚乙烯	26~35	铅(含油)	37~50
聚苯乙烯	27~37	镁	44~59
萘	28~38	赤磷	48~64
硫黄	35	铁粉	153~204
炭黑	36~45	锌	212~284

（2）影响爆炸极限的因素

① 原始温度。爆炸性气体混合物的原始温度越高，则爆炸极限范围越宽，即下限降低，上限升高，其爆炸危险性增加。如丙酮在原始温度为0℃时，爆炸极限为4.2%~8.0%，当原始温度为100℃时，爆炸极限则为3.2%~10.0%。

② 原始压力。在增加压力的情况下，爆炸极限的变化不大。一般压力增加，爆炸极限的范围扩大，其上限随压力增加较为显著；压力降低，爆炸极限的范围会变小。

③ 介质。混合物中含氧量增加，爆炸极限范围扩大，尤其是爆炸上限的提高很明显。但如果爆炸性混合物中的惰性气体含量增加，则爆炸极限的范围就会缩小，当惰性气体达到一定浓度时，混合物就不再爆炸。这是由于惰性气体加入混合物后，使可燃物分子与氧分子隔离，使它们之间形成不燃的"障碍物"。

④ 着火源。爆炸性混合物的点火能源，如电火花的能量、炽热表面的面积、着火源与

混合物接触的时间长短等，对爆炸极限都有一定的影响，随点火能量的加大，爆炸极限范围变宽。

⑤ 容器。容器的尺寸和材质对物质的爆炸极限具有影响。容器、管子的直径减小，则物质的爆炸极限范围缩小。当管径小到一定程度时，火焰便会熄灭。容器的材质对爆炸极限也有影响，如氢和氟在玻璃容器中混合，即使在液态空气的温度下，置于黑暗中也会发生爆炸，而在银质容器中，在常温下才会发生反应。

2.2.2 危险性与理化性质的关系

2.2.2.1 可燃气体的火灾危险性与理化性质的关系

（1）爆炸极限下限越低、范围越宽，火灾危险性越大　爆炸极限是衡量可燃气体危险性的主要指标，不同品种的可燃气体，它们的爆炸极限各不相同。乙炔的爆炸极限为 2%~80%，氢为 4%~75%，丙烷为 2.1%~9.5%，氨为 15.7%~27.4%。所以它们的危险性依次是：乙炔>氢>丙烷>氨，爆炸极限下限越低，形成爆炸的条件越容易；爆炸极限越宽，形成爆炸浓度的机会越多，因此火灾危险性也越大。

（2）着火能量越小，火灾危险性越大　可燃气体的着火能量都比较小，但是不同品种的可燃气体的最小着火能量可相差一二十倍，氢的最小着火能能量为 0.019mJ，甲烷为 0.28mJ，所以氢气的火灾危险性比甲烷大。

（3）化学性质越活泼，火灾危险性越大　含有双键（如乙烯）和三键（如乙炔）的可燃气体化学性质活泼，极易与卤素等起加成反应，放出热量，且易聚合，发生燃爆危险。

（4）具有氧化剂性质、稳定性差　易分解的可燃气体（如环氧乙烷）危险性大，一旦与其他可燃气体相混，易发生燃烧爆炸。此应严防泄漏，防止与其他可燃气体相混。

（5）可燃气体的密度与危险性的关系　气体越轻，越容易迅速上升扩散而消失，火灾危险性相对小些。若可燃气体的密度与空气接近，或比空气重，容易在局部积聚，形成爆炸性混合物不易散失，从而使火灾危险性增加。

2.2.2.2 易燃液体的火灾危险性与理化性质的关系

（1）闪点越低，火灾危险性越大　可燃液体与易燃液体是以闪点作为划分标准的，闪点≤61℃的可燃液体称为易燃液体；闪点>61℃的即为可燃液体。闪点低，表示在很低的温度下就能闪燃．因此该液体容易着火燃烧。

（2）密度小，火灾危险性较大　一般说来，液体的密度越小，蒸发速度越快，越容易使空气中的蒸气浓度增加而危险性也增加。同样原理，沸点越低，危险性也就越大。

（3）着火能量越小，火灾危险性越大　一般易燃液体的最小着火能量在 0.2~0.8mJ 之间，但是也有小的，例如二硫化碳（CS_2）的最小着火能量仅为 0.0019mJ，因此虽然二硫化碳的密度大（比水重），但仍极危险。一般加水使液面上有水层封闭，以减少危险性。

2.2.2.3 易燃固体的危险性与理化性质的关系

（1）越易进行氧化反应，火灾危险性越大。例如，赤磷等极易与氧迅速反应而猛烈燃烧，危险性大。

（2）本身可燃，具有还原剂倾向，性质不稳定，容易起氧化还原反应的，火灾危险性大。例如，氨基钠遇明火猛烈燃烧，甚至有爆炸危险。因为氨基钠具有较强的还原性，增加火灾危险性。

（3）燃烧时，物质分子越容易分解，火灾危险性越大。例如，硝化棉、二硝基化合物等燃烧时分子迅速分解，迅速放出热量，使燃烧变得十分猛烈，危险性大。

（4）粉末状物质，又容易被空气氧化的，火灾危险性大。锰粉、铝粉、硫黄粉等易氧化，粉尘表面积大，飞扬时与空气大面积接触，燃烧速度就快，往往发生爆炸。

2.2.2.4 爆炸物品的危险性与理化性质的关系

（1）对摩擦、撞击敏感度越高，分解速度越快，爆炸危险性越大。例如，利用质量为 10kg 的落锤、落高 25cm 的落锤机试验 100 次，硝酸铵爆炸 100 次，苦味酸为 24~32 次，TNT 为 4~12 次，所以爆炸危险性为：硝酸铵>苦味酸>TNT。

对于一般爆炸品，分解速度越快，危险性越大。例如，TNT 爆炸时分解速度较铵油炸药快，所以 TNT 的危险性较铵油炸药大。

（2）对温度越敏感，危险性越大。例如，TNT 的爆炸温度为 $300℃$，而雷汞 $Hg(OCN)_2$ 仅为 $165℃$，后者在较低的温度下就能起爆，所以危险性较前者大。

（3）爆炸物品分子结构中官能团的性质越不稳定，越易分解，危险性越大。例如，含乙炔基（—C≡C—）的乙炔银（AgC≡CAg）较含亚硝基（—N—O）的亚硝基苯酚更加危险，因为乙炔基较亚硝基更加不稳定，更易分解。

2.2.2.5 氧化性物质的危险性与理化性质的关系

（1）对元素而言，非金属性越强，夺取电子的能力越强，氧化性就越强，危险性越大。例如，氟的非金属性较碘强，所以氟较碘更危险。

（2）带正电荷越多的离子，越容易夺得电子，氧化性越强，危险性越大。例如，+4 价的锡离子较+2 价的锡离子氧化性强，危险性也较大。

（3）化合物中元素的化合价越高，氧化性越强，危险性也较高。例如，亚硝酸钠中的氮原子为+3 价，在硝酸钠中氮原子为+5 价，所以硝酸钠较亚硝酸钠的危险性大。

（4）分子结构中含有活泼的金属原子或活泼的非金属原子，氧化性强，危险性也大。例如，氯酸钾中的氯原子较溴酸钾中的溴原子活泼，因此氯酸钾的危险性较溴酸钾大；氯酸钾中的钾原子较氯酸镁中的镁原子活泼，所以氯酸钾的危险性较氯酸镁大。

（5）与酸反应越剧烈的氧化剂危险性越大。例如，高锰酸钾与浓硫酸剧烈反应，有爆炸危险，有机过氧化物含有过氧基，容易分解放出氧，也有一定的氧化作用，因为其分子结构中含有碳和氢原子，物质本身进行氧化还原反应，极易发生燃烧爆炸，危险性很大。

2.2.2.6 遇湿易燃物品的危险性与理化性质的关系

（1）物质的性质越活泼，与水反应越激烈，短期放出大量的热量与氢，越易发生燃烧爆炸，危险性越大。例如，金属钠与水反应剧烈，金属钙相对温和，所以金属钠较金属钙的危险性大。

（2）本身越不稳定的遇湿易燃品危险性较大。例如，二硼氢不稳定，钠硼氢相对来说比较稳定，所以二硼氢的危险性较大。

2.2.2.7 毒害物质的危险性与理化性质的关系

（1）溶解性　一般说来，在水中、油中均溶解的毒害物质，毒性最大；水中溶解油中不溶，毒性第二；水中不溶，油中溶解，毒性第三；水中、油中均不溶，毒性最小，一般来说，毒性大，危险性也大，但并非绝对如此。

（2）中毒危险性　毒害品的中毒危险性与毒性并不成绝对正比，而与以下因素有关，沸点越低，挥发性越大，空气中的浓度就越高，容易中毒；粉尘越细、越轻，越容易吸入肺泡而吸收中毒；越无嗅无味无色，越不易发觉，越容易中毒。例如，一氧化碳无嗅无色无味，中毒者甚多，而氨气臭味浓烈，中毒者较少。

（3）易燃、有机毒害物质遇火源或氧化剂引起燃烧，越易燃烧，燃烧时越能放出有毒气体的，危险性越大。例如，丙烯腈、二甲胺、二氯松（敌敌畏）等燃烧时放出有毒气体，危险性人。

（4）皮肤越容易吸收的毒害品，危险性越大。例如，苯容易通过皮肤吸收，故危险性大。

（5）对皮肤的刺激、腐蚀性越大，危险性越大。例如，氟、Ⅱ硒酸钠等对皮肤有强烈腐蚀作用，所以危险性大。

2.2.2.8　腐蚀性物品的危险性与理化性质的关系

（1）腐蚀性物品在水溶液中电离度越高，产生的氢离子或氢氧根离子浓度越高，酸碱性越强，危险性越大　例如，盐酸在水溶液中的电离度高，氢离子浓度大，柠檬酸在水溶液中的电离度小，氧离子浓度小，所以盐酸的危险性较柠檬酸大。

（2）氧化性越强，危险性越大　例如，浓硝酸的氧化性强，而盐酸不论浓淡，均无氧化性，所以硝酸的危险性较盐酸大。

（3）腐蚀性物品与水作用越剧烈，危险性越大　例如，浓硫酸与水相混，作用剧烈，产生大量热，发生突沸甚至爆炸，而浓盐酸与水相混无此作用，故硫酸的危险性较盐酸大。

（4）与蛋白质作用越强烈，危险性越大　例如，烧碱溶液能溶解蛋白质，故危险性大。甲醛非酸非碱，但能使蛋白质变性，因此被列为腐蚀性物品。

2.2.3　火灾与爆炸的危害

火灾与爆炸都会带来生产设施的重大破坏和人员伤亡，但两者的发展过程显著不同。火灾是在起火后火场逐渐蔓延扩大，随着时间的延续，损失数量迅速增长，损失大约与时间的平方成比例，如火灾时间延长 1 倍，损失可能增加 4 倍。爆炸则是猝不及防，可能仅 1s 内爆炸过程已经结束，设备损坏、厂房倒塌、人员伤亡等巨大损失也将在瞬间发生。

爆炸通常伴随发热、发光、压力上升、真空和电离等现象，具有很强的破坏作用。它与爆炸物的数量和性质、爆炸时的条件以及爆炸位置等因素有关。主要破坏形式有以下 4 种：

2.2.3.1　直接的破坏作用

机械设备、装置、容器等爆炸后产生许多碎片，飞出后会在相当大的范围内造成危害。一般碎片在 100～500m 内飞散。如某厂液氯钢瓶爆炸，钢瓶的碎片最远飞离爆炸中心 830m，其中碎片击穿了附近的液氯钢瓶、液氯计量槽、储槽等，导致大量氯气泄漏，发展成为重大恶性事故，死亡 59 人，伤 779 人。

2.2.3.2　冲击波的破坏作用

物质爆炸时，产生的高温高压气体以极高的速度膨胀，像活塞一样挤压周围空气，把爆炸反应释放出的部分能量传递给压缩的空气层，空气受冲击而发生扰动，使其压力、密度等产生突变，这种扰动在空气中传播就称为冲击波。

冲击波的传播速度极快，在传播过程中，可以对周围环境中的机械设备和建筑物产生破坏作用和使人员伤亡。冲击波还可以在它的作用区域内产生震荡作用，使物体因震荡而松散，甚至破坏。

冲击波的破坏作用主要是由其波阵面上的超压引起的。在爆炸中心附近，空气冲击波波阵面上的超压可达几个甚至十几个大气压，在这样高的超压作用下，建筑物被摧毁，机械设备、管道等也会受到严重破坏。当冲击波大面积作用于建筑物时，波阵面超压在 20~30kPa 内，就足以使大部分砖木结构建筑物受到强烈破坏。超压在 100kPa 以上时，除坚固的钢筋混凝土建筑外，其余部分将全都被破坏。

2.2.3.3 造成火灾

爆炸发生后，爆炸气体产物的扩散只发生在极其短促的瞬间内，对一般可燃物来说，不足以造成起火燃烧，而且冲击波造成的爆炸风还有灭火作用。但是爆炸时产生的高温高压和建筑物内遗留大量的热或残余火苗，会把从破坏的设备内部不断流出的可燃气体、易燃或可燃液体的蒸气点燃，也可能把其他易燃物点燃引起火灾。

当盛装易燃物的容器、管道发生爆炸时，爆炸抛出的易燃物有可能引起大面积火灾，这种情况在油罐、液化气瓶爆破后最易发生。正在运行的燃烧设备或高温的化工设备被破坏，其灼热的碎片可能飞出，点燃附近储存的燃料或其他可燃物，引起火灾。如某液化石油气厂 2 号球罐破裂时，涌出的石油气遇明火而燃烧爆炸，大火持续了整整 23h，造成了巨大的损失。

2.2.3.4 造成中毒和环境污染

在实际生产中，许多物质不仅是可燃的，而且是有毒的，发生爆炸事故时，会使大量有害物质外泄，造成人员中毒和环境污染。

2.2.4 火灾危险性分类

（1）可燃气体的火灾危险性分类：可燃气体与空气混合物的爆炸下限<10%（体积）为甲类；可燃气体与空气混合物的爆炸下限≥10%（体积）为乙类。

（2）液化烃、可燃液体的火灾危险性分类见表 2-6。

表 2-6　液化烃、可燃液体的火灾危险性分类

名称	类别		特征
液化烃	甲	A	15℃时的蒸气压力>0.1MPa 的烃类液体及其他类似的液体
		B	甲A 类以外，闪点<28℃
可燃液体	乙	A	28℃≤闪点≤45℃
		B	闪点<60℃
	丙	A	60℃≤闪点≤120℃
		B	闪点>120℃

注：1. 操作温度超过其闪点的乙类液体应视为甲B 类液体；
　　2. 操作温度超过其闪点的丙A 类液体应视为乙A 类液体；
　　3. 操作温度超过其闪点的丙B 类液体应视为乙B 类液体；操作温度超过其沸点的丙B 类液体应视为乙A 类液体。

2.3　危险化学品的健康危害

随着社会的发展，化学品的应用越来越广泛，生产及使用量也随之增加，因而生活于现代社会的人类都有可能通过不同途径、不同程度地接触到各种化学物质，尤其是化学品生产作业场所的员工接触化学品的机会将更多。

化学品对健康的影响从轻微的皮疹到一些急、慢性伤害甚至癌症，可能导致职业病。如

现在已经有 150~200 种危险化学品被认为是致癌物。如果有毒品和腐蚀品因生产事故或管理不当而散失，则可能引起中毒事故，危及人的生命。如 1984 年 12 月 4 日，美国联合碳化物公司设在印度博帕尔市的一家农药厂发生异氰酸甲酯（杀虫剂的主要成分）外泄事故，导致重大灾难，引起全世界的震惊。

2000~2002 年的化学事故统计显示，由中毒导致的人员伤亡占总化学事故伤亡的49.9%。因此了解化学物质对人体危害的基本知识，对于加强危险化学品管理，防止中毒事故的发生是十分必要的。

2.3.1　毒物的概念

2.3.1.1　毒物的定义

毒物通常是指较小剂量的化学物质，在一般条件下，作用于肌体与细胞成分产生生物化学作用或生物物理学变化，扰乱或破坏肌体的正常功能，引起功能性或器质性改变导致暂时性或持久性病理损害，甚至危及生命者。

从理论上讲，在一定条件下，任何化学物质只要给予足够剂量，都可引起生物体的损害。也就是说，任何化学品都是有毒的，所不同的是引起生物体损害的剂量。习惯上，人们把较小剂量就能引起生物体损害的那些化学物质叫做毒物，其余为非毒物。但实际上，毒物与非毒物之间并不存在着明确和绝对的量限，而只是以引起生物体损害的剂量大小相对地加以区别。

工业毒物（生产性毒物）是指工业生产中的有毒化学物质。

2.3.1.2　毒物的形态和分类

在一般条件下，毒物常以一定的物理形态（即固体、液体或气体）存在，但在生产环境中，随着加工或反应等不同过程，则可呈出粉尘、烟尘、雾、蒸气和气体 5 种状态造成污染。烟尘和雾，又称为气溶胶。

毒物可按各种方法予以分类：按化学结构分类；按用途分类；按进入途径分类；按生物作用分类。毒物的生物作用，又可按其作用的性质和损害的器官或系统加以区分。

毒物按作用的性质可分为：①刺激性；②腐蚀性；③窒息性；④麻醉性；⑤溶血性；⑥致敏性；⑦致癌性；⑧致突变性；⑨致畸性等。

毒物按损害的器官或系统则可分为：①神经毒性；②血液毒性；③肝脏毒性；④肾脏毒性；⑤全身毒性等。有的毒物主要具有一种作用，有的具有多种或全身性的作用。

2.3.1.3　毒物的毒性

毒性是毒物最显著的特征。毒性通常是指某种毒物引起机体损伤的能力，它是同进入人体内的量相联系的，所需剂量（浓度）愈小，表示毒性愈大。

毒性除用死亡表示毒性外，还可用肌体的其他反应表示，如引起某种病理改变，上呼吸道刺激，出现麻醉和某些体液的生物化学改变等。引起肌体发生某种有毒性作用的最小剂量（浓度）称为阈剂量（阈浓度），不同的反应指标有不同的阈剂量（阈浓度），如麻醉阈剂量（阈浓度）、上呼吸道刺激阈浓度、嗅觉阈浓度等。最小致死量（阈浓度）也是阈剂量（阈浓度）的一种。一次染毒所得的阈剂量（阈浓度）称为急性阈剂量（阈浓度），长期多次染毒所得的称为慢性阈剂量（阈浓度）。

上述各种剂量通常用毒物的毫克数与动物的每千克体重之比，即用 mg/kg 来表示。浓度常用 mg/m^3、g/m^3、mg/L、g/L 表示。

毒物从化学组成和毒性大小上可分为以下几种：

无机剧毒品：如氰化钾、氰化钠等氰化合物，砷化合物，汞、锇、铊、磷的化合物等。

有机剧毒品：如硫酸二甲酯、磷酸三甲苯酯、四乙基铅、醋酸苯汞及某些有机农药等。

无机有毒品：如氯化钡、氟化钠等铅、钡、氟的化合物。

有机有毒品：如四氯化碳、四氯乙烯、甲苯二异氰酸酯、苯胺及农药、鼠药等。

2.3.2 毒物进入人体的途径

毒物主要是以 3 种不同途径进入人体的。

2.3.2.1 呼吸道吸入

呼吸道是工业生产中毒物进入体内的最重要的途径。凡是以气体、蒸气、雾、烟、粉尘形式存在的毒物，均可经呼吸道侵入人体内。人的肺脏由亿万个肺泡组成，肺泡壁很薄，壁上有丰富的毛细血管，毒物一旦进入肺脏，很快就会通过肺泡壁进入血液循环而被运送到全身。通过呼吸道吸收最重要的影响因素是其在空气中的浓度，浓度越高，吸收越快。

2.3.2.2 皮肤吸收

在工业生产中，毒物经皮肤吸收引起中毒亦比较常见。皮肤是人体最大的器官，具有能和毒物接触的最大表面积。某些毒物可渗透过皮肤进入血液，再随血液流动到达身体的其他部位。甲苯等有机溶剂都是能被皮肤吸附并渗透的化学品，在油漆生产中使用的矿物溶剂等都是很容易经皮肤渗透的。脂溶性毒物经表皮吸收后，还需有水溶性，才能进一步扩散和吸收，所以水、脂都溶的物质（如苯胺）易被皮肤吸收。如果皮肤受到损伤，如切伤或擦伤或皮肤病变时，毒物更易通过皮肤进入体内。

2.3.2.3 消化道摄入

在工业生产中，毒物经消化道吸收多半是由于个人卫生习惯不良，手沾染的毒物随进食、饮水或吸烟等进入消化道。食入的另一种情况是毒物由呼吸道吸入后经气管转送到咽部，然后被咽下。

2.3.3 毒物对人体的危害

毒物经吞食、吸入或皮肤接触进入人体后，累积达到一定的量，能与体液和器官组织发生生物化学作用或生物物理学作用，扰乱或破坏肌体的正常生理功能，引起某些器官和系统暂时性或持久性的病理改变，甚至危及生命。有毒物质对人体的危害主要为引起中毒。化学品的毒性效应可分成急性和慢性，取决于暴露的浓度和暴露时间的长短。毒物对人体的毒副作用因暴露的形式和类型不同又分为多种临床类型。按照《化学品分类和危险性公示　通则》（GB 13690—2009），毒物对健康的危害共有 10 类：

2.3.3.1 急性毒性

急性毒性是指在单剂量或者在 24h 内多剂量口服或皮肤接触一种物质，或吸入接触 4h 后出现的有害效应。它同时也是判断一个化学品是否为有毒品的一个重要指标。

2.3.3.2 皮肤腐蚀/刺激

（1）皮肤腐蚀

皮肤腐蚀是对皮肤造成不可逆性损伤，即将受试物在皮肤上涂敷 4h 后，可出现可见的表皮至真皮的坏死。典型的腐蚀反应具有溃疡、出血、血痂的特征，而且在观察期 14 天结束时皮肤、完全脱发区域和结痂处由于漂白而褪色，应考虑通过组织病理学来评估可疑的病变。

（2）皮肤刺激

皮肤刺激是施用试验物质达到 4h 后对皮肤造成可逆损伤。

工业性皮肤病占职业病总数的 50%～70%。当某些化学品和皮肤接触时，化学品可使皮肤保护层脱落，从而引起皮肤干燥、粗糙、疼痛，这种情况称作皮炎，许多化学品能引起皮炎。

工作场所数百种物质如各种有机溶剂、环氧树脂、酸、碱或金属等都可能引起皮肤病，症状是红热、发痒、变粗糙。

刺激性皮炎是由摩擦、冷、热、酸碱以及刺激性气体和蒸汽引起的。接触上述物质时间短、浓度高和浓度低但却反复接触，都可能引起皮炎。

2.3.3.3 严重眼损伤/眼刺激

化学品和眼部接触导致的伤害，轻者会有轻微的、暂时性的不适，重者则会造成永久性的伤残，伤害严重程度取决于中毒的剂量及采取急救措施的快慢。严重眼损伤是在眼前部施加试验物质之后，对眼部造成在施用 21 天内并不完全可逆的组织损伤，或严重的视觉物理衰退。眼刺激是在眼前部施加试验物质之后，在眼部造成在施用 21 天内完全可逆的变化。酸、碱和一些溶剂都是引起眼部刺激的常见化学品。

2.3.3.4 呼吸或皮肤过敏

接触某些化学品可引起过敏，开始接触时可能不会出现过敏症状，然而长时间地暴露于某种化学物质中会引起身体的反应。即便是接触低浓度化学物质也会产生过敏反应，皮肤和呼吸系统都可能会受到过敏反应的影响。

（1）呼吸过敏

呼吸过敏物是吸入后会导致气管超过敏反应的物质。

雾状、气态、蒸气化学刺激物和上呼吸道（鼻和咽喉）接触时，会导致火辣辣的感觉，这一般是由可溶物引起的，如氨水、甲醛、二氧化硫、酸、碱，它们易被鼻咽部湿润的表面所吸收。处理这些化学品必须小心对待，如在喷洒药物时，就要防止吸入这些蒸气。

有些化学物质对气管的刺激可引起支气管炎，甚至严重损害气管和肺组织，如二氧化硫、氯气、煤尘等。一些化学物质将会渗透到肺泡区，引起强烈的刺激。在工作场所一般不易检测到这些化学物质，但它们能严重危害工人健康。化学物质和肺组织反应马上或几个小时后便引起肺水肿。这种症状由强烈的刺激开始，随后会出现咳嗽、呼吸困难（气短）、缺氧以及痰多。例如，二氧化氮、臭氧以及光气等物质就会引起上述反应。

呼吸系统对化学物质的过敏能引起职业性哮喘，这种症状的反应常包括咳嗽，特别是在夜间，以及呼吸困难，如气喘和呼吸短促，引起这种反应的化学品有甲苯、聚氨脂、福尔马林等。

（2）皮肤过敏

皮肤过敏物是皮肤接触后会导致过敏反应的物质。

皮肤过敏是一种看似皮炎（皮疹或水疱）的症状，这种症状不一定在接触的部位出现，而可能在身体的其他部位出现，引起这种症状的化学品如环氧树脂、胺类硬化剂、偶氮染料、煤焦油衍生物和铬酸等。过敏可能是长时间接触或反复接触的结果，并通常 10～30 天内发生。一旦过敏后，小剂量的接触就能导致严重反应。有些物质如有机溶剂、铬酸和环氧树脂既能导致刺激性皮炎，又能导致过敏性皮炎。生产塑料、树脂以及炼油的工人经常会受到过敏性皮炎的侵袭。

2.3.3.5 生殖细胞致突变性

突变是指细胞中遗传物质数量或结构发生永久性改变。本危险类别涉及的主要是可能导致人类生殖细胞发生可传播给后代的突变的化学品，这些化学品对工人遗传基因的影响可能导致后代发生异常，实验结果表明，80%~85%的致癌化学物质对后代有影响。

2.3.3.6 致癌性

致癌物是指可导致癌症或增加癌症率的化学物质或化学物质混合物。

在操作良好的动物实验研究中，诱发良性或恶性肿瘤的物质通常可认为或可疑为人类致癌物，除非有确切证据表明形成肿瘤的机制与人类无关。

长期接触一定的化学物质可能引起细胞的无节制生长，形成癌性肿瘤。这些肿瘤可能在第一次接触这些物质以后许多年才表现出来，这一时期被称为潜伏期，一般为4~40年。造成职业肿瘤的部位是多样的，未必局限于接触区域，如砷、石棉、铬、镍等物质可能导致肺癌；鼻腔癌和鼻窦癌易由铬、镍、木材、皮革粉尘等引起的；膀胱癌与接触联苯胺、2-萘胺、皮革粉尘等有关；皮肤癌与接触砷、煤焦油和石油产品等有关；接触氯乙烯单体可引起肝癌；接触苯可引起再生障碍性贫血。

2.3.3.7 生殖毒性

生殖毒性包括对成年男性和女性性功能和生育能力的有害影响，以及在后代中的发育毒性。

毒物可对接触者的生殖器官、有关内分泌系统、性周期和性行为、生育力、妊娠过程、分娩过程等方面的影响。

接触一定的化学物质可能对生殖系统产生影响，导致男性不育，怀孕妇女流产，如二溴乙烯、苯、氯丁二烯、铅、有机溶剂和二硫化碳等化学物质与男性员工不育有关，接触麻醉性气体、戊二醛、氯丁二烯、铅、有机溶剂、二硫化碳和氯乙烯等化学物质与女性员工流产有关。

接触某些化学品可能对未出生胎儿造成危害，尤其在怀孕的前三个月，脑、心脏、胳膊和腿等重要器官、身体部位正在发育，一些研究表明，某些化学物质，如麻醉性气体、水银和有机溶剂等，可能干扰正常的细胞分裂过程，从而导致胎儿身体结构畸形、生长改变或功能缺陷，甚至造成发育中的胎儿死亡。

有些生殖毒性效应不能明确地归因于性功能和生育能力受损害或者发育毒性。尽管如此，具有这些效应的化学品将划为生殖有毒物并附加一般危险说明。

2.3.3.8 特异性靶器官系统毒性———一次接触

由一次接触产生特异性的、非致命性靶器官系统毒性的物质。包括产生即时的和(或)延迟的、可逆性或不可逆性功能损害的各种明显的健康效应。

2.3.3.9 特异性靶器官系统毒性——反复接触

由反复接触产生特异性的、非致命性靶器官系统毒性的物质。包括产生即时的和(或)延迟的、可逆性或不可逆性功能损害的各种明显的健康效应。

2.3.3.10 吸入危险

吸入是指液态或固态化学品通过口腔或鼻腔，直接进入或者因呕吐间接进入气管和下呼吸系统。

吸入毒性包括化学性肺炎、不同程度的肺损伤或吸入后死亡等严重急性效应。

2.3.4　毒物的职业危害因素

人类劳动是生存和发展的必要条件，本质上劳动应与健康相辅相成、相互促进。但不良的劳动条件则会影响劳动者的生命质量，以致危及健康，导致职业性病损。

2.3.4.1　职业危害因素

在生产工艺过程、劳动过程和工作环境中产生和（或）存在的，对职业人群的健康、安全和作业能力造成不良影响的一切要素或条件，统称为职业危害因素。职业危害因素是导致职业性病损的致病源，其对健康的影响主要取决于危害因素的性质和接触强度（剂量）。

我国职业病防治法为了明确管理对象，应用了职业病危害因素的概念，指对从事职业活动的劳动者可能导致职业病的各种危害。职业病危害因素包括：职业活动中存在的各种有害的化学、物理、生物因素以及在作业过程中产生的其他职业有害因素。一般可以将职业病危害因素理解成法律上认定的职业危害因素。

2.3.4.2　职业性病损

职业危害因素所致的各种职业性损害，包括工伤和职业性疾患，统称为职业性病损，可由轻微的健康影响到严重的损害，甚至导致伤残或死亡，故必须加强预防。

职业性病疾包括职业病和职业有关疾病两大类。当职业危害因素作用于人体的强度与时间超过一定限度时，人体不能代偿其所造成的功能性或器质性病理改变，从而出现相应的临床征象，影响劳动能力，这类疾病通称职业病。新修改的《中华人民共和国职业病防治法》规定："本法所称职业病，是指企业、事业单位和个体经济组织等用人单位的劳动者在职业活动中，因接触粉尘、放射性物质和其他有毒、有害因素而引起的疾病"，"职业病的分类和目录由国务院卫生行政部门会同国务院安全生产监督管理部门、劳动保障行政部门制定、调整并公布"。

职业病具有下列特点：病因明确。接触一定浓度或时间的病因后才能发病。同工种工人常出现类似病症。多数职业病及早诊断，早期治疗后，多可恢复。特效治疗药物很少，以对症综合处理为主。除职业性传染病以外，个体治疗无助于控制他人发病。针对性地控制或清除职业病危害因素后，即可减少发病或不发病。

职业病防治工作必须坚持"预防为主、防治结合"的方针，建立用人单位负责、行政机关监管、行业自律、职工参与和社会监督的机制，实行分类管理、综合治理。

2.3.4.3　职业性中毒

劳动者在生产过程中接触化学毒物所致的疾病状态称为职业中毒。例如，工人接触到一定量的化学毒物后，化学毒物或其代谢产物在体内负荷超过正常范围，但工人无该毒物的临床表现，呈亚临床状态，称为毒物的吸收，如铅吸收。

我国职业中毒人数在职业病发生人数中占有相当大的比例，是职业病防治重点。由化学毒物的毒性、工人接触程度和时间、个体差异等因素，根据发病的快慢，职业中毒可表现为急性、亚急性、慢性和迟发型中毒。

职业中毒临床表现非常复杂，与中毒类型、毒物的靶器官有明确关系。有的毒物因其毒性大，蓄积作用又不明显，在生产事故中常引起急性中毒，如一氧化碳、硫化氢、氯气和光气等。2012年2月16日下午18时，甘肃省白银市白银区王岘镇白银乐富化工有限公司发生硫化氢中毒事故，造成3人死亡。有些毒物在生产条件下，常表现为慢性中毒，如金属类毒物。同一毒物、不同中毒类型对人体的损害有时可累及不同的靶器官。例如，苯急性中毒主要表现为对中枢神经系统的麻醉作用，而慢性中毒主要表现为造血系统的损害；镉和镉化合物引起的中毒也有急性、慢性中毒之分。吸入含镉气体可致呼吸道症状，经口摄入镉可致肝、肾损害。这些在有毒化学品对肌体的危害作用中是一种很常见的现象。此外，有毒化学品对肌体的危害尚取决于一系列因素和条件，如毒物本身的特性（化学结构、理化特性），毒物的剂量、浓度和作用时间，毒物的联合作用，个体的敏感性等。总之，肌体与有毒化学品之间的相互作用是一个复杂的过程，中毒后的表现也多种多样。

职业中毒事故的发生，充分暴露出部分企业尤其是一些中小企业无视国家法律法规和劳动者生命健康，职业病危害预防责任和措施不落实，劳动者安全健康意识和防范能力差；一些地区非法违法生产经营行为还比较突出，职业卫生监管工作还存在漏洞和薄弱环节。所以，要深刻吸取事故教训，减少直至杜绝此类事故再次发生，切实保护劳动者生命安全健康及其相关权益。

2.4 危险化学品的环境危害

随着化学工业的发展，各种化学品的产量大幅度增加，新化学品也不断涌现，人们在充分利用化学品的同时，也产生了大量的化学废物，其中不乏有毒有害物质。由于毫无控制的随意排放及化学品其他途径的泄放，严重污染了环境，并对人的生命带来威胁。

据报载2004年6月21日盘锦一辆运输车未按规定将某公司的废渣卸到指定地点，私自在一家小工厂内坑池排放，造成120人硫化氢中毒。

如果因运输工具倾翻、容器破裂等导致危险化学品流失，就可能对水、大气层、空气、土壤等造成严重的环境污染，进而影响人的健康。另据报载，2004年7月16日，在浙江甬台温高速公路浙闽主线收费所前，一辆运载29.5t苯酚的槽罐车因刹车失灵，追尾撞上了一辆轿车后侧翻，罐体破裂，苯酚全部泄漏，渗入横阳支江上游，污染了20多公里的河流。

由此看来，如何认识化学品的环境危害，最大限度地降低化学品的污染，加强环境保护力度，已是亟待解决的重大问题。

2.4.1 毒物进入环境的途径

随着工农业迅猛发展，有毒有害污染源随处可见，而给人类造成的灾害要数有毒有害化学品为最重。化学品侵入环境的途径几乎是全方位的，其中最主要的侵入途径可大致分为以下4种：

（1）人为施用直接进入环境，如农药、化肥的施用等；

（2）生产废物排放，在生产、加工、储存过程中，作为化学污染物，以废水、废气和废渣等形式排放进入环境；

（3）事故排放在生产、储存和运输过程中由于着火、爆炸、泄漏等突发性化学事故，致使大量有害化学品外泄进入环境；

（4）人类活动中废弃物的排放　在石油、煤炭等燃料燃烧过程中以及家庭装饰等日常生活使用中直接排入或者使用后作为废弃物进入环境。

2.4.2 对环境的危害

进入环境的有害化学物质对人体健康和环境造成了严重危害或潜在危险。

2.4.2.1　对大气的危害

（1）破坏臭氧层

研究结果表明，含氯化学物质，特别是氯氟烃进入大气会破坏同温层的臭氧，另外，N_2O、CH_4 等对臭氧也有破坏作用。

臭氧可以减少太阳紫外线对地表的辐射，臭氧减少导致地面接收的紫外线辐射量增加，从而导致皮肤癌和白内障的发病率大量增加。

（2）导致温室效应

大气层中的某些微量组分能使太阳的短波辐射透过加热地面，而地面增温所放出的热辐射，都被这些组分吸收，使大气增温，这种现象称为温室效应。这些能使地球大气增温的微量组分，称为温室气体。主要的温室气体有 CO_2、N_2O、CH_4、氟氯烷烃等，其中 CO_2 是造成全球变暖的主要因素。

温室效应产生的影响主要有使全球变暖和海平面的上升。如全球海平面，在过去的百年里平均上升了 14.4cm，我国沿海的海平面也平均上升了 11.5cm，海平面的升高将严重威胁低地势岛屿和沿海地区人民的生产和生活。

（3）引起酸雨

由于硫氧化物（主要为二氧化硫）和氮氧化物的大量排放，在空气中遇水蒸气形成酸雨，对动物、植物、人类等均会造成严重影响。

（4）形成光化学烟雾

光化学烟雾主要有两类：

① 伦敦型烟雾。大气中未燃烧的煤尘、二氧化硫，与空气中的水蒸气混合并发生化学反应所形成的烟雾，称伦敦型烟雾，也称为硫酸烟雾。1952 年 12 月 5~8 日，英国伦敦上空因受冷高压的影响，出现了无风状态和低空逆温层，致使燃煤产生的烟雾不断积累，造成严重空气污染事件，在一周内导致 4000 人死亡，伦敦型烟雾由此得名。

② 洛杉矶型烟雾。汽车、工厂等排入大气中的氮氧化物或碳氢化合物，经光化学作用生成臭氧、过氧乙酸硝酸酯等，该烟雾称洛杉矶型烟雾。美国洛杉矶市 20 世纪 40 年代初有汽车 250 多万辆，每天耗油约 1600 万升，向大气排放大量的碳氢化合物、氮氧化物、一氧化碳，汽车排出的尾气在日光作用下，形成臭氧、过氧乙酰酯酸酰为主的光化学烟雾。1946年夏发生过一次危害；1954 年又发生过一次很严重的大气污染危害事件；在 1955 年的一次污染事件中仅 65 岁以上的老人就死亡 400 多人。

在我国兰州西固地区，氮肥厂排放的 NO_2、炼油厂排放的碳氢化合物，在光作用下，也产生过光化学烟雾。

2.4.2.2　对土壤的危害

据统计，我国每年向陆地排放有害化学废物 $2242 \times 10^4 t$，由于大量化学废物进入土壤，可导致土壤酸化、土壤碱化和土壤板结。

2.4.2.3　对水体的污染

水体中的污染物概括地说可分为 4 大类：无机无毒物、无机有毒物、有毒无毒物和有机有毒物。无机无毒物包括一般无机盐和氮、磷等植物营养物等；无机有毒物包括各类重金属（汞、镉、铅、铬）和氧化物、氟化物等；有机无毒物主要是指在水体中的比较容易分解的有机化合物，如碳水化合物、脂肪、蛋白质等；有机有毒物主要为苯酚、多环芳烃和多种人工合成的具积累性的稳定有机化合物，如多氯醛苯和有机农药等。有机物的污染特征是耗氧,有毒物的污染特征是生物毒性。

（1）植物营养物污染的危害

含氮、磷及其他有机物的生活污水、工业废水排水体,使水中养分过多,藻类大量繁殖,海水变红,称为"赤潮",由于造成水中溶解氧的急剧减少,严重影响鱼类生存。

（2）重金属、农药、挥发酚类、氧化物、砷化合物等污染物可在水中生物体内富集,造成其损害、死亡、破坏生态环境。

（3）石油类污染可导致鱼类、水生生物死亡,还可引起水上火灾。

2.4.2.4 对人体的危害

一般来说,未经污染的环境对人体功能是适合的,在这种环境中人能够正常地吸收环境中的物质而进行新陈代谢。但当环境受到污染后,污染物通过各种途径侵入人体,将会毒害人体的各种器官组织,及其功能失调或者发生障碍,同时可能会引起各种疾病,严重时将危及生命。

（1）急性危害

在短时间内(或者是一次性的),有害物大量进入人体所引起的中毒为急性中毒。急性危害对人体影响最明显。

（2）慢性危害

少量有害物质经过长时期的侵入人体所引起的中毒,称为慢性中毒。慢性中毒一般要经过长时间之后逐渐显露出来,对人体的危害是慢性的,如由镉污染引起的骨痛病变是环境污染慢性中毒的典型例子。

（3）远期危害

化学物质往往会通过遗传影响到子孙后代,引起胎儿畸形、致突变等。我国每年癌症新发病人有 150 万人,死亡 110 万人,而造成人类癌症的原因 80%～85% 与化学因素有关。我国每年由于农药中毒死亡约 1 万人,急性中毒约 10 万人。

2.5 危险化学品事故预防与控制的基本原则

众所周知,化学品可能是有害的,可人类的生活已离不开化学品,由此,工业场所职业健康与安全问题,在世界范围内都受到了普遍关注。不是一般的简单问题,从人们耳闻目睹的、不断发生的化学品事故中也能体会到这一点。因此如何预防与控制作业场所中化学品的危害,杜绝或减少化学品事故,防止火灾、爆炸、中毒与职业病的发生,保护广大员工的安全与健康,就必须消除或降低工人在正常作业时受到的有害化学品的侵害。

化学品危害预防和控制的基本原则一般包括两个方面:操作控制和管理控制。

2.5.1 危险化学品操作控制

控制工业场所中有害化学品的总目标是消除化学品危害或者尽可能降低其危害程度,以免危害员工,污染环境,引起火灾和爆炸。

事实上,工作场所中存在的危害,可用多种不同的方法来控制,选择何种控制方法取决于有关危害的性质及导致危害的工艺过程。工作场所某种加工程序可能会产生不止一种危害,因此最好的控制方法通常是针对加工程序而设计的方法。

然而,每一种控制方法都必须符合下列 4 项要求:

危害物的控制必须是充分的，在设计控制方法时，必须尽力避免工人暴露于任何形式的化学品危害物之中，例如，倘若某危害物是能替换氧气的窒息性气体，那么必须将暴露的浓度降低到对员工无伤害的浓度。

必须保证工人在无过度不适或痛苦的情况下工作，不能给工人造成新的危害。

必须保护每位可能受害的员工。如呼吸防护器足以保护一个正在操作石棉的员工免受石棉的影响，但石棉尘可能危及到附近一名没有带呼吸器的电工的健康。

必须不会对周边社区造成危害。对排出的气体如不加以处理，将有毒物质自通风系统排入空气中会对社区带来公害。

为了达到控制化学品危害的目标，通常采用操作控制的四条基本原则，从而有效地消除或降低化学品暴露，减少化学品引起的伤亡事故、火灾及爆炸。

预防化学品引起的伤害以及火灾或爆炸的最理想的方式是在工作中不使用上述危害有关的化学品。然而并不是总能做到这一点，因此，采取隔离危险源，实施有效的通风或使用适当的个体防护用品等手段往往也是非常必要的。

但是，首先要识别出危险化学物质及其危害程度，并检查化学品清单、储存、输送过程、处理以及化学品的实际使用和销毁情况。在处理各个特定危害时，以下四条作为预防基本原则，即操作控制的四条原则：

（1）消除危害　消除危害物质或加工过程。或用低危险的物质或过程替代高危险的物质或过程。

（2）隔离　封闭危险源或增大操作者与有害物之间的距离等，防止工人接触到危害物质。

（3）通风　用全面通风或局部通风手段排除或降低有害物质如烟、气、气化物和雾在空气中的浓度。

（4）保护工人　配备个体防护用品，防止接触有害化学品。

操作控制的目的是通过采取适当的措施，消除或降低工作场所的危害，防止工人在正常作业时受到有害物质的侵害。根据以上操作控制的四条原则，实际生产中采取的主要措施是消除或替代、变更工艺、隔离、通风、个体防护和改善卫生条件等。

2.5.1.1　消除或替代

控制、预防化学品危害最理想的方法是不使用有毒有害和易燃易爆的化学品，但这一点并不是总能做到，通常的做法是选用无毒或低毒的化学品替代已有的有毒有害化学品，选用可燃化学品替代易燃化学品。例如，苯是致癌物，为了找到它的替代物，人们付出了艰苦的努力。今天人们已用非致癌性的甲苯替代喷漆和除漆中用的苯，用脂肪族烃替代胶水或黏合剂中的苯等。

替代有害化学品的例子还有很多，例如，用水基涂料或水基胶黏剂替代有机溶剂基的涂料或溶剂型胶黏剂；用水性洗涤剂替代溶剂型洗涤剂；用三氯甲烷脱脂剂来替代三氯乙烯脱脂剂；使用高闪点化学品而不使用低闪点化学品。

当然，能够供选择的替代物往往是有限的，特别是在某些特殊的技术要求和经济要求的情况下，不可避免地要使用一些有害化学品。但借鉴经验，根据类似的情况，积极寻找替代物往往能收到很好的成效。

需要注意的是，虽然替代物较被替代物安全，但其本身并不一定是绝对安全的，使用过程中仍需加倍小心。例如用甲苯替代苯，并不是因为甲苯无害，而是因为甲苯不是致癌物。

浓度高的甲苯会伤害肝脏，致人昏眩或昏迷，要求在通风橱中使用。再如用纤维物质替代致癌的石棉。国际癌症研究机构已将人造矿物纤维列入可能致癌物，因此某些纤维物质不一定是石棉的优良替代品。所以说，替代物不能影响产品质量，并经毒理评价其实际危害性较小方可应用。因科技水平目前还不能完全达到如此理想水平的要鼓励生产单位开拓创新，促进工艺流程科学化、无害化。

2.5.1.2　变更工艺

虽然替代是控制化学品危害的首选方案，但是目前可供选择的替代品往往是很有限的，特别是因技术和经济方面的原因，不可避免地要生产、使用有害化学品。这时可通过变更工艺消除或降低化学品危害。很典型的例子是在化工行业中，以往从乙炔制乙醛，采用汞做催化剂，现在发展为用乙烯为原料，通过氧化或氧氯化制乙醛，不需用汞做催化剂。通过变更工艺，彻底消除了汞害。

通过变更工艺预防与控制化学品危害的例子还有很多，如改喷涂为电涂或浸涂；改人工分批装料为机械自动装料；改干法粉碎为湿法粉碎等。

生产工序的布局不仅要满足生产上的需要，而且应符合职业卫生要求。有毒物逸散的作业，应在满足工艺设计要求的前提下，根据毒物的毒性、浓度和接触人数等作业区实行区分隔离，以免产生叠加影响；有害物质发生源，应布置在下风侧。对容易积存或被吸附的毒物如汞、可产生有毒粉尘飞扬的厂房，建筑物结构表面符合有关卫生要求，防止沾积尘毒及二次飞扬。

2.5.1.3　隔离

隔离就是通过封闭、设置屏障等措施，拉开作业人员与危险源之间的距离，避免作业人员直接暴露于有害环境中。

最常用的隔离方法是将生产或使用的设备完全封闭起来，使工人在操作中不接触化学品。这可通过隔离整台机器、整个生产过程来实现。封闭系统一定要认真检查，因为即使很小的泄漏，也可能使工作场所的有害物浓度超标，危及作业人员。封闭系统装有敏感的报警器，以便危害物一旦泄露立即发出警报。

通过设置屏障物，使工人免受热、噪声、阳光和离子辐射的危害。如反射屏可减低靠近熔炉或锅炉操作的工人的受热程度，铝屏可保护工人免受 X 射线的伤害等。

隔离操作是另一种常用的隔离方法，简单地说，就是把生产设备与操作室隔离开。最简单的形式就是把生产设备的管线阀门、电控开关放在与生产地点完全隔开的操作室内。不少企业都采用此法，如某化工厂的四乙基铅生产、汞温度计厂的水银提纯等采用的就是隔离操作。

遥控隔离是隔离原理的进一步发展。有些机器已经可用来代替人工进行一些简单的操作。在某些情况下，这些机器是由远离危险环境的员工运用遥控器进行控制的。在日本的钢厂，综合使用这些方法几乎彻底消除了员工受致癌的煤焦油挥发物的侵害。

通过安全储存有害化学品和严格限制有害化学品在工作场所的存放量(满足一天或一个班工作需要的量即可)也可以获得相同的隔离效果，这种安全储存和限量的做法特别适用于那些操作人数不多，而且很难采用其他控制手段的工序，然而，在使用这种手段时，切记要向员工提供充足的个体防护用品。

2.5.1.4　通风

除了替代和隔离方法以外，通风是控制作业场所中有害气体、蒸气或粉尘最有效的措施。借助于有效的通风和相关的除尘装置，直接捕集了生产过程中所释放出的飘尘污染物，防止了这些有害物质进入员工的呼吸区，通过管道将收到的污染物送到收集器中，也不会污染外部的环境，使作业场所空气中有害气体、蒸气或粉尘的浓度低于安全浓度，保证员工的身体健康，也防止了火灾、爆炸事故的发生。

通风分局部通风和全面通风两种。局部通风是把污染源罩起来，抽出污染空气，所需风量小，经济有效，并便于净化回收。使用局部通风时，吸尘罩应尽可能地接近污染源，否则通风系统中风扇所产生的抽力将被减弱，以至于不能有效地捕集扬尘点所散发的尘。为了确保通风系统的高效，认真检查通风系统设计合理性是很重要的，并要向专家或安装通风系统的专业人员请教。此外，对安装好的通风系统，要经常加以维护和保养，使其有效发挥作用。目前，局部通风已在多种场合应用，起到了有效控制有害物质（如铅烟、石棉尘和有机溶剂）的作用。

对于点式扩散源，可使用局部通风。使用局部通风时，应使污染源处于通风罩控制范围内。

对于面式扩散源，要使用全面通风。全面通风亦称稀释通风，其原理是向作业场所提供新鲜空气，抽出污染空气，进而稀释有害气体、蒸气或粉尘，从而降低其浓度。采用全面通风时，在厂房设计阶段就要考虑空气流向等因素。因为全面通风的目的不是消除污染物，而是将污染物分散稀释，所以全面通风仅适合于低毒性作业场所，且污染物的使用量不大，不适合于腐蚀性、污染物量大的作业场所。全面通风所需风量大，不能净化回收。

像实验室中的通风橱、焊接室或喷漆室可移动的通风管和导管都是局部通风设备；而在冶金厂，熔化的物质从一端流向另一端时散发出有毒的烟和气，两种通风系统都要使用。

2.5.2 个体防护与卫生

2.5.2.1 个体防护

加强个体防护是预防职业中毒的重要措施。个体防护用品是指劳动者在生产过程中为免遭或减轻事故伤害和职业危害的个人随身穿（佩）戴的用品，简称护品。操作者在生产过程中必须坚持正确选用和使用个人防护用品。

使用个体防护用品，通过采取阻隔、封闭、吸收、分散、悬浮等手段，能起到保护机体的局部或全身免受外来侵害的作用。在一定条件下，使用个人防护用品是主要的防护措施，防护用品必须严格保证质量、安全可靠，而且穿戴要舒适方便、经济耐用。

当作业场所中有害化学品的浓度超标时，工人就必须使用合适的个体防护用品以获得保护。个体防护用品既不能降低作业场所中有害化学品的浓度，也不能消除作业场所的有害化学品，而只是一道阻止有害物进入人体的屏障。防护用品本身的失效就意味着保护屏障的消失，因此个体防护不能被视为控制危害的主要手段，而只能作为对其他控制手段的补充。对于火灾和爆炸危害来说，是没有可靠的个体防护用品可提供的。

防护用品主要有头部防护器具、呼吸防护器具、眼防护器具等身体防护用品、手足防护用品等。

据统计，职业中毒的员工中 15%左右是吸入毒物所致，因此要消除尘肺、职业中毒、缺氧性窒息等职业病，防止毒物从呼吸器官侵入，员工必须佩戴适当的呼吸防护用品。

（1）呼吸防护器

呼吸防护器，其形式是覆盖口和鼻子，其作用是防止有害化学物质通过呼吸系统进入人体，呼吸防护器主要局限于下列场合使用：

① 在安装工程控制系统之前，必须采取临时控制措施的场合；

② 没有切实可行的工程控制措施的场合；

③ 在工程控制系统保养和维修期间；

④ 突发事件期间。

在选择呼吸防护器时应考虑如下因素：

① 污染物的性质；

② 工作场所污染物可能达到的最高浓度；

③ 依照舒适性衡量，员工对其的可接受性；

④ 与工作任务的匹配性，即适合工作的特点，且能消除对健康的危害。

常用的呼吸防护用品主要分为自吸过滤式（净化式）和送风隔绝式（供气式）两种类型。

自吸过滤式净化空气的原理是吸附或过滤空气，使空气通过而空气中的有害物（尘、毒气）不能通过呼吸防护器，保证进入呼吸系统的空气是净化的。呼吸防护器中的净化装置是由滤膜或吸附剂组成的，滤膜是用来滤掉空气中的尘，含吸附剂的滤毒盒是用来吸附空气中的有害气体、雾、蒸气等，这些呼吸防护器又可分为半面式和全面式。半面式用来遮住口、鼻、下巴；全面式可遮住整个面部包括眼。实际上没有哪一种呼吸防护器是万能的，或者说没有哪一种呼吸防护器能防护所有的有害物。不同性质的有害物需要选择不同的过滤材料和吸附剂，为了取得防护效果，正确选择呼吸防护器至关重要，可以从呼吸防护器生产厂家获得这方面的信息。

过滤式呼吸器只能在不缺氧的劳动环境（即环境空气中氧的含量不低于 18%）和低浓度毒污染环境中使用，一般不能用于罐、槽等密闭狭小容器中作业人员的防护。过滤式呼吸器分为过滤防尘呼吸器和过滤式防毒呼吸器。前者主要用于防止粒径小于 5pm 的呼吸性粉尘经呼吸道吸入产生危害，通常称为防尘口罩和防尘面具；后者用以防止有毒气体、蒸气、烟雾等经呼吸道吸入产生危害，通常称为防毒面具和防毒口罩，分为自吸式和送风式两类，目前使用的主要是自吸式防毒呼吸器。

隔离式呼吸器能使佩戴者的呼吸器官与污染环境隔离，由呼吸器自身供气（空气或氧气），或从清洁环境中引入空气维持人体的正常呼吸。可在缺氧、尘毒严重污染、情况不明的有生命危险的作业场所使用，一般不受环境条件限制。按供气形式分为自给式和长管式两种类型。自给式呼吸器自备气源，属携带型，根据气源的不同又分为氧气呼吸器、空气呼吸器和化学氧呼吸器；长管式呼吸器又称长管面具，得借助肺力或机械动力经气管引入空气，属固定型，又分为送风式和自吸式两类，只适用于定岗作业和流动范围小的作业。

在选择呼吸防护用品时应考虑有害化学品的性质、作业场所污染物可能达到的最高浓度、作业场所的氧含量、使用者的面型和环境条件等因素。我国目前选择呼吸器的原则比较粗，一般是根据作业场所的氧含量是否高于 18% 确定选用过滤式还是隔离式，根据作业场所有害物的性质和最高浓度确定选用全面罩还是半面罩。

为了确保呼吸防护器的使用效果，必须培训员工如何正确佩戴、保管和维护其使用的呼吸防护器。请记住，佩戴一个保养很差的、失效的防护口罩比不佩戴更危险，因为佩戴者以为他已经被保护了，而实际上并没有。

（2）其他个体防护用品

为了防止由于化学物质的溅射，以及尘、烟、雾、蒸气等所导致的眼和皮肤伤害，也需要使用适当的防护用品或护具。

眼面护具的例子主要有安全眼镜、护目镜以及用于防护腐蚀性液体、固体及蒸气对面部产生伤害的面罩。

用抗渗透材料制作的防护手套、围裙、靴和工作服，能够消除由于接触化学品而对皮肤产生的伤害。用来制造这类防护用品的材料很多，作用也不同，因此正确选择很重要。如棉布手套、皮革手套主要用于防灰尘，橡胶手套防腐蚀性物质。在选择时要针对所接触的化学品的性质来确定合适材料制作防护品。作为防护品的销售商，也应掌握这方面的知识，能向购买者提供防护品的使用范围等方面的咨询服务。

护肤霜、护肤液也是一种皮肤防护用品，它们的功效也是各种各样，选择适当也能起一定的作用。切记，没有万能护肤霜，有的护肤霜只是用来防护水溶性物质的。

2.5.2.2　改善卫生条件

卫生条件包括保持作业场所清洁和作业人员的个人卫生两个方面。

（1）保持业作场所清洁

经常清洗作业场所，对废物和溢出物加以适当处置，保持作业场所清洁，也能有效地预防和控制化学品危害。如定期用吸尘机将地面、工作台上的粉尘清扫干净；泄漏的液体及时用密闭容器装好，并于当天从车间取走；若装化学品的容器损坏或泄漏，应及时将化学品转移到好的容器内，损坏的容器做适当处置。尽量不使用扫帚和拖把清扫粉尘，因为扫帚和拖把在扫起有害物时容易散布到空气中，而被员工吸入体内。湿润法也可控制危害物流通，但最好与其他方法如局部通风系统一起使用。

另外，在有毒物质作业场所，还应设置必要的卫生设施如盥洗设备、淋浴室及更衣室和个人专用衣箱。对能经皮肤吸收或局部作用大的毒物还应配备皮肤和眼睛的冲洗设施。

（2）作业人员的个人卫生

作业人员养成良好的卫生习惯也是消除和降低化学品危害的一种有效方法。保持好个人卫生，防止有害物附着在皮肤上，防止有害物质通过皮肤渗入体内。

使用化学品的过程中，保持个人卫生的基本原则如下：

① 要遵守安全操作规程并使用适当的防护用品，避免产生化学品暴露的可能性；

② 工作结束后、饭前、饮水前、吸烟前以及便后要充分清洗身体的暴露部分；

③ 定期检查身体以确信皮肤的健康；

④ 皮肤受伤时，要完好地包扎；

⑤ 每时每刻都要防止自我感染，尤其是在清洗或更换工作服时要注意；

⑥ 在衣服口袋里不装被污染的东西，如脏擦布、工具等；

⑦ 防护用品要分洗、分放；

⑧ 勤剪指甲并保持指甲洁净；

⑨ 不接触能引起过敏反应的化学物质。

除此以外，以下卫生措施也需引起注意：

① 即使产品标签上没有标明使用时应穿防护服，在使用过程中也要尽可能地护住身体的暴露部分，如穿长袖衬衫等；

② 由于工作条件的限制，不便于穿工作服的工作，应寻求使用不需穿工作服的化学品，并在购买前要看清标签或向供应商咨询。

2.5.3 管理控制

管理控制是指通过管理手段按照国家法律和标准建立起来的管理程序和措施，是预防作业场所中化学品危害的一个重要方面。如对作业场所进行危害识别、张贴标志；在化学品包装上粘贴安全标签；化学品运输、经营过程中附化学产品安全技术说明书、安全储存、安全传送、废物处理；从业人员的安全培训和资质认定；采取接触监测、医学监督等措施均可到达管理控制的目的。

2.5.3.1 危害识别

识别化学品危害性的原则是，首先要弄清所使用或正在生产的是什么化学品，它是怎样引起伤害事故和职业病的，它是怎样引起火灾和爆炸的，溢出和泄漏后是如何危害环境的。《工作场所安全使用化学品规定》明确规定对化学品进行危险性鉴别是生产单位的责任。生产单位必须对自己生产的化学品进行危险鉴别，并进行标志，对生产危险化学品加贴安全标签，并向用户提供安全技术说明书，确保有可能接触化学品的每一个人都能够对危害进行识别。

2.5.3.2 粘贴安全标签

所有盛装化学品的容器都要加贴安全标签，而且要经常检查，确保在容器上贴着合格的标签。贴标签的目的是为了警示使用者此种化学品的危害性以及一旦发生事故应采取的救护措施。

生产单位出厂的危险化学品，其包装上必须加贴标准的安全标签，出厂的非危险化学品应有标志。使用单位使用的非危险化学品应有标志，危险化学品应有安全标签，防止有害物通过皮肤渗入体内。当一种危险化学品需要从一个容器分装到其他容器时，必须在所有的分装容器上贴上安全标签。

2.5.3.3 配备化学品安全技术说明书(SDS)

企业中使用的任何化学品都必须备有 SDS，SDS 提供了有关化学品本身及安全使用方面的基本信息，详细描述了化学品的燃爆、毒性和环境危害，给出了安全防护、急救措施、安全储运、泄漏应急处理、法规等方面的信息，是了解化学品安全卫生信息的综合性资料。它也是化学品安全生产、安全流通、安全使用的指导性文件，是应急行动时的技术指南，是企业进行安全教育的重要内容，是制定化学品安全操作规程的基础。

2.5.3.4 安全储存

安全储存是化学品流通过程中非常重要的一个环节，处理不当就会造成事故。如深圳清水河危险品仓库爆炸事故，给国家财产和人民生命造成了巨大损失。为了加强对危险化学品储存的管理，国家制定了《常用化学危险品储存通则》(GB 15603—1995)，对危险化学品的储存场所、储存安排及储存限量、储存管理等都做了详细规定。

2.5.3.5 安全传送

作业场所间的化学品一般是通过管道、传送带或铲车、有轨道的小轮车、手推车传送的。用管道输送化学品时，必须保证阀门与法兰完好，整个管道系统无跑、冒、滴、漏现象。使用密封式传送带，可避免粉尘的扩散。如果化学品以高速高压通过各种系统，则必须注意避免产生热的积累，否则将引起火灾或爆炸。用铲车运送化学品时，道路要足够宽，并有清楚的标志，以减少冲撞及溢出的可能性。

2.5.3.6 废物处理方法

所有生产过程都会产生一定数量的废弃物，有害的废弃物处理不当，不仅对工人健康构成危害、可能发生火灾和爆炸，而且危害环境，危害居住在工厂周围的居民。

所有的废弃物应装在特制的有标签的容器内，任何盛装过有毒或易燃物质的空容器或袋子也应弃入这样的容器内，并将容器运送到指定地点进行废弃处理。

处理有毒、有害废弃物要有一定的操作规程，有关人员应接受适当的培训，并通过适当的控制措施得到保障。

2.5.3.7 接触监测

健全的职业卫生服务在预防职业中毒中极为重要，除积极参与以上工作外，应对作业场所空气中毒物浓度进行定期或不定期的监测和监督，将其控制在国家标准浓度以下。

车间有害物质(包括蒸气、粉尘和烟雾)浓度的监测是评价作业环境质量的重要手段，是职业安全卫生管理的一个重要内容。

接触监测要有明确的监测目标和对象，在实施过程中要拟订监测方案，结合现场实际和生产的特点，合理运用采样方法、方式，正确选择采样地点，掌握好采样的时机和周期，并采用最可靠的分析方法。对所得的监侧结果要进行认真的分析研究，与国家权威机构颁布的接触限值进行比较，若发现问题，应及时采取措施，控制污染和危害源，减少作业人员的接触。

2.5.3.8 医学监督(健康检查)

医学监督也称体检，它包括健康监护、疾病登记和健康评定。定期的健康检查有助于发现员工在接触有害因素早期的健康改变和职业病征兆。通过对既往的疾病登记和定期的健康评定，对接触者的健康状况作出评估，同时也反映出控制措施是否有效。化工行业已开展健康监护工作多年，制定了较为完整的系统管理规定和技术操作方案，取得了很好的社会效益。

此外，发挥工会组织的积极作用，合理实施有毒作业保健待遇制度，安排夜班员工休息，因地制宜地开展各种体育锻炼，组织青年职工进行有益身心的业余活动或定期安排疗养等。

2.5.3.9 培训教育

培训教育在控制化学品危害中起着重要的作用。通过培训使员工能正确使用安全标签和安全技术说明书，了解所使用的化学品的理化危害、健康危害和环境危害，掌握必要的应急处理方法和自救、互救措施，掌握个体防护用品的选择、使用、维护和保养等，掌握特定设备和材料如急救、消防、溅出和泄漏控制设备的使用，从而达到安全使用化学品的目的。

企业有责任对员工进行培训，使之具有辨识控制措施是否失效的能力，并能理解为该化学品提供的标签与危害信息的内容，员工考核合格后方可上岗。而对于现有员工，应进行定期再培训，使他们的知识和机能得到及时的更新。

综上，管理制度不全、规章制度执行不严、设备维修不及时及违章操作等常是造成职业中毒的主要原因。因此必须强化法制观念；在工作中认真贯彻执行国家有关预防职业中毒的法规和政策；重视预防职业中毒工作，结合企业内部接触毒物的性质和使用状况，制定预防措施及安全操作规程；建立相应的安全、卫生和处理应急事故的组织领导机构；以及做好管理部门和作业者职业卫生知识的宣传教育，使有毒作业人员充分享有职业中毒危害的"知情权"。企业安全按卫生管理者力尽"危害告知"义务，共同参与职业中毒危害的控制和预防。

2.5.4 劳动者的权利与义务

为了预防、控制和消除职业病危害，防治职业病，保护劳动者健康及其相关权益，促进经济发展，全国职业病防治专家和全国人民代表大会法律委员会、教科文卫组织及人大常委会法制工作委员会的法律专家，提出《职业病防治法》，于2001年10月27日第九届全国人大常委会第二十四会议通过，并从2002年5月1日起实施。第十一届全国人民代表大会常务委员会第二十四次会议于2011年12月31日通过了《全国人民代表大会常务委员会关于修改〈中华人民共和国职业病防治法〉的决定》，并予以公布，自公布之日起施行。新修订的《职业病防治法》共7章90条，分总则、前期预防、劳动过程中的预防与管理、职业病诊断与职业病病人保障、监督检查、法律责任、附则。

《职业病防治法》赋予了劳动者免受职业病危害、保障自身合法权益的8项权利，当然，也规定了劳动者的相关义务，如履行劳动合同、遵守职业病防治法等法律法规的规定、学习和掌握相关的职业卫生知识，增强职业病防范意识，遵守职业病防治法律、法规、规章和操作规程，正确使用、维护职业病防护设备和个人使用的职业病防护用品，发现职业病危害事故隐患应当及时报告等义务。

2.5.4.1 知情权

根据《职业病防治法》的规定，产生职业病危害的用人单位，应当在醒目位置设置公告栏，公布有关职业病防治的规章制度、操作规程、职业病危害事故应急救援措施和工作场所职业病危害因素检测结果。

对产生严重职业病危害的作业岗位，应当在其醒目位置，设置警示标识和中文警示说明。警示说明应当载明产生职业病危害的种类、后果、预防以及应急救治措施等内容。

向用人单位提供可能产生职业病危害的化学品、放射性同位素和含有放射性物质的材料的，应当提供中文说明书。说明书应当载明产品特性、主要成分、存在的有害因素、可能产生的危害后果、安全使用注意事项、职业病防护以及应急救治措施等内容。产品包装应当有醒目的警示标识和中文警示说明。储存上述材料的场所应当在规定的部位设置危险物品标识或者放射性警示标识。

《职业病防治法》还规定，用人单位与劳动者订立劳动合同（含聘用合同，下同）时，应当将工作过程中可能产生的职业病危害及其后果、职业病防护措施和待遇等如实告知劳动者，并在劳动合同中写明，不得隐瞒或者欺骗。对从事接触职业病危害的作业的劳动者，用人单位应当按照国务院安全生产监督管理部门、卫生行政部门的规定组织上岗前、在岗期间和离岗时的职业健康检查，并将检查结果书面告知劳动者。职业健康检查费用由用人单位承担。劳动者有权了解工作场所产生或者可能产生的职业病危害因素、危害后果和应当采取的职业病防护措施。

2.5.4.2 培训权

劳动者有权获得职业卫生教育、培训。用人单位应当对劳动者进行上岗前的职业卫生培训和在岗期间的定期职业卫生培训，普及职业卫生知识，督促劳动者遵守职业病防治法律、法规、规章和操作规程，指导劳动者正确使用职业病防护设备和个人使用的职业病防护用品。劳动者应当学习和掌握相关的知识，遵守相关的法律、法规、规章和操作规程，正确使用、维护职业病防护设备和个人使用的职业病防护用品，发现职业病危害事故隐患应当及时报告。

2.5.4.3 拒绝冒险权

根据《职业病防治法》的规定，劳动者有权拒绝在没有职业病防护措施下从事职业危害作业，有权拒绝违章指挥和强令的冒险作业。用人单位若与劳动者设立劳动合同时，没有将可能产生的职业病危害及其后果等告知劳动者，劳动者有权拒绝从事存在职业病危害的作业，用人单位不得因此解除或者终止与劳动者所订立的劳动合同。

2.5.4.4 检举、控告权

《职业病防治法》在总则中就明确规定，任何单位和个人有权对违反本法的行为进行检举和控告。对违反职业病防治法律、法规以及危及生命健康的行为提出批评、检举和控告，是职业病防治法赋予劳动者一项职业卫生保护权利。用人单位若因劳动者依法行使检举、控告权而降低其工资、福利等待遇或者解除、终止与其订立劳动合同，职业病防治法明确规定这种行为是无效的。

2.5.4.5 特殊保障权

未成年人、女职工、有职业禁忌的劳动者，在《职业病防治法》中享有特殊的职业卫生保护的权利。根据该法规定，产生职业病危害的用人单位在工作场所应有配套的更衣间、洗浴间、孕妇休息间等卫生设施。国家对从事放射性、高毒、高危粉尘等作业实行特殊管理。用人单位不得安排未成年人从事接触职业病危害的作业；不得安排孕期、哺乳期的女职工从事对本人和胎儿、婴儿有危害的作业；不得安排有职业禁忌的劳动者从事其所禁忌的作业。

2.5.4.6 参与决策权

参与用人单位职业卫生工作的民主管理，对职业病防治工作提出意见和建议，是《职业病防治法》规定的劳动者所享有的一项职业卫生保护权利。劳动者参与用人单位职业卫生工作的民主管理，是职业病防止工作的特点所决定的，也是确保劳动者权益的有效措施。劳动者本着搞好职业病防治工作，应对所在用人单位的职业病防治管理工作是否符合法律法规定，是否科学合理等方面，直接或间接地提出意见和建议。

2.5.4.7 职业健康权

对于从事接触职业病危害作业的劳动者，用人单位除了应组织职业健康检查外，还规定了应为劳动者建立、健全职业卫生档案和健康监护档案，并按照规定的期限妥善保存。对遭受或者可能遭受急性职业病危害的劳动者，用人单位应当及时组织救治、进行健康检查和医学观察，并承担所需费用。获得职业健康检查、职业病诊疗、康复等职业病防治服务，是劳动者依法享有的一项职业卫生保护权利。

当劳动者被怀疑患有职业病时，职业病防治法还规定用人单位应及时安排对病人进行诊断，在病人诊断或者医学观察期间，不得解除或者终止与其订立的劳动合同。根据这个法律规定，职业病病人依法享受国家规定的职业病待遇。用人单位应当按照国家有关规定，安排职业病病人进行治疗、康复和定期检查；对不适宜继续从事原工作的职业病病人，应当调离原岗位，并妥善安置；对从事接触职业病危害的作业的劳动者，应当给予适当岗位津贴。职业病病人的诊疗、康复费用，伤残以及丧失劳动能力的职业病病人的社会保障，按照国家有关工伤保险的规定执行。

2.5.4.8 损害赔偿权

用人单位应当建立、健全职业病防治责任制，加强对职业病防治的管理，提高职业病防治水平，对本单位产生的职业病危害承担责任，这是《职业病防治法》总则中的一项规定。这个法律规定，职业病病人除依法享有工伤社会保险外，依照有关民事法律，尚有获得赔偿权利的，有权向用人单位提出赔偿要求。

第3章 危险化学品管理

3.1 危险化学品安全生产监管体制

《安全生产法》在总结我国安全生产管理经验的基础上，提出了"安全第一，预防为主，综合治理"的安全生产方针，为我国现阶段的安全生产及监督管理工作确定了基本的方向。

十六届五中全会通过的《关于制定国民经济和社会发展第十一个五年计划的建议》中，提出了"坚持节约发展、清洁发展、安全发展，实现可持续发展"要求，确定了国家经济和社会发展的指导原则。"节约发展、清洁发展、安全发展"作为一个重要理念纳入到我国社会主义现代化建设的总体战略中。

现阶段，我国确定的安全生产监督管理体制是：综合监管与行业监管相结合、国家监察与地方监管相结合、政府监督与其他监督相结合。即国家与行政管理部门之间，实行的是综合监管和行业监管；在中央政府与地方政府之间，实行的是国家监管与地方监管；在政府与企业之间，实行的是政府监管与企业管理。

目前，我国现已基本形成"政府统一领导，部门依法监督，企业全面负责，群众监督参与，社会广泛支持"的安全生产监管格局。"强化安全生产属地监管，建立分类分级监管监察机制"的要求，将使国家的安全监管更为具体和直接。

案例：中国石化 HSE 监管体制

中国石化作为大型的石油化工集团，安全、环境与健康管理密不可分。因此，中国石化及其下属企业实行的是安全、环境与健康的一体化管理，简称"HSE 管理"。

中国石化 HSE 管理委员会是集团公司安全监督管理的最高权力机构，在董事长及总经理领导下，对所属企业实行全面的 HSE 监督管理。HSE 管理委员会办公室设在安全监管局。安全监管局是 HSE 管理的归口管理部门，其他职能部门按"谁主管谁负责"的原则，负责相应版块、业务或专业的 HSE 管理工作。其下属企业 HSE 管理的基本组织形式是：

① 企业设立 HSE 管理委员会，对企业的 HSE 工作实行统一领导。HSE 管理委员会主任由最高管理者担任，副主任由分管领导担任，委员由相关职能部门的负责人担任；

② HSE 管理委员会下设办公室，办公室设在 HSE 管理部门，负责处理企业 HSE 管理工作的日常事务；

③ 企业建立 HSE 管理组织机构及管理网络。企业及二级单位设立 HSE 管理部门，并配备满足 HSE 管理工作所需的管理、技术人员；基层单位应设立专职 HSE 管理人员，关键生产装置所属基层单位设立安全总监、配备专职安全工程师；工段或班组或作业小组应设立兼职的 HSE 监督员；

④ 企业设立消防、气防、职防等专业抢险救灾队伍和安全、卫生、环境检测机构，并按国家的有关规定配备人员、设备；

⑤ 基层单位(车间)成立 HSE 管理小组，组长由基层单位主任担任，副组长由分管 HSE 工作的副职领导担任，组员由相关人员组成。

3.2 危险化学品安全生产管理原理

危险化学品安全生产管理原理是把握安全生产规律，开展安全生产管理应遵循的基本法则，是安全科处长分析、解决问题的基本思路。

3.2.1 系统原理

指运用系统的观点、理论和方法对管理活动进行充分的系统分析，以达到管理的优化目标，即从系统论的角度来认识和处理管理中出现的 HSE 问题。系统原理是现代管理科学中的一个最基本的原理。系统原理包括：

① 动态相关性原则　构成管理系统的各要素是运动和发展的，它们相互联系又相互制约。

② 整分合原则　高效的现代安全生产管理必须在整体规划下明确分工，在分工基础上有效综合。

③ 反馈原则　反馈是控制过程中对控制机构的反作用。成功、高效的管理，离不开灵活、准确、快速的反馈。

④ 封闭原则　在任何一个管理系统内部，管理手段、管理过程等必须构成一个连续封闭的回路，才能形成有效的管理活动。

3.2.2 人本原理

在 HSE 管理中必须把人的因素放在首位，体现以人为本的指导思想。运用人本原理时应坚持以下原则：

① 动力原则　推动管理活动的基本力量是人，管理必须有能够激发人的工作能力的动力。对于管理系统，有 3 种动力，即物质动力、精神动力和信息动力。

② 能级原则　在管理系统中，建立一套合理能级，根据单位和个人能量的大小安排其工作，发挥不同能级的能量，保证结构的稳定性和管理的有效性。做到既要避免管理的真空，即没人管，又要避免管理的重叠，即多人管又没人管。

③ 激励原则　管理中的激励就是利用某种外部诱因的刺激，调动人的积极性和创造性。以科学的手段，激发人的内在潜力，使其充分发挥积极性、主动性和创造性。人的工作动力来源于内在动力、外部压力和工作吸引力。

3.2.3 预防原理

HSE 管理工作应当以预防为主，即通过有效的管理和技术手段，防止人的不安全行为和物的不安全状态出现，从而使事故发生的概率降到最低，使事故的危害和损失降到最小，这就是预防原理。运用预防原理时应坚持的主要原则：

① 偶然损失原则　事故后果以及后果的严重程度，都是随机的、难以预测的，反复发生的同类事故，并不一定产生完全相同的后果。偶然损失原则告诉我们，无论事故损失的大小，都必须做好预防工作。

② 因果关系原则　事故的发生是许多因素互为因果，发生连锁反应发生的最终结果，只要诱发事故的因素存在，发生事故是必然的，只是时间或迟或早而已。因此，预防事故，

必须从消除事故原因即起始事件和中间事件开始。

③ 3E 对策原则　造成人的不安全行为和物的不安全状态的原因可归结为 4 个方面：技术原因、教育原因、生理心理原因及管理原因。因此，针对这 4 个方面的原因，应综合采取 3 种预防对策，即工程技术（Engineering）对策、教育（Education）对策和法制管理（Enforcement）对策。

④ 本质安全化原则　指从一切项目、活动的一开始和从设计、原料、工艺、设备等本质上实现安全化，从根本上消除事故发生的可能性，从而达到预防事故发生的目的。

3.2.4　强制原理

采取强制管理的手段，控制和纠正不符合 HSE 要求的意愿和行动，使个人的活动、行为等受到安全管理要求、程序、规范的约束，从而避免违章作业，实现有效的 HSE 管理。运用强制原理应坚持的原则：

① 安全第一原则　安全工作放在一切工作的首要位置。当生产和其他工作与安全发生矛盾时，要以安全为主，服从于安全，这就是安全第一原则。

② 监督原则　指在安全工作中，为了使安全生产法律法规和企业规章得到落实，必须明确 HSE 管理职责，对企业生产中的守法和执法情况进行监督检查和考核。

3.3　安全生产管理方法

3.3.1　安全信息管理

安全信息是指劳动生产过程中与安全生产有关的信息集合，一般来源于安全方面的文件、通报、会议、检查、调研等。安全信息是安全管理决策的基础和依据，员工安全信息的掌握情况是提高安全执行力和预防事故的重要因素。

3.3.1.1　安全信息的采集

在企业日常的生产运行和管理工作中存在大量的信息流，这些信息流通常包含着诸多安全信息。但由于人们对信息获取理解上的差异，有时即使出现了安全信息，也难以捕捉。安全信息的一般来源：

（1）有关会议　参加政府及上级主管部门会议、本企业生产调度会、企业管理和安全管理有关会议、各类事故分析会以及安全工作例会等。

（2）现场管理　生产计划的调整、生产装置的异常波动、设备的缺陷失效、环境的变化、人员的变化等。

（3）公文资料　文件、报刊、安全通报、安全杂志以及安全技术资料、安全技术标准等。

（4）计算机网络、电视、新闻、广播等提供的国内外、行业内外以及本企业的最新事故及安全信息。

（5）基层单位的反映信息，主要是有关安全生产的建议、潜在危险因素、安全隐患的书面报告等。

（6）任何涉及安全的外部相关方（如周边居民、产品客户、承包商、承运商等）的抱怨及批评意见等。

3.3.1.2 安全信息的处理

对收集到的安全信息要进行分析，以确保去伪存真、客观真实。

（1）在对所获得信息的分析、判断、加工、整理工作中，要客观对待和处理，尽量减少主观因素。

（2）对安全信息的处理要有选择性。信息真实可靠、对本单位的安全管理工作能够起指导、监督、促进、提高作用的，就及时加以推广使用。

（3）处理安全信息要表明准确的意见和要求，提出的建议和整改措施必须切实可行，既要考虑法规、规范的要求，又要考虑本企业的实际和可操作性。

（4）处理信息过程要注重时效性，及时整理、汇报、利用。特别对来自外部的抱怨，应及时采取措施。

3.3.1.3 外部信息沟通

与企业外部安全信息的有效沟通，对提高安全绩效、降低企业风险是非常重要的。企业外部相关方安全信息的传递可采用如下方式：

（1）对涉及产品及过程的危险信息（如安全技术说明书和安全标签），向产品客户、承运商、承包商进行告知，并保存相关记录；

（2）对发生事故后可能影响的周边区域，通过适当的形式，将应急预案的内容告知当地政府、企业和居民管理部门；

（3）如果合同有安全方面的要求，企业应给相关方提供合理的资料或取得资料的渠道；

（4）对涉及安全的任何外部抱怨和批评意见，企业任何部门都应记录备案，并做出积极回应和处理，必要时报告到上级安全环保部门；

（5）通过发布报告、召开座谈会等方式，定期公布安全业绩，对外宣布 HSE 方针、征求意见。

3.3.1.4 内部信息沟通

掌握必要的安全信息是提高员工安全行为能力的关键因素，企业员工应掌握如下的主要安全信息：

化学品安全技术说明书（SDS）和安全标签；

现场危险化学品最大储量及处理量限制；

活性化学品禁配体系表；

装置危险危害信息分布公告；

装置安全设施及逃生集合地点公告；

个体防护器材配备标识；

现场危险点安全标识；

装置罐区管线的规范安全色标；

高度适宜、分布合理的风险标志等。

企业内部安全信息的交流可采用如下方式：

（1）通过合理化建议、民主对话会、职工代表参加安全会议、HSE 观察活动等形式，建立员工参与安全事务的渠道，领导层对职工提出的问题应进行及时、负责的答复处理；

（2）对于上级会议、文件等信息，要结合本企业安全特点，及时在安全工作例会或日常班组安全活动上传达；

（3）对于事故信息，要针对本企业情况，举一反三开展事故案例教育和安全检查，制定切实可行的防止类似事故发生的措施；

（4）对于检查、审核中发现的问题和隐患，要进行分析研究，制定整改措施和管理方案并传达至相关单位及人员；

（5）利用计算机网络，开辟安全网页，随时将安全指示、工作方向、发生事故以及以往的事故案例等内容公示，使员工可随时查阅学习。

3.3.2　安全风险管理

在安全管理活动的各种表象中，存在着实际或潜在的不安全因素及事故事件的苗头，应通过对这些表象、趋势和规律的分析，评估和确认这些事故风险及法律风险，通过制定针对性的安全管理方案，采取预防和纠正措施，防止事故的发生，提升预防管理的绩效。目前在中国石化企业中开展的十大薄弱环节的查改活动、法规符合性评审活动、作业前的七想七不干、安全 5 分钟、HSE 观察等活动，均是安全风险管理的具体实践。

3.3.2.1　安全风险分析的内容

安全风险分析是根据企业安全生产的实际需要，采用定性评估和头脑风暴的方法，找出并确定企业安全生产及管理中存在的不利因素或薄弱环节，为有效制定安全管理方案打好基础。安全风险分析的内容包括：

（1）违反安全禁令、规章及其他不安全行为

通过员工的日常作业行为、安全知识考试、应急预案演练、事故调查、HSE 观察、安全检查等活动等，了解员工的安全责任意识、自我保护意识、遵章守纪意识及对安全行为能力等。如违章作业、简化程序、禁忌作业、心理异常、辨识缺陷、指挥错误、操作错误、监护失误、责任心缺失、工作不到位、身心疲劳、注意力下降等。

（2）设备实施的隐患、缺陷及不安全状态

根据各类安全检查、事故分析及开展的 HSE 观察活动等，对比安全标准，查找物的不安全状态。如设备设施工具附件缺陷、防护缺陷、电伤害、噪声、振动、电离辐射、非电离辐射、明火、高温物质、低温物质、信号缺陷、标志缺陷、有害光照、化学物质等。

（3）环境不利因素

通过日常安全检查、事故分析及开展的 HSE 观察活动等，找出因作业环境的不良造成危及人身安全、健康的因素，如室内作业环境不良、室外作业环境不良、地下作业环境不良等。

（4）管理缺陷

通过日常的安全检查、事故情况及员工的反馈信息等，查找管理缺陷。如组织机构不健全、责任制不落实、规章制度不完善、安全培训不到位、三同时制度不落实、事故应急预案及响应缺陷、操作规程不完善、安全投入不足等。

（5）内部未遂事件

未遂事件是可能造成死亡、职业病、伤害、财产损失或环境破坏的险兆事件。在发生险兆事件的同时，由于机会原因或及时采取有效措施，避免了发生人员伤亡或较大财产损失的事件。未遂事件的致因包括人的不安全行为、物的不安全状态、环境因素和管理缺陷。及时抓好未遂事件的管理，对降低事故风险意义重大

（6）外部事故事件

外部事故特别是同行业、同工艺装置等发生的事故，对我们是有益的经验教训，应本着

预防管理的理念进行分析，汲取经验，避免重复事故发生。

3.3.2.2 安全风险分析的方法

常用的安全风险分析评估方法有多种，如：

（1）数据统计分析法，如：进行装置安全运行的分析、装置安全阀起跳频次、装置抢修办理用火票的数量、主要工艺指标超标频次等；

（2）抽样调查法；

（3）重点问卷法；

（4）专家评估法；

深入的风险分析方法可采用安全评价方法，如安全检查表、工作危害分析、预先危险性分析、事件树、事故树等。

3.3.2.3 安全风险分析的程序

首先根据需要确定分析题目，然后收集、核实、分类处理资料，最后运用分析方法综合分析并形成动态分析报告。

安全风险分析报告一般应包括下列内容：

（1）安全风险分析题目的选定；

（2）分析方法的选择；

（3）事实数据、案例等资料收集；

（4）对事故事件发生的类型、分布规律、主要特征、主要原因等进行统计分析；

（5）应结合安全管理工作实际和对安全绩效的影响程度，确定主要的安全风险排序，制定风险控制对策。

3.3.3 安全管理方案

安全管理方案或安全工作计划，是根据安全风险分析的结果，为控制、降低和消除风险而制定的对策措施和实施方法。安全管理方案有年度的综合管理方案、项目专项安全管理方案、专业安全管理方案、阶段性安全管理方案等。

3.3.3.1 安全管理方案的制定依据

安全工作计划或管理方案的制定依据：

（1）根据安全风险分析的结果；

（2）应技术可行、经济适用；

（3）考虑员工作业要求，即可操作性；

（4）法规、标准、规章与其他要求。

3.3.3.2 安全管理方案的主要内容

年度综合安全管理方案，即企业每年发布的1号文件，主要包括指导思想、HSE工作目标、主要管理措施和实施要求等，一般较为宏观、原则。年度综合安全管理方案顺利实施，需要专业安全管理方案的有力支撑。

项目或专项安全管理方案，是为实施某项任务而制定，内容也较为具体、详尽，具有较强的操作性，其主要内容包括：

（1）方案名称；

（2）涉及的单位或工作场所；

（3）目标和任务；

（4）实施程序、步骤和时间控制；

（5）实施的方法、手段；

（6）具体的分工与职责；

（7）经费预算及来源；

（8）效果验证与跟踪管理等。

3.3.3.3 安全管理方案的制定执行

安全管理方案的制定，一般遵循下列步骤：

（1）进行任务和目标分析；

（2）进行危害识别和安全风险分析；

（3）编制管理方案；

（4）审查、论证安全管理方案；

（5）下发方案或计划，进行技术交底、宣贯培训；

（6）监督检查安全管理方案的执行情况，进行跟踪管理和考核。

3.3.4 安全管理制度

建立健全安全管理制度的目的，是贯彻国家安全生产法律法规，建立企业良好安全生产秩序，防范生产经营过程安全风险，保障从业人员安全和健康，加强安全生产管理的重要措施。

《安全生产法》第四条规定："生产经营单位必须遵守本法和其他有关安全生产的法律、法规，加强安全生产管理，建立、健全安全生产责任制度，完善安全生产条件，确保安全生产"。第十七条规定："生产经营单位的主要负责人组织制定本单位安全生产规章制度和操作规程"。

安全管理制度的建设与管理是安全管理工作人员的一项基本管理技能。

3.3.4.1 安全管理制度建设的依据

安全规章制度建设应依据：

（1）安全生产法律法规、国家和行业标准、地方政府的法规、标准；

（2）企业生产、经营过程中存在的危险有害因素和主要安全风险；

（3）企业内外发生的典型事故教训；

（4）国际、国内先进、有效的安全管理方法等；

（5）安全管理和绩效提升的实际需要。

3.3.4.2 安全管理制度建设的原则

（1）主要负责人负责的原则：《安全生产法》规定"建立、健全本单位安全生产责任制；组织制定本单位安全生产规章制度和操作规程，是生产经营单位的主要负责人的职责"。

（2）安全第一的原则："安全第一，预防为主，综合治理"是我国的安全生产方针，也是安全生产客观规律的具体要求。

（3）系统性原则：按照安全系统工程的原理，建立涵盖全员、全过程、全方位的安全规章制度。

（4）规范化和标准化原则：安全规章制度的建设应实现规范化和标准化管理，以确保其严密、完整、有序，其编制要做到目的明确、流程清晰、标准明确，具有可操作性。

3.3.4.3 安全管理制度的制定程序

（1）起草制度。由负有安全生产管理职能的部门负责起草。起草前应首先进行现场管理调研，以征求管理意见、确定管理需求、明确管理要求。其次要收集国家有关安全生产法律法规、国家行业标准、地方政府的有关法规、标准等。在此基础上根据上级及主管部门的管理意图，完成安全管理制度的起草工作。

技术规程、安全操作规程的编制应按照企业标准的格式进行起草。其他规章制度格式可根据内容多少分章节、条、款、目结构表述，内容单一的也可直接以条的方式表述。规章制度中的序号可用中文数字和阿拉伯数字依次表述。

规章制度的草案应对起草目的、适用范围、主管部门、具体规范、解释部门和施行日期等做出明确的规定。

新的规章制度代替原有规章制度时，应在草案中标明原规定废止的内容。

（2）征求意见。由制度编制部门和制度归口部门负责征求意见。安全管理制度草案经编制部门内部通过后，应通过网络发布和会议审查的形式，进一步征求基层单位、管理部门对安全管理制度在操作性、可行性、职责权限等方面的意见。

（3）部门会签。应根据制度内容确定的管理部门，组织会签。安全部门收集会签部门意见并与会签部门协商，确定意见的采纳情况。

（4）规范性审核。规章制度归口管理部门组织应从信息化角度、合法合规性角度、程序履行情况、异议的协商情况、行文规范性情况进行审核。

（5）签发、发布。技术规程规范、安全操作规程等技术性安全规章制度由生产经营单位分管安全生产的负责人签发，涉及全局性的综合管理类安全规章制度应由生产经营单位主要负责人签发。

企业主管负责人签发后，应采用固定的发布方式。如通过红头文件形式在企业内部办公网络发布或纸质文件发布。发布的范围应覆盖与制度相关的部门及人员，失效和过期版本应及时作废处理。

（6）宣贯培训。安全管理制度发布后，只将制度文本简单地交给员工是远远不够的，只有通过培训让员工完全理解安全管理制度的意图，彻底地了解和认知安全制度的要求，从而明确职责，自觉的遵章执行。安全管理制度培训的基本要求：

① 制度所涉及的所有相关人员都应得到培训；
② 为什么要做出制度规定；
③ 每项工作应遵循的程序；
④ 每项工作应达到的标准和要求；
⑤ 提出及时反馈意见的要求。

（7）评估。企业的安全管理制度应在实施 2 年内，每 1 年评估 1 次。制度运行稳定后，可根据实际情况进行评估，确定是否需进行修订。实施满 5 年的制度应进行评估。

3.3.4.4 健全的安全管理制度

健全的安全生产规章制度，至少应包括下列内容：

（1）岗位安全生产责任制；
（2）安全法规的识别及其他要求；
（3）安全生产会议管理；
（4）安全生产费用；
（5）安全生产奖惩管理；
（6）管理制度评审和修订；
（7）安全培训教育；

（8）特种作业人员管理；

（9）管理部门、基层班组安全活动管理；

（10）危害识别与风险控制；

（11）隐患排查治理；

（12）重大危险源管理；

（13）变更管理；

（14）事故管理；

（15）防火、防爆管理，包括禁烟管理；

（16）消防气防管理；

（17）仓库、罐区安全管理；

（18）关键装置、重点部位安全管理；

（19）生产设施管理，包括安全设施、特种设备等管理；

（20）监视和测量设备管理；

（21）安全作业管理，包括动火作业、进入受限空间作业、临时用电作业、高处作业、起重吊装作业、破土作业、断路作业、设备检维修作业、高温作业、抽堵盲板作业管理等；

（22）危险化学品安全管理，包括剧毒化学品安全管理及危险化学品储存、出入库、运输、装卸等；

（23）装置检维修管理；

（24）生产设施拆除和报废管理；

（25）承包商管理；

（26）供应商管理；

（27）职业卫生管理，包括防尘、防毒管理；

（28）劳动防护用品（具）和保健品管理；

（29）作业场所职业危害因素检测管理；

（30）应急救援管理；

（31）安全检查管理。

3.3.5 安全目标与绩效管理

安全目标是指引员工开展安全工作的努力方向，是提升安全管理绩效的主要手段。而安全考核和激励，则是实现企业安全目标指标，并将安全目标指标变成现实的重要管理方法。

企业应建立安全目标与绩效管理办法，采取分层次、分专业签定安全目标任务书的方式，对职能部室、直属单位领导班子的安全绩效，进行定期检查考核；同时，制订专业管理考核细则，采取月度、季度检查的绩效管理方法，对直属单位的安全过程管理绩效进行检查、考核。

3.3.5.1 安全目标指标

我国的安全生产控制考核指标体系，由事故死亡人数总量控制指标、绝对指标、相对指标、重大和特大事故起数控制考核指标4类、27个具体指标构成。"无事故、无污染、无伤害"为中国石化的 HSE 管理目标，各企业采取分阶段、分年度控制和持续改进的管理方式，努力实现 HSE 总体目标。安全控制指标包括事故控制指标和主动管理指标两大部分。

（1）事故控制指标

① 伤害频率（LTIF），也就是每百万个工作小时引起一天以上不能工作的工伤人数。

② 可记录事件率，也就是每百万个工作小时引起的可记录事件的数量，可记录事件包括生产事故、设备事故、损失工时事件、医疗处理事件、简单处理事件、失去知觉事件、工作受限事件等；

③ 物料泄漏跑冒：油品、化学品的泄漏，统计一次泄漏150L及以上的泄漏的次数和量（回收量和泄漏总量都需要统计报告）。

④ 非计划停车时间和次数。

（2）主动管理指标，包括但不限于：

① 隐患治理项目整改完成率；

② 设备完好率；

③ 员工不安全行为发生纠正率；

④ 职业病危害因素的监测率、合格率；

⑤ 员工职业健康体检的覆盖率；

⑥ 未遂事件报告、经验共享率；

⑦ 设备、仪表的检验检测率；

⑧ 其他相关工作指标，如作业活动风险控制率。

3.3.5.2 安全考核方案

安全目标指标的完成情况，是通过安全管理考核方案来进行评估。考核方案应视企业的具体情况而定，至少包括：

（1）对职能部门、直属单位的安全生产考核

主要考核内容为层层分解的目标指标落实情况，包括主动的管理指标和事故控制指标，可参照表3-1。

表3-1　职能部门、直属单位的安全生产考核表

责任单位	考核项目	考核指标	考核分数	考核标准（目标、指标）	考核部门

（2）对基层单位、员工的安全生产考核

主要指规章制度的执行情况、不安全行为的发生情况等，可参照表3-2。

表3-2　基层单位、员工的安全生产考核表

考核单位	考核项目（制度名称）	考核内容（制度条款内容）	考核标准	考核分值（+、-）	检查方法	被考核单位

考核方案不应只包含对未完成指标的处罚，还应包含激励干部职工遵章守纪，实现安全生产的奖励。如：

（1）全面落实安全生产责任制目标，单位事故指标得到有效控制，经考核取得优异成绩的；

（2）在安全生产竞赛等专项活动中取得突出成绩的；

（3）严格执行安全生产规章制度，在制止和纠正违章作业、违章指挥上坚持原则，对安全生产作出特殊贡献者；

（4）精心操作，保持生产稳定，认真执行巡回检查制度，及时发现和消除事故隐患成绩

显著者；

（5）在实现安全生产和改善劳动条件中，推行现代化安全管理方法，进行技术改进，有发明创造，为生产作出特殊贡献者；

（6）避免重大事故或在事故抢救中处理果断，奋勇抢救人员和企业财产，防止事故扩大、减少事故损失贡献突出者；

（7）在重大事故隐患项目整改治理工作中尽职尽责，措施得力，作出突出成绩者；

（8）在实现安全生产中有其他突出贡献者。

3.3.5.3 安全考核的注意事项

安全考核与激励方案的建立，应以目标指标管理为基础，是对目标指标管理情况和过程管理绩效的综合考核。安全考核与激励方案的制定实施中应注意：

（1）必须符合工作实际，有利于安全管理

安全考核和激励方案的制定实施是为了提高安全执行力，因此要根据企业内各单位生产性质、危险程度、管理难度的不同划定标准。根据生产性质差异、管理难度不同的单位，适当加权平均。

不合理的考核方案非但不能提高安全绩效，反而会在员工中产生抵触情绪。

（2）细化考核内容

安全考核和激励方案是对安全管理制度的细化，因此应对应条款，量化细化考核指标。考核方案的条款要具体、清楚，概念明确、措词严谨、便于操作。

（3）一致性

安全考核和激励方案是对企业内各项安全管理制度的深化，对安全管理制度中不够明确或完善的内容做进一步的补充、完善、深化。要注意与企业内各项相关制度，特别是安全管理制度的一致性。

3.3.6 案例分析：某公司 HSE 专业比学赶帮超活动管理方案

3.3.6.1 情景

根据 HSE 专业月度考核实践，重新修订公司 HSE 专业比学赶帮超活动方案，自 2012 年 1 月份实施。

（1）公司安全环保部成立 HSE 专业比学赶帮超活动考评小组，负责每月 1 次的 HSE 专业比学赶帮超活动考评工作。考评小组根据各单位 HSE 关键绩效指标完成情况和 HSE 专业过程管理情况，制定活动评比内容见 3.3.6.2，按照各单位的完成情况，进行量化考核和综合评定。安全消防及职业健康专业比学赶帮超评比排名见 3.3.6.3。

（2）公司 HSE 专业比学赶帮超活动的评比排名，按生产系统和非生产系统分别评定。生产系统安全消防和职业健康专业占 60%的权重，环保专业占 40%的权重。非生产系统只考评安全消防与职业健康专业。

（3）生产系统按量化考核评分取前 3 名，授予月度红旗单位。量化考核评分第 4 名、第 5 名，授予月度红星单位。同时，按照《安全环保总经理奖管理办法》进行相应奖励。

（4）非生产系统按量化考核评分取前 2 名，授予月度红旗单位。量化考核评分第 3 名、第 4 名，授予月度红星单位。同时，按照《安全环保总经理奖管理办法》进行相应奖励。

（5）各单位当月发生轻微损伤事件、火警事件、尘毒超标事件、环保外排超标事件、违反禁令事件、政府行政处罚事件、防爆区域（禁烟区）发现烟头事件、一般作业无作业许可证、一般作业监护人擅离脱岗事件、职工上下班发生负主要责任的交通事故？等，否决月度红旗单位和红星单位。

（6）各单位发生车间级事故的连续否决2个月的评选资格，发生厂级事故的连续否决3个月的评选资格，发生公司级事故的连续否决4个月的评选资格，发生上报一般及以上事故的否决6个月的评选资格。

3.3.6.2 安全消防与职业健康专业"比学赶帮超"活动评比内容

（1）本专业考核指标由4项专业结果否决指标、1项行为表现否决指标，11项过程管理指标、2项综合专业管理指标组成。

（2）车间级及以上事故，为绩效结果否决指标，扣40分。

车间级事故连续否决2个月的评选资格，厂级事故连续否决3个月的评选资格，公司级事故连续否决4个月的评选资格，上报一般及以上事故否决6个月的评选资格。

（3）火警事件（安全管理责任）、违反禁令、尘毒超标、防爆区域（禁烟区）发现烟头、一般作业无作业许可证、一般作业监护人擅离脱岗等，为行为及表现否决指标，扣10分。发生一项即否决月度红旗、红星单位的评选资格，扣除相应分数。

（4）作业风险控制，为重要过程控制指标，权重15分。作业风险控制的作业许可统计范围见3.3.6.4。单位如有作业活动并通过关键环节安全控制保证作业安全，即给予7分的基础分。同时考虑作业风险与作业数量、监控力量投入的直接关系，给于每月作业数量最多且保证作业安全的单位最高15分。其他单位按作业数量除以最高作业数量，分别给于7~14分，计算低于7分的按分计算。

（5）各单位在上报各类安全作业许可数量时，同时上报各车间可记录的关键环节控制活动数量，没按要求开展关键环节控制活动并记录的，酌情扣1~2分。

（6）未遂事件上报共享是公司鼓励的一项工作，每上报一起并得到确认后，即加1分，最高加5分。

（7）隐患管理，在开展隐患排查并组织整改的情况下，给予2分的基础分，如不开展，则不得分。

在整改率基本相同的基础上，以查改数量最多者为最高5分，其他依次递减。（考核方式：以各单位上报数量、整改率及公司抽查为依据）。

（8）单位HSE督察，在开展HSE督察并组织整改的情况下，给予3分的基础分，如不开展督察工作，则不得分。

在整改率基本相同的基础上，以查改数量最多者为最高10分，其他依次递减。（考核方式：以各单位上报数量、整改率及公司抽查为依据）。

（9）公司督察问题，为扣分项，每督察考核一个问题，即扣1分，最高扣10分。

（10）应急演练，以各单位基层车间应该演练的次数为基本考核依据，按要求演练的即得5分，少一个车间扣1分，多于5个车间不演练不得分。同时，根据演练质量情况酌情扣减。

（11）安全教育培训管理，主要以《××石化安全教育管理规定》为考评依据，每违反1项扣1分，最多扣10分。公司鼓励自主开展安全教育培训工作，每自主组织开展1次培训或编制1个培训课件（日常开展的入厂安全教育除外），即加2分，最高不超过6分。

（12）HSE观察是公司鼓励的工作，组织开展并进行有效观察即给于2分的基础分，同时根据观察数量和质量，给于数量最多者5分，其他单位按观察数量除以最高观察数量，分别给于2~4分。（人数和频次，按观察率）

（13）承包商及禁令管理为公司鼓励的主动工作内容，对承包商主动开展管理控制活动（包括检查通报、考核处理），每次加 2 分；自主检查并处理 1 起违反禁令事件，加 2 分。最高不超过 6 分。

（14）职业健康管理为综合专业过程考核，权重 10 分。主要以《中国石化职业卫生管理工作考核规定》为考评依据，每违反 1 项扣 1 分，最多扣 10 分。

（15）消防气防管理为综合专业过程考核，权重 10 分。主要以《××石化消防安全管理规定》为考评依据，每违反 1 项扣 1 分，最多扣 10 分。具体监督检查工作由消防支队负责。

（16）安全与职业卫生"三同时"及隐患治理项目管理。积极参与建设项目可研、基础设计、评价、试生产及验收工作，每通过一个地方政府行政许可批复项目加 2 分；配套装置安全与职业卫生设施实现"三同时"并达到设计、投用要求的，加 2 分；积极申报集团公司隐患治理项目，按规定时间上报隐患项目的资料，加 2 分；隐患治理项目进度按进度节点完成的，加 2 分，否则，扣 2 分；总部领导及部门监管的隐患治理项目未按进度节点完成整改扣 5 分；所有加分最多为 10 分。

（17）连续安全健康绩效。各单位如通过管理，保持良好的连安全健康绩效，即无车间级及以上事故，每月加 2 分，累计计算，最高加 10 分。如出现车间级及以上事故及否决事件，终止计分，重新计算。

（18）亮点工作及临时工作，考虑到各单位针对 HSE 管理实际，主动开展的 HSE 管理活动，取得实际绩效或获得领导肯定、上级奖励的情况，设立亮点工作及临时工作指标，每项给予 1~2 分的加分，累计加分最多不超过 5 分。未按要求完成临时性工作安排的，酌情扣 1~5 分。

3.3.6.3 安全消防及职业健康专业比学赶帮超评比排名（表 3-3）

表 3-3　安全消防及职业健康专业比学赶帮超评比排名

单位	事故/急性中毒	OHSA否决事件	行为/表现否决事件	连续安全健康绩效	作业风险控制	未遂事件	隐患管理	单位督察	公司督察	应急演练	教育培训	HSE观察	承包商/禁令管理	三同时	健康管理	消防管理	亮点临时工作
	有否决，无得40分	有否决，无得10分	有否决，无得10分	无否决项1月加2分，最高12分	基础7分最多15分	1个1分最高5	基础2分最高5分	基础3分最高10	1项扣1分最高扣10	基础5分少1减1	加2~6，违反酌减1~6	基础2分数量最多5	主动管理1次加2分最高加6分	按细则加扣1~10分	10分基础，按规扣分	10分基础，按规扣分	加1~5，未完酌减1~5
炼油厂	40	10	10														
烯烃厂	40	10	10														
氯碱厂	40	10	10														
塑料厂	40	10	10														
橡胶厂	40	10	10														
二化	40	10	10														
腈纶厂	40	10	10														
储运厂	40	10	10														
热电厂	40	10	10														
水厂	40	10	10														

3.3.6.4　作业风险控制的作业许可统计范围

（1）用火作业；

（2）受限空间作业；

（3）高处作业；

（4）临时用电作业；

（5）破土作业；

（6）射线作业；

（7）接触硫化氢作业；

（8）一般作业许可的6种作业类别；

（9）机动车进入装置罐区作业；

（10）危险化学品汽车槽车装卸作业。

3.3.6.5　问题

（1）竞赛活动的考核指标如何确定？

（2）如何制定生产系统安全消防和职业健康专业"比学赶帮超"活动考评方案和实施细则？

3.3.6.6　解析

确定考核指标是制定安全考核与激励方案的基础。考核指标的确定应考虑如下因素：与日常安全管理活动相结合；有安全管理规章制度支撑；既要有事故事件控制指标，也要有过程管理控制指标；考虑长期连续安全绩效的激励。

3.4　管理档案

危险化学品从业单位即危险化学品生产、经营、储存、运输、使用或者废弃处置的企业，是指依法设立且取得企业法人营业执照的从事危险化学品生产、经营、储存、运输、使用或者废弃处置等业务，包括最终产品、中间产品或所涉及的危险物品列入《危险化学品目录》（2015版）的危险化学品的企业。

危险化学品生产单位，是指危险化学品生产企业或者其分公司、子公司所属的独立核算生产成本的单位。

危险化学品生产企业作业场所，是指可能使从业人员接触危险化学品的任何作业活动场所，包括从事危险化学品的生产、操作、处置、储存、搬运、运输、废弃危险化学品的处置或者处理等场所。

从业单位应建立本单位的危险化学品管理档案，档案格式如表3-4所示。

表3-4　危险化学品管理档案

×××单位危险化学品档案
单位名称 ＿＿×××××××＿＿＿
单位类型 ＿＿＿＿＿＿＿＿＿＿＿＿
×××单位编制
××××年××月

档 案 说 明

本档案 2009 年 7 月制定。

一、档案由封面、档案说明、填表指南及表 3-4-1~表 3-4-6(共 10 个表)组成，其中表 3-4-2 分为表 3-4-2(1)、表 3-4-2(2)，表 3-4-3 分为表 3-4-3(1)~(3)，表 3-4-4 分为表 3-4-4(1)、表 3-4-4(2)。

1. 各危险化学品从业单位均需填写(表 3-4-1)单位基本情况；

2. 生产单位填：危险化学品产品[表 3-4-2(1)、表 3-4-2(2)]、使用的危险化学品[表 3-4-3(1)~(3)]、储存的危险化学品[表 3-4-4(1)、表 3-4-4(2)]；

3. 使用单位填：使用的危险化学品[表 3-4-3(1)~(3)]、储存的危险化学品[表 3-4-4(1)、表 3-4-4(2)]；

4. 储存单位填：储存的危险化学品[表 3-4-4(1)、表 3-4-4(2)]；

5. 经营单位填：储存的危险化学品[表 3-4-4(1)、表 3-4-4(2)]、经营的危险化学品(表 3-4-5)；

6. 运输单位填：危险化学品运输车辆情况(表 3-4-6)。

二、危险化学品的生产、使用、贮存、经营、运输单位必须建立本档案。

1. 生产单位：指生产的产品、中间产品属于危险化学品的单位。

2. 使用单位：指使用剧毒化学品，或使用其他危险化学品且数量构成重大危险源的单位。

3. 储存单位：生产、使用单位之外，专门储存危险化学品的单位。

4. 经营单位：指依法在工商管理部门注册的加油(加气)站；

5. 运输单位：指运输车辆在规定数量以上，具有交通运输管理部门颁发的危险化学品运输资质的单位。

6. 铁路运输单位可参照本档案建档。

三、本档案所称危险化学品、剧毒化学品以国家公布的《危险化学品目录》(2015 版)为准；重大危险源按《危险化学品重大危险源辨识》(GB 18218—2009)确定；易制毒化学品按《易制毒化学品管理条例》附表确定。

填 表 指 南

一、表 3-4-1：单位基本情况

1. "单位注册名称"、"单位注册地址"、"单位代码"、"成立时间"、"法定代表人或负责人"等应与工商等部门颁发的相关证件或单位公章一致。

2. 单位类型：填写生产、使用、储存、经营、运输，一个单位仅填一种类型，生产、使用、储存、经营类型、单位有运输类型的单独建档。

3. 单位登记代码：填北京市危险化学品登记办公室核发的登记号。

4. 许可证编号：填写危险化学品生产企业安全生产许可证、危险化学品经营许可证、危险品运输资质证编号。

5. 应急咨询电话：填写生产调度值班电话和国家危险化学品应急咨询服务电话"0532-83889090"。

6."单位所在的环境功能区"是指单位所处的外部环境类型，按以下类型填写：工业区、农业区、商业区、居民区、行政办公区、交通枢纽区、技文化区、水源保护区、文物保护区。

二、表3-4-2～表3-4-4

1. 危规号：是《危险货物品名表》（GB 12268—2012）规定的危险货物编号。

2. 登记号：是指生产、储存的危险化学品及使用的构成重大危险源的化学品、剧毒化学品办理危险化学品登记后，由国家化学品登记注册中心颁发的化学品登记号码。

3. 剧毒物品编号：是指《危险化学品目录》（2015版）中的编号。

4. 易制毒化学品：填写《易制毒化学品管理条例》中的类别，并填写品种代码。

表3-4-1　单位基本情况

单位注册名称				单位代码	
单位注册地址				邮政编码	
成立时间		单位类型	生产单位	法定代表人或负责人	
单位登记代码		许可证编号		应急咨询电话	0532-83889090
总占地面积（平方米）		单位所在的环境功能区	工业区	员工人数（人）	
危险化学品独立罐区情况		危险化学品仓储情况		危险化学品运输情况	
生产装置情况					
危险化学品情况	产品、中间产品	共___种：			
	使用的原料、各类辅助制剂等	共___种：易制毒化学品___种：			
	使用剧毒化学品	共___种：　　　　　　。			
	储存的化学品	共___种：易制毒化学品___种：			
	经营单位经营的化学品	共___种：易制毒化学品___种：			
	运输单位运输的化学品	共___种：			

表3-4-2(1)　危险化学品产品（最终产品）

序号	商品名称	化学名	类别	危规号	登记号	易制毒化学品	是否构成重大危险源	生产装置名称	生产能力/（万吨/年）	投产日期

95

表 3-4-2(2)　危险化学品产品(中间产品)

序号	商品名称	化学名	类别	危规号	登记号	易制毒化学品	是否构成重大危险源	生产装置名称	生产能力/(万吨/年)	投产日期
1.										
2.										
3.										
4.										

表 3-4-3(1)　使用的危险化学品(生产原料)

序号	商品名称	化学名	类别	危规号	登记号	易制毒化学品	是否构成重大危险源	生产装置名称	使用量/(万吨/年)	投产日期

表 3-4-3(2)　使用的危险化学品(各类生产辅助制剂等)

序号	商品名称	化学名	类别	危规号	登记号	易制毒化学品	是否构成重大危险源	储量/t		使用量/(吨/年)	用途	使用地点
								装置	库区			

表 3-4-3(3)　使用的危险化学品(剧毒化学品)

序号	商品名称	化学名	类别	危规号	剧毒物品编号	登记号	储存量/g 试剂+瓶重	使用量/(g/年)	用途	使用地点	储存地点

表 3-4-4(1)　储存的危险化学品(罐区)

序号	储存物料名 称	化学名	类别	危规号	登记号	易制毒化学品	是否构成重大危险源	罐区及储罐位号	储存量/t

表 3-4-4(2)　储存的危险化学品(库区)

序号	储存物料名 称	化学名	类别	危规号	登记号	剧毒物品编号	易制毒化学品	是否构成重大危险源	库区名称及库号	储存量/t

3.5　化学品安全技术说明书和安全标签

《危险化学品安全管理条例》(2011)第十五条规定：危险化学品生产企业应当提供与其生产的危险化学品相符的化学品安全技术说明书，并在危险化学品包装(包括外包装件)上粘贴或者挂挂与包装内危险化学品相符的化学品安全标签。化学品安全技术说明书和化学品安全标签所载明的内容应当符合国家标准的要求。

危险化学品生产企业发现其生产的危险化学品有新的危险特性的，应当立即公告，并及时修订其化学品安全技术说明书和化学品安全标签。

3.5.1　化学品安全技术说明书

3.5.1.1　化学品安全技术说明书的概念

化学品安全技术说明书(safety data sheet for chemical products, SDS)，提供了化学品(物质或混合物)在安全、健康和环境保护等方面的信息，推荐了防护措施和紧急情况下的应对措施。在一些国家，化学品安全技术说明书又被称为物质安全技术说明书(material safety data sheet, MSDS)，但在本书中统一使用SDS。

总体上一种化学品应编制一份化学品安全技术说明书。

3.5.1.2 化学品安全技术说明书的主要作用

化学品安全技术说明书是化学品的供应商向下游用户传递化学品基本危害信息（包括运输、操作处置、储存和应急行动信息）的一种载体。同时化学品安全技术说明书还可以向公共机构、服务机构和其他涉及到该化学品的相关方传递这些信息。

化学品安全技术说明书中的每项内容都能使下游用户对安全、健康和环境采取必要的防护或保护措施。

安全技术说明书作为最基础的技术文件，主要用途是传递安全信息，其主要作用体现在以下几点：

（1）是化学品安全生产、安全流通、安全使用的指导性文件。

（2）是应急作业人员进行应急作业时的技术指南。

（3）为危险化学品生产、处置、储存和使用各环节制定安全操作规程提供技术信息。

（4）是化学品登记注册的主要基础文件和基础资料。

（5）是企业安全生产教育的主要内容。

安全技术说明书不可能将所有可能发生的危险及安全使用的注意事项全部表示出来，加之作业场所情形各异，所以安全技术说明书仅是用以提供化学商品基本安全信息，并非产品质量的担保。

3.5.1.3 化学品安全技术说明书的内容

根据 2009 年 2 月 1 日实施新修订的国家标准《化学品安全技术说明书 内容和项目顺序》（GB/T 16483—2008），化学品安全技术说明书将按照下面 16 部分提供化学品的信息（图 3-1），每部分的标题、编号和前后顺序不应随意变更。

图 3-1 化学品安全技术说明书 16 部分化学品的信息

第 1 部分：化学品及企业标识主要标明化学品的名称

该部分应与安全标签上的名称一致，建议同时标注供应商的产品代码。

应标明供应商的名称、地址、电话号码、应急电话、传真和电子邮件地址。该部分还应说明化学品的推荐用途和限制用途。

第 2 部分：危险性概述

该部分应标明化学品主要的物理和化学危险性信息，以及对人体健康和环境影响的信息，如果该化学品存在某些特殊的危险性质，也应在此处说明。

如果已经根据联合国《化学品分类及标记全球协调制度》（GHS）对化学品进行了危险性

分类，应标明 GHS 危险性类别，同时应注明 GHS 的标签要素，如象形图或符号、防范说明，危险信息和警示词。象形图或符号如火焰、骷髅和交叉骨可以用黑白颜色表示。GHS 分类未包括的危险性（如粉尘爆炸）也应在此除注明。应注明人员接触后的主要症状及应急综述。

第 3 部分：成分/组成信息

该部分应注明该化学品是物质还是混合物。如果是物质，应提供化学名或通用名、美国化学文摘登记号（CAS 号）及其他标识符。

如果某种物质按 GHS 分类标准分类为危险化学品，则应列明包括对该物质的危险性分类产生影响的杂志和稳定剂在内的所有危险组分的化学名或通用名、以及浓度或浓度范围。

如果是混合物，不必列明所有组分。如果按 GHS 标准被分类为危险的组分，并且其含量超过了浓度限值，应列明该组分的名称信息、浓度或浓度范围。对已经识别出的危险组分，也应该提供被识别为危险组分的那些组分的化学名或通用名、浓度或浓度范围。

第 4 部分：急救措施

该部分应说明必要时应采取的急救措施及应避免的行动，此处填写的文字应该易于被受害人和（或）施救者理解。

根据不同的接触方式将信息细分为：吸入、皮肤接触、眼睛接触和食入。

该部分应简要描述接触化学品后的急性和迟发效应、主要症状和对健康的主要影响，详细资料可在第 11 部分列明。

如有必要，本项应包括对保护施救者的忠告和对医生的特别提示。如有必要，还要给出及时的医疗护理和特殊的治疗。

第 5 部分：消防措施

该部分应说明合适的灭火方法和灭火剂，如有不合适的灭火剂也应在此处标明。应标明化学品的特别危险性（如产品是危险的易燃品）。标明特殊灭火方法及保护消防人员特殊的防护装备。

第 6 部分：泄漏应急处理

该部分应包括以下信息：

① 作业人员防护措施、防护装备和应急处置程序。

② 环境保护措施。

③ 泄露化学品的收容、清除方法及所使用的处置材料（如果和第 13 部分不同，列明恢复、中和与清除方法）。提供防止发生次生危害的预防措施。

第 7 部分：操作处置与储存

操作处置应描述安全处置注意事项，包括纺织化学品人员接触、防止发生火灾和爆炸的技术措施和提供局部或全面通风、防止形成气溶胶和粉尘的技术措施等。还应包括防止直接接触不相容物质或混合物的特殊处置注意事项。

储存应描述安全储存的条件（适合的储存条件和不适合的储存条件）、安全技术措施、同禁配物隔离储存的措施、包装材料信息（建议的包装材料和不建议的包装材料）。

第 8 部分：接触控制和个体防护

此部分需列明容许浓度，如职业接触限值或生物限值。列明减少接触的工程控制方法，该信息是对第 7 部分内容的进一步补充。如果可能,列明容许浓度的发布日期、数据出处、试验方法及方法来源。列明推荐使用的个体防护设备。例如:呼吸系统防护,手防护,眼睛防护,皮肤和身体防护。标明防护设备的类型和材质。

化学品若只在某些特殊条件下才具有危险性,如量大、高浓度、高温、高压等,应标明这些情况下的特殊防护措施。

第 9 部分:理化特性

该部分应提供以下信息:化学品的外观与性状(例如:物态、形状和颜色);气味;pH 值,并指明浓度;熔点/凝固点;沸点、初沸点和沸程;闪点;燃烧上下极限或爆炸极限;蒸气压;蒸气密度;密度/相对密度;溶解性;n-辛醇/水分配系数;自燃温度;分解温度。

如果有必要,应提供下列信息:气味阈值;蒸发速率;易燃性(固体、气体)。也应提供化学品安全使用的其他资料。必要时,应提供数据的测定方法。

第 10 部分:稳定性和反应性

该部分应描述化学品的稳定性和在特定条件下可能发生的危险反应。应包括以下信息:应避免的条件(例如:静电、撞击或震动);不相容的物质;危险的分解产物,一氧化碳、二氧化碳和水除外。

填写该部分时应考虑提供化学品的预期用途和可预见的错误用途。

第 11 部分:毒理学信息

该部分应全面、简洁地描述使用者接触化学品后产生的各种毒性作用(健康影响)。应包括以下信息:急性毒性;皮肤刺激或腐蚀;眼睛刺激或腐蚀;呼吸或皮肤过敏;生殖细胞突变性;致癌性;生殖毒性;特异性靶器官系统毒性一次接性接触;特异性靶器官系统毒性——反复接触;吸入危害;还可以提供下列信息:毒代动力学、代谢和分布信息。如果可能,分别描述一次性接触、反复接触与连续接触所产生的毒作用;迟发效应和即时效应应分别说明。潜在的有害效应,应包括与毒性值(例如急性毒性估计值)测试观察到的有关症状、理化和毒理学特性。应按照不同的接触途径(如:吸入、皮肤接触、眼睛接触、食入)提供信息。

如果可能,提供更多的科学实验产生的数据或结果,并标明引用文献资料来源。如果混合物没有作为整体进行毒性试验,应提供每个组分的相关信息。

第 12 部分:生态学信息

该部分提供化学品的环境影响、环境行为和归宿方面的信息,如:化学品在环境中的预期行为,可能对环境造成的影响/生态毒性;持久性和降解性;潜在的生物累积性以及土壤中的迁移性。

如果可能,提供更多的科学实验产生的数据或结果,并标明引用文献资料来源。如果可能,提供任何生态学限值。

第 13 部分:废弃处置

该部分包括为安全和有利于环境保护而推荐的废弃处置方法信息。这些处置方法适用于化学品(残余废弃物),也适用于任何受污染的容器和包装。

提醒下游用户注意当地废弃处置法规。

第 14 部分:运输信息

该部分包括国际运输法规规定的编号与分类信息,这些信息应根据不同的运输方式,如陆运、海运和空运进行区分。

应包含信息：联合国危险货物编号（UN 号）；联合国运输名称；联合国危险性分类；包装组（如果可能）以及海洋污染物（是/否）。提供使用者需要了解或遵守的其他与运输或运输工具有关的特殊防范措施。

可增加其他相关法规的规定。

第 15 部分：法规信息

该部分应标明使用本 SDS 的国家或地区中，管理该化学品的法规名称。提供与法律相关的法规信息和化学品标签信息。

提醒下游用户注意当地废弃处置法规。

第 16 部分：其他信息

该部分应进一步提供上述各项未包括的其他重要信息。例如：可以提供需要进行的专业培训、建议的用途和限制的用途等。

参考文献可在本部分列出。

2008 版与 2000 版的差异

① 第二项与第三项序号互换；

② 分类体系及图形标志变化；

③ 取消[A]、[B]、[C]要求；

④ 每项内容进行了调整，每项数据要求更细、更全（如环境信息与毒理信息）；

⑤ 引入了"物质"的定义。

3.5.1.4　化学品安全技术说明书的编写规定

化学品安全技术说明书共 16 部分内容，要求在 16 部分下面填写相关的信息，该项如果无数据，应写明无数据原因。16 部分中，除第 16 部分"其他信息"外，其余部分不能留下空项。对 16 部分可以根据内容细分出小项，与 16 部分不同的是这些小项不编号。16 部分要清楚地分开，大项标题和小项标题的排版要醒目。

SDS 的每一页都要注明该种化学品的名称，名称应与标签上的名称一致，同时注明日期和 SDS 编号。日期是指最后修订的日期。页码中应包括总的页数，或者显示总页数的最后一页。

SDS 中包含的信息是与组成有关的非机密信息，当化学品是一种混合物时，没有必要编制每个相关组分的单独的 SDS，编制和提供混合物的 SDS 即可。当某种成分的信息不可缺少时，应提供该成分的 SDS。

编写时还需注意：

① 化学品的名称应该是化学名称或用在标签上的化学品的名称。如果化学名称太长，增写名称应在第 1 部分或第 3 部分描述。

② SDS 编号和修订日期（版本号）写在 SDS 的首页，每页可填写 SDS 编号和页码。

③ 第 1 次修订的修订日期和最初编制日期应写在 SDS 的首页。

SDS 正文的书写应该简明、扼要、通俗易懂。推荐采用常用词语。SDS 应该使用用户可接受的语言书写。

3.5.1.5　企业对编写 SDS 的责任

（1）生产企业的责任

生产企业既是化学品的生产商，又是化学品使用的主要用户，对安全技术说明书的编写和供给负有最基本的责任。

作为为用户的一种服务，生产企业必须按照国家法规填写符合标准要求的安全技术说明书，全面详实地向用户提供有关化学品的安全卫生信息。

确保接触化学品的作业人员能方便地查阅相关物质的安全技术说明书。

确保接触化学品的作业人员已接受过专业培训教育，能正确掌握安全使用、储存和处理的操作程序和方法。

有责任在紧急事态下，向医生和护士提供涉及商业秘密的有关医疗信息。

负责更新本企业产品的安全技术说明书（规定要求 5 年）。

（2）使用企业的责任

向供应企业索取最新版本的化学品安全技术说明书。

评审从供应商处索取的安全技术说明书，针对本企业的应用情况和补充新的内容，如实填写日期。

对生产企业修订后的安全技术说明书，应用部门应及时索取，根据生产实际所需，务必向生产企业提供增补安全技术说明书内容的详细资料，并据此提供修改本企业危险化学品生产的安全技术操作规程。

（3）经营、销售企业的责任

经营和销售化学品的企业所经营的化学品必须附有安全技术说明书。作为对用户的一种服务，提供给用户。

经营进口化学品的企业应负责向供应商、进口商索取最新版本的中文安全技术说明书，随商品提供给用户。

3.5.2　危险化学品安全标签

危险化学品安全标签是针对危险化学品而设计、用于提示接触危险化学品的人员的一种标识。它用简单、明了、易于理解的文字、图形符号和编码的组合形式表示该危险化学品所具有的危险性、安全使用的注意事项和防护的基本要求。根据使用场合的不同，危险化学品安全标签又分供应商标签、作业场所标签和实验室标签。

危险化学品的供应商安全标签是指危险化学品在流通过程中由供应商提供的附在化学品包装上的安全标签。作业场所安全标签又称工作场所"安全周知卡"，是用于作业场所，提示该场所使用的化学品特性的一种标识。实验室用化学品由于用量少，包装小，而且一部分是自备自用的化学品，因此实验室安全标签比较简单。供应商安全标签是应用最广的一种安全标签。

《化学品安全标签编写规定》（GB 15258—2009）对市场上流通的化学品通过加贴标签的形式进行危险性标识，提出安全使用注意事项，向作业人员传递安全信息，以预防和减少化学危害，达到保障安全和健康的目的。

3.5.2.1　化学品安全标签的内容

《化学品安全标签编写规定》规定化学品标签应包括化学品标识、象形图、信号词、危险性说明、防范说明、供应商标识、应急咨询电话、资料参阅提示语、危险信息的先后排序等内容，如图 3-2 所示。

具体内容如下：

（1）化学品标识

用中文和英文分别标明化学品的化学名称或通用名称。名称要求醒目清晰，位于标签的

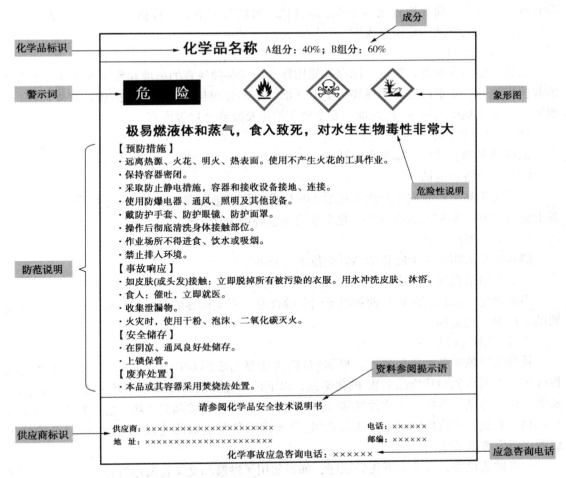

图 3-2　化学品安全标签样例及内容顺序

上方．名称应与化学品安全技术说明书中的名称一致。

对混合物应标出对其危险性分类有贡献的主要组分的化学名称或通用名、浓度或浓度范围。当需要标出的组分较多时，组分个数以不超过 5 个为宜。对于属于商业机密的成分可以不标明，但应列出其危险性。

（2）象形图

象形图是指由图形符号及其他图形要素，如边框、背景图案和颜色组成，表述特定信息的图形组合。采用《化学品分类和标签规范》（GB 30000 系列）规定的象形图，如图 3-3 所示。

（3）信号词

信号词是指标签上用于表明化学品危险性相对严重程度和提醒接触者注意潜在危险的词语。根据化学品的危险程度和类别，用"危险"、"警告"两个词分别进行危害程度的警示。信号词位于化学品名称的下方，要求醒目、清晰。根据 GB 30000 系列，选择不同类别危险化学品的信号词。

（4）危险性说明

危险性说明是指对危险种类和类别的说明，描述某种化学品的固有危险，必要时包括危险程度。此部分要简要概述化学品的危险特性。居信号词下方，根据 GB 30000 系列，选择不同类别危险化学品的危险性说明。

（5）防范说明

表述化学品在处置、搬运、储存和使用作业中所必须注意的事项和发生意外时简单有效的救护措施等，要求内容简明扼要、重点突出。该部分应包括安全预防措施、意外情况（如泄漏、人员接触或火灾等）的处理、安全储存措施及废弃处置等内容。

（6）供应商标识

供应商名称、地址、邮编和电话等。

（7）应急咨询电话

填写化学品生产商或生产商委托的 24h 化学事故应急咨询电话。国外进口化学品安全标签上应至少有一家外国境内的 24h 化学事故应急咨询电话。

（8）资料参阅示语

提示化学品用户应参阅化学品安全技术说明书。

（9）危险信息先后排序

当某种化学品具有两种及两种以上的危险性时，安全标签的象形图、信号词、危险性说明的先后顺序规定如下：

① 象形图先后顺序

物理危险象形图的先后顺序，根据《危险货物品名表》（GB 12268—2012）中的主次危险性确定，未列入危险货物品名表 的化学品，以下危险性类别的危险性总是主危险：爆炸物、易燃气体、易燃气溶胶、氧化性气体、高压气体、自反应物质和混合物、发火物质、有机过氧化物。其他主危险性的确定按照联合国《关于危险货物运输的建议书规章范本》危险性先后顺序确定方法确定。

对于健康危害，按照以下先后顺序：如果使用了骷髅和交叉骨图形符号，则不应出现感叹号图形符号；如果使用了腐蚀图形符号，则不应出现感叹号来表示皮肤或眼睛刺激；如果使用了呼吸致敏物的健康危害图形符号，则不应出现感叹号来表示皮肤致敏物或者皮肤/眼睛刺激。

② 信号词先后顺序

存在多种危险性时，如果在安全标签上选用了信号词"危险"，则不应出现信号词"警告"。

③ 危险性说明先后顺序

所有危险性说明都应当出现在安全标签上，按物理危险、健康危害、环境危害顺序排列。

3.5.2.2 危险化学品安全标签的编写

标签正文应使用简捷、明了、易于理解，规范的汉字表述，也可以同时使用少数民族文字或外文，但意义必须与汉字相对应，字形应小于汉字。相同的含义应用相同的文字和图形表示。

标签内象形图的颜色一般使用黑色图形符号加白色背景，方块边框为红色。正文应使用与底色反差明显的颜色，一般采用黑白色。若在国内使用，方块边框可以为黑色。

对不同容量的容器或包装，标签最低尺寸如表 3-5 所示。

表 3-5　标签最低尺寸

容器或包装容/L	标签尺寸/（mm×mm）
≤0.1	使用简化标签
>0.1~≤3	50×75
>3~≤50	75×100
>50~≤500	100×150
>500~≤1000	150×200
>1000	200×200

注：对于≤100mL 的化学品小包装，为方便标签使用，安全标签要素可以简化，包括化学品标识、象形图、信号词、危险性说明、应急咨询电话、供应商名称及联系电话、资料参阅提示语即可。

标签的印刷要求标签的边缘要加一个黑色边框，边框外应留≥3mm 的空白，边框宽度≥1cm。象形图必须从较远的距离，已经在烟雾条件下或容器部分模糊不清的条件下也能看到。标签的印刷应清晰，所使用的印刷材料和胶粘材料应具有耐用性和防水性。

3.5.2.3　危险化学品安全标签的使用

（1）危险化学品安全标签的使用方法

安全标签应粘贴、挂栓或喷印在化学品包装或容器的明显位置。当与运输标志组合使用时，运输标志可以放在安全标签的另一面版，将之与其他信息分开，也可放在包装上靠近安全标签的位置，后一种情况下，若安全标签中的象形图与运输标志重复，安全标签中的象形图应删掉。对组合容器，要求内包装加贴（挂）安全标签，外包装上加贴运输象形图，如果不需要运输标志可以加贴安全标签。安全标签与运输标志的使用见图 3-3。

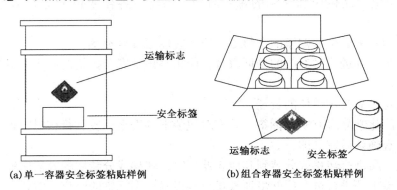

　　　（a）单一容器安全标签粘贴样例　　　　　　（b）组合容器安全标签粘贴样例

图 3-3　安全标签与运输标志的使用

（2）危险化学品安全标签的位置

安全标签的粘贴、喷印位置规定如下：

① 桶、瓶形包装：位于桶、瓶侧身；

② 箱状包装：位于包装端面或侧面明显处；

③ 袋、捆包装：位于包装明显处。

（3）危险化学品安全标签在使用过程中应注意：

① 安全标签的粘贴、挂栓或喷印应牢固，保证在运输、储存期间不脱落，不损坏。

② 安全标签应由生产企业在货物出厂前粘贴、挂栓或喷印。若要改换包装，则由改换包装单位重新粘贴、挂栓或喷印标签。

③ 盛装危险化学品的容器或包装，在经过处理并确认其危险性完全消除之后，方可撕下安全标签，否则不能撕下相应的标签。

3.5.2.4 安全标签样例

图3-2为危险化学品安全标签样例，图3-4为危险化学品简化标签样例。

图3-4 危险化学品简化标签样例

3.5.2.5 企业对编写危险化学品标签的责任

（1）危险化学品生产企业的责任

必须确保本企业生产的危险化学品在出厂时加贴符合国家标准的安全标签（每个容器或每层包装），使化学品供应和使用的每一阶段，均能在容器或包装上看到化学品的识别标志。

在获得新的有关安全和健康的资料后，应及时修正安全标签。

确保所有员工都进行过专门的培训教育，能正确识别安全标签的内容，对化学品进行安全使用和处置。

（2）危险化学品使用单位的责任

使用的危险化学品应有安全标签，并应对包装上的安全标签进行核对，若安全标签脱落或损坏，经检查确认后应立即补贴。

购进的化学品进行转移或分装到其他容器内时，转移或分装后的容器应贴安全标签。

确保所有员工都进行过专门的培训教育，能正确识别标签的内容，对化学品进行安全使用和处置。

（3）危险化学品经销、运输单位的责任。

经销单位经营的危险化学品必须具有安全标签。

进口的危险化学品必须具有符合国家标准的中文安全标签。

运输单位对无安全标签的危险化学品一律不能承运。

3.6 监控化学品管理

生产、经营或者使用监控化学品的，应当依照《中华人民共和国监控化学品管理条例》和国家有关规定向国务院化学工业主管部门或者省、自治区、直辖市人民政府化学工业主管部门申报生产、经营或者使用监控化学品的有关资料、数据和使用目的，接受化学工业主管部门的检查监督。

新建、扩建或者改建用于生产第四类监控化学品中不含磷、硫、氟的特定有机化学品的设施，应当在开工生产前向所在地省、自治区、直辖市人民政府化学工业主管部门备案。

监控化学品应当在专用的化工仓库中储存，并设专人管理。监控化学品的储存条件应当符合国家有关规定。

储存监控化学品的单位，应当建立严格的出库、入库检查制度和登记制度；发现丢失、被盗时，应当立即报告当地公安机关和所在地省、自治区、直辖市人民政府化学工业主管部门；省、自治区、直辖市人民政府化学工业主管部门应当积极配合公安机关进行查处。

对变质或者过期失效的监控化学品，应当及时处理。处理方案报所在地省、自治区、直辖市人民政府化学工业主管部门批准后实施。

3.6.1 数据宣布

根据《公约》规定，每年要进行数据宣布，负责编制、统计上报涉及公约范围内企业生产等方面数据。

3.6.2 现场核查

根据《公约》规定的核查制度，国际禁止化武组织要派出视察组，对缔约国所宣布的《公约》附表 1、附表 2 化学品的生产、加工、消耗设施以及附表 3 化学品、特定有机化学品的生产设施进行现场核查。

国际禁化武核查的目的是核实：除已宣布的化学品外，未使用该设施生产任何附表 1 化学品；所宣布的化学品数量属实并与宣布的目的需要相符；该化学品未被转用于《公约》禁止的活动。

国际核查具有随机性、突发性、时限性强等特点，并且程序与内容规范。严格按《公约》要求接受核查是缔约国必须履行的义务，而拥有被核查设施的企业是接受核查的直接对象。

3.7 易制毒、易制爆化学品监督管理

3.7.1 易制毒化学品管理

《易制毒化学品管理条例》已经于 2005 年 8 月 17 日国务院第 102 次常务会议通过，自 2005 年 11 月 1 日起施行。国家对易制毒化学品的生产、经营、购买、运输和进口、出口实行分类管理和许可制度。

易制毒化学品的生产、经营、购买、运输和进口、出口，除应当遵守本条例的规定外，属于药品和危险化学品的，还应当遵守法律、其他行政法规对药品和危险化学品的有关规定。

禁止走私或者非法生产、经营、购买、转让、运输易制毒化学品。

禁止使用现金或者实物进行易制毒化学品交易。但是，个人合法购买第一类中的药品类易制毒化学品药品制剂和第三类易制毒化学品的除外。

生产、经营、购买、运输和进口、出口易制毒化学品的单位，应当建立单位内部易制毒化学品管理制度。

3.7.2　易制毒化学品备案

生产第二类、第三类易制毒化学品的，应当自生产之日起 30 日内，将生产的品种、数量等情况，向所在地的设区的市级人民政府安全生产监督管理部门备案。

经营第二类易制毒化学品的，应当自经营之日起 30 日内，将经营的品种、数量、主要流向等情况，向所在地的设区的市级人民政府安全生产监督管理部门备案；经营第三类易制毒化学品的，应当自经营之日起 30 日内，将经营的品种、数量、主要流向等情况，向所在地的县级人民政府安全生产监督管理部门备案。

购买第二类、第三类易制毒化学品的，应当在购买前将所需购买的品种、数量，向所在地的县级人民政府公安机关备案。

经营单位应当建立易制毒化学品销售台账，如实记录销售的品种、数量、日期、购买方等情况。销售台账和证明材料复印件应当保存 2 年备查。

第二类、第三类易制毒化学品的销售情况，应当自销售之日起 30 日内报当地公安机关备案。

运输第三类易制毒化学品的，应当在运输前向运出地的县级人民政府公安机关备案。公安机关应当于收到备案材料的当日发给备案证明。

易制毒化学品丢失、被盗、被抢的，发案单位应当立即向当地公安机关报告，并同时报告当地的县级人民政府食品药品监督管理部门、安全生产监督管理部门、商务主管部门或者卫生主管部门。

生产、经营、购买、运输或者进口、出口易制毒化学品的单位，应当于每年 3 月 31 日前向许可或者备案的行政主管部门和公安机关报告本单位上年度易制毒化学品的生产、经营、购买、运输或者进口、出口情况；有条件的生产、经营、购买、运输或者进口、出口单位，可以与有关行政主管部门建立计算机联网，及时通报有关经营情况。

3.7.3　易制爆化学品管理

恐怖分子可以利用"易制爆"化学品制造爆炸品并实施恐怖活动，因此，必须加强监管、监控。

做为日常安全监管工作的一项重要内容。要落实基础管理工作，建立管理档案和台账，加强对"易制爆"化学品生产和经营单位的安全检查。要对企业负责人进行培训，使其掌握"易制爆"化学品的知识，增强安全意识，落实安全责任。"易制爆"化学品销售环节安全监管：危险化学品生产和经营单位不得向个人销售"易制爆"化学品。单位购买时，须凭本单位开具的介绍信。销售单位需要存留购买人的身份证复印件，并记录购买日期、数量、用途和联系方式等。

3.7.4　"易制爆"化学品的安全监控

"易制爆"化学品的生产、经营、储存场所，必须按照规定安装图像信息监控设备。

3.8 高毒物品管理

3.8.1 原材料采购与运输

采购高毒物品，供应商应具备以下条件：

① 取得国家颁发的相应许可和经营许可证；

② 必须有与供应物品相一致的《安全技术说明书》和《安全标签》，进口物品说明书和标签必须有中文说明和标志。

装载高毒物品车辆的停放，要有专人监护，严格禁止在生活区、办公区、厂内道路及其他人流集聚的场所停放。

3.8.2 作业场所管理

各单位各级管理人员应熟悉管理范围内主要高毒物品的分布及其防范措施，员工应熟悉本岗位主要高毒物品的危害特征及其防范措施。

涉及高毒物品的作业场所，应按照《工作场所职业病危害警示标识》(GBZ 158—2003) 要求，设置警示线、警示牌。根据危害特点，设置固定式报警仪、风向标（袋）、喷淋洗眼等设施。

严禁高毒物品直接排放，对涉及高毒物品的设备进行重点管理，组织做好设备检查和消缺，确保高毒物品不泄漏。

对存在高毒物品的生产装置进行维护、检修时，在制定的维护、检修方案中必须明确职业中毒危害防护措施，作业现场应有专人监护，并设置警示标志。

承包商要制定高毒物品防护措施，由各单位项目主管部门督促落实，职业卫生管理部门进行监督检查。风险较大的作业，防中毒措施要提交职业卫生管理部门审核。

3.8.3 作业人员管理

涉及高毒物品的作业岗位，应按个体防护用品配备管理要求，配备适合的个体防护用品。制定防护用品日常维护、检查制度，确保防护用品完好无损。

进入高风险区域巡检、排凝、仪表调校、采样等作业时，作业人员应佩戴相应的防护用品，携带便携式报警仪，两人同行，一人作业、一人监护。

各单位对进入涉及高毒物品作业场所的外来人员，要进行作业前安全教育，并由单位安全人员陪同。

3.9 剧毒物品管理

生产、储存剧毒化学品的单位，应当如实记录其生产、储存的剧毒化学品的数量、流向，并采取必要的安全防范措施，防止剧毒化学品丢失或者被盗；发现剧毒化学品、丢失或者被盗的，应当立即向当地公安机关报告。

生产、储存剧毒化学品的单位，应当设置治安保卫机构，配备专职治安保卫人员。对剧毒化学品以及储存数量构成重大危险源的其他危险化学品，储存单位应当将其储存数量、储存地点以及管理人员的情况，报所在地县级人民政府安全生产监督管理部门（在港区内储存的，报港口行政管理部门）和公安机关备案。

危险化学品专用仓库应当符合国家标准、行业标准的要求，并设置明显的标志。储存剧毒化学品的专用仓库，应当按照国家有关规定设置相应的技术防范设施。

储存危险化学品的单位应当对其危险化学品专用仓库的安全设施、设备定期进行检测、检验。

依法取得危险化学品安全生产许可证、危险化学品安全使用许可证、危险化学品经营许可证的企业，凭相应的许可证件购买剧毒化学品。无许可证的单位购买剧毒化学品的，应当向所在地县级人民政府公安机关申请取得剧毒化学品购买许可证。

个人不得购买剧毒化学品（属于剧毒化学品的农药除外）。

申请取得剧毒化学品购买许可证，申请人应当向所在地县级人民政府公安机关提交下列材料：

① 营业执照或者法人证书（登记证书）的复印件；

② 拟购买的剧毒化学品品种、数量的说明；

③ 购买剧毒化学品用途的说明；

④ 经办人的身份证明。

危险化学品生产企业、经营企业销售剧毒化学品，应当查验相关许可证件或者证明文件，不得向不具有相关许可证件或者证明文件的单位销售剧毒化学品。对持剧毒化学品购买许可证购买剧毒化学品的，应当按照许可证载明的品种、数量销售。

禁止向个人销售剧毒化学品（属于剧毒化学品的农药除外）。

危险化学品生产企业、经营企业销售剧毒化学品，应当如实记录购买单位的名称、地址、经办人的姓名、身份证号码以及所购买的剧毒化学品的品种、数量、用途。销售记录以及经办人的身份证明复印件、相关许可证件复印件或者证明文件的保存期限不得少于1年。

剧毒化学品的销售企业、购买单位应当在销售、购买后5日内，将所销售、购买的剧毒化学品、易制爆危险化学品的品种、数量以及流向信息报所在地县级人民政府公安机关备案，并输入计算机系统。

使用剧毒化学品的单位不得出借、转让其购买的剧毒化学品；因转产、停产、搬迁、关闭等确需转让的，应当向具有相关许可证件或者证明文件的单位转让，并在转让后将有关情况及时向所在地县级人民政府公安机关报告。

3.10　重点监管的危险化学品安全措施和应急处置原则

生产、储存、使用、经营、运输重点监管危险化学品的企业，要针对本企业安全生产特点和产品特性，从完善安全监控措施、健全安全生产规章制度和各项操作规程、采用先进技术、加强培训教育、加强个体防护等方面，细化并落实《措施和原则》提出的各项安全措施，提高防范危险化学品事故的能力。要按照《措施和原则》提出的应急处置原则，完善本企业危险化学品事故应急预案，配备必要的应急器材，开展应急处置演练和伤员急救培训，提升危险化学品应急处置能力。进一步加强对重点监管危险化学品的安全监控，全面加强和改进企业安全管理，有效防范和坚决遏制危险化学品事故的发生。

3.11 重大危险源管理和监控

3.11.1 重大危险源管理

重大危险源企业要全面落实监控管理的主体责任，企业是安全生产的主体，也是重大危险源管理监督控制的主体，在重大危险源管理与控制中负有重要责任。

应绘制本单位重大危险源分布图，要在重大危险源现场设置明显的安全警示标志，标志中应简单列出相关的基本安全资料和防护措施并加强管理。

编制重大危险源专项预案，做到重大危险源"一源一案"，并纳入各自的应急预案体系中进行管理。

应建立重大危险源档案，至少应包括的相关内容为：

① 辨识、分级记录；

② 重大危险源基本特征表；

③ 涉及的所有化学品安全技术说明书；

④ 区域位置图、平面布置图、工艺流程图和主要设备一览表；

⑤ 重大危险源分布图；

⑥ 本单位重大危险源安全管理规章制度（必须在专用仓库内单独存放，实行双人收发、双人保管的制度）；

⑦ 重大危险源相关的基本安全资料（理化性质等）；

⑧ 重大危险源所在设施的集散型控制系统（如 DCS 等）、故障诊断系统（如 FSC、ESD等）、报警系统（如可燃气体报警器）及监控摄像头等监控系统的型号、厂家等相关参数；

⑨ 重大危险源所在设施的主要工艺参数，危险物质定期检测、检验纪录；

⑩ 重大危险源所在单位从业人员安全教育和技术培训档案；

⑪ 重大危险源的定期安全状况检查档案；

⑫ 重大危险源存在隐患和缺陷及整改情况；

⑬ 重大危险源安全评价报告；

⑭ 重大危险源专项预案。

3.11.2 重大危险源监控

《危险化学品重大危险源安全监控通用技术规范》（AQ 3035—2010）规定了危险化学品重大危险源安全监控预警系统的监控项目、组成和功能设计等技术要求。

3.11.2.1 一般要求

重大危险源（储罐区、库区和生产场所）应设有相对独立的安全监控预警系统，相关现场探测仪器的数据宜直接接入到系统控制设备中，系统应符合 AQ 3035—2010 的规定；

系统中的设备应符合有关国家法规或标准的规定，按照经规定程序批准的图样及文件制造和成套，并经国家权威部门检测检验认证合格；

系统所用设备应符合现场和环境的具体要求，具有相应的功能和使用寿命。在火灾和爆炸危险场所设置的设备，应符合国家有关防爆、防雷、防静电等标准和规范的要求；

控制设备应设置在有人值班的房间或安全场所；

系统报警等级的设置应同事故应急处置与救援相协调，不同级别的事故分别启动相对应的应急预案；

对于容易发生燃烧、爆炸和毒物泄漏等事故的高度危险场所、远距离传输、移动监测、无人值守或其他不宜于采用有线数据传输的应用环境，应选用无线传输技术与装备。

3.11.2.2　监控项目

对于储罐区（储罐）、库区（库）、生产场所3类重大危险源，因监控对象不同，所需要的安全监控预警参数有所不同。主要可分为：

① 储罐以及生产装置内的温度、压力、液位、流量、阀位等可能直接引发安全事故的关键工艺参数；

② 当易燃易爆及有毒物质为气态、液态或气液两相时，应监测现场的可燃/有毒气体浓度；

③ 气温、湿度、风速、风向等环境参数；

④ 音视频信号和人员出入情况；

⑤ 明火和烟气；

⑥ 避雷针、防静电装置的接地电阻以及供电状况。

（1）储罐区（储罐）

罐区监测预警项目主要根据储罐的结构和材料、储存介质特性以及罐区环境条件等的不同进行选择。一般包括罐内介质的液位、温度、压力，罐区内可燃/有毒气体浓度、明火、环境参数以及音视频信号和其他危险因素等。

（2）库区（库）

库区（库）监测预警项目主要根据储存介质特性、包装物和容器的结构形式和环境条件等的不同进行选择。一般包括库区室内的温度、湿度、烟气以及室内外的可燃/有毒气体浓度、明火、音视频信号以及人员出入情况和其他危险因素等。

（3）生产场所

生产场所监测预警项目主要根据物料特性、工艺条件、生产设备及其布置条件等的不同进行选择。一般包括温度、压力、液位、阀位、流量以及可燃/有毒气体浓度、明火和音视频信号和其他危险因素等。

3.12　危险化学品登记

生产、储存危险化学品的单位以及使用剧毒化学品和使用其他危险化学品数量构成重大危险源的单位（以下简称登记单位）均为登记单位。

生产单位、储存单位、使用单位是指在工商行政管理机关进行了登记的法人或非法人单位。

3.12.1　危险化学品的登记范围

（1）列入《危险货物品名表》（GB 12268—2012）中的危险化学品；

（2）由国家安全生产监督管理局会同国务院公安、环境保护、卫生、质检、交通部门确定并公布的未列入《危险货物品名表》的其他危险化学品。

国家安全生产监督管理局根据（1）、（2）确定的危险化学品，汇总公布《危险化学品目录》。

3.12.2 办理登记手续

登记单位应在《危险化学品目录》公布之日起 6 个月内办理危险化学品登记手续。

对危险性不明的化学品，生产单位应在本办法实施之日起 1 年内，委托国家安全生产监督管理局认可的专业技术机构对其危险性进行鉴别和评估，持鉴别和评估报告办理登记手续。

对新化学品，生产单位应在新化学品投产前 1 年内，委托国家安全生产监督管理局认可的专业技术机构对其危险性进行鉴别和评估，持鉴别和评估报告办理登记手续。

新建的生产单位应在投产前办理危险化学品登记手续。

已登记的登记单位在生产规模或产品品种及其理化特性发生重大变化时，应当在 3 个月内对发生重大变化的内容办理重新登记手续。

3.12.3 生产单位应登记的内容

① 生产单位的基本情况；

② 危险化学品的生产能力、年需要量、最大储量；

③ 危险化学品的产品标准；

④ 新化学品和危险性不明化学品的危险性鉴别和评估报告；

⑤ 化学品安全技术说明书和化学品安全标签；

⑥ 应急咨询服务电话。

生产单位办理登记时，应向所在省、自治区、直辖市登记办公室报送以下主要材料：

①《危险化学品登记表》一式 3 份和电子版 1 份；

② 营业执照复印件 2 份；

③ 危险性不明或新化学品的危险性鉴别、分类和评估报告各 3 份；

④ 危险化学品安全技术说明书和安全标签各 3 份和电子版 1 份；

⑤ 应急咨询服务电话号码(委托有关机构设立应急咨询服务电话的，需提供应急服务委托书)；

⑥ 办理登记的危险化学品产品标准(采用国家标准或行业标准的，提供所采用的标准编号)。

3.12.4 储存单位、使用单位应登记的内容

① 储存单位、使用单位的基本情况；

② 储存或使用的危险化学品品种及数量；

③ 储存或使用的危险化学品安全技术说明书和安全标签。

办理登记的程序：

① 登记单位向所在省、自治区、直辖市登记办公室领取《危险化学品登记表》，并按要求如实填写；

② 登记单位用书面文件和电子文件向登记办公室提供登记材料；

③ 登记办公室对登记单位提交的危险化学品登记材料在后的 20 个工作日内对其进行审查，必要时可进行现场核查，对符合要求的危险化学品和登记单位进行登记，将相关数据录

入本地区危险化学品管理数据库，向登记中心报送登记材料；

④ 登记中心在接到登记办公室报送的登记材料之日起 10 个工作日内，进行必要的审查并将相关数据录入国家危险化学品管理数据库后，通过登记办公室向登记单位发放危险化学品登记证和登记编号；

⑤ 登记办公室在接到登记证和登记编号之日起 5 个工作日内，将危险化学品登记证和登记编号送达登记单位或通知登记单位领取。

储存单位、使用单位应报送上述第①、②、③项规定的材料。

3.12.5　复核

危险化学品登记证书有效期为 3 年。登记单位应在有效期满前 3 个月，到所在省、自治区、直辖市登记办公室进行复核。复核的主要内容为：生产、储存、使用单位基本情况的变更情况，安全技术说明书和安全标签的更新情况等。

3.12.6　注销

生产单位终止生产危险化学品时，应当在终止生产后的 3 个月内办理注销登记手续。

使用单位终止使用危险化学品时，应当在终止使用后的 3 个月内办理注销登记手续。

3.12.7　登记单位应履行的义务

① 对本单位的危险化学品进行普查，建立危险化学品管理档案；

② 如实填报危险化学品登记材料；

③ 对本单位生产的危险性不明的化学品或新化学品进行危险性鉴别、分类和评估；

④ 生产单位应按照国家标准正确编制并向用户提供化学品安全技术说明书，在产品包装上拴挂或粘贴化学品安全标签，所提供的数据应保证准确可靠，并对其数据的真实性负责；

⑤ 危险化学品储存单位、使用单位应当向供货单位索取安全技术说明书；

⑥ 生产单位必须向用户提供化学事故应急咨询服务，为化学事故应急救援提供技术指导和必要的协助；

⑦ 配合登记人员在必要时对本单位危险化学品登记内容进行核查。

3.13　危险化学品生产及许可

3.13.1　危险化学品生产

国家对危险化学品的生产和储存实行统一规划、合理布局和严格控制，并对危险化学品生产实行审批制度；未经审批，任何单位和个人都不得生产危险化学品。

危险化学品生产装置或者储存数量构成重大危险源的危险化学品储存设施(运输工具加油站、加气站除外)，与下列场所、设施、区域的距离应当符合国家有关规定：

① 居住区以及商业中心、公园等人员密集场所；

② 学校、医院、影剧院、体育场(馆)等公共设施；

③ 饮用水源、水厂以及水源保护区；

④ 车站、码头(依法经许可从事危险化学品装卸作业的除外)、机场以及通信干线、通信枢纽、铁路线路、道路交通干线、水路交通干线、地铁风亭以及地铁站出入口;

⑤ 基本农田保护区、基本草原、畜禽遗传资源保护区、畜禽规模化养殖场(养殖小区)、渔业水域以及种子、种畜禽、水产苗种生产基地;

⑥ 河流、湖泊、风景名胜区、自然保护区;

⑦ 军事禁区、军事管理区;

⑧ 法律、行政法规规定的其他场所、设施、区域。

已建的危险化学品生产装置或者储存数量构成重大危险源的危险化学品储存设施不符合上述规定的,由所在地设区的市级人民政府安全生产监督管理部门会同有关部门监督其所属单位在规定期限内进行整改;需要转产、停产、搬迁、关闭的,由本级人民政府决定并组织实施。

生产危险化学品的单位,应当根据其生产、储存的危险化学品的种类和危险特性,在作业场所设置相应的监测、监控、通风、防晒、调温、防火、灭火、防爆、泄压、防毒、中和、防潮、防雷、防静电、防腐、防泄漏以及防护围堤或者隔离操作等安全设施、设备,并按照国家标准、行业标准或者国家有关规定对安全设施、设备进行经常性维护、保养,保证安全设施、设备的正常使用。

生产危险化学品的单位,应当在其作业场所和安全设施、设备上设置明显的安全警示标志。

生产危险化学品的单位,应当在其作业场所设置通信、报警装置,并保证处于适用状态。

生产危险化学品的企业,应当委托具备国家规定的资质条件的机构,对本企业的安全生产条件每3年进行一次安全评价,提出安全评价报告。安全评价报告的内容应当包括对安全生产条件存在的问题进行整改的方案。

生产危险化学品的企业,应当将安全评价报告以及整改方案的落实情况报所在地县级人民政府安全生产监督管理部门备案。在港区内储存危险化学品的企业,应当将安全评价报告以及整改方案的落实情况报港口行政管理部门备案。

生产危险化学品的单位转产、停产、停业或者解散的,应当采取有效措施,及时、妥善处置其危险化学品生产装置、储存设施以及库存的危险化学品,不得丢弃危险化学品;处置方案应当报所在地县级人民政府安全生产监督管理部门、工业和信息化主管部门、环境保护主管部门和公安机关备案。安全生产监督管理部门应当会同环境保护主管部门和公安机关

3.13.2　安全生产许可

危险化学品生产企业进行生产前,应当依照《安全生产许可证条例》的规定,取得《危险化学品安全生产许可证》。

危险化学品生产企业必须取得《安全生产许可证》。未取得《安全生产许可证》的,不得从事生产活动。

3.13.2.1　申请

中央企业及其直接控股涉及危险化学品生产的企业(总部)向国家安全生产监督管理总局申请《安全生产许可证》。

中央管理的危险化学品生产企业(集团公司、总公司、上市公司)所属分公司、子公司

115

以及分公司、子公司下属的生产单位申请领取《安全生产许可证》，由中央管理的危险化学品生产企业所属的分公司、子公司分别向所在地省级安全生产许可证颁发管理机关提出申请。

其他的危险化学品生产企业及其分公司、子公司和分公司、子公司下属的生产单位申请领取《安全生产许可证》，由该危险化学品生产企业或其子公司分别向所在地设区的市级或者县级安全生产监督管理部门提出申请。

新建企业《安全生产许可证》的申请，应当在危险化学品生产建设项目安全设施竣工验收通过后 10 个工作日内提出。

危险化学品生产企业申请领取《安全生产许可证》，应当提交下列文件、资料，并对其真实性负责：

① 申请安全生产许可证的文件及申请书；

② 安全生产责任制文件，安全生产规章制度、岗位操作安全规程清单；

③ 设置安全生产管理机构，配备专职安全生产管理人员的文件复印件；

④ 主要负责人、分管安全负责人、安全生产管理人员和特种作业人员的《安全资格证》或者《特种作业操作证》复印件；

⑤ 与安全生产有关的费用提取和使用情况报告，新建企业提交有关安全生产费用提取和使用规定的文件；

⑥ 为从业人员缴纳工伤保险费的证明材料；

⑦ 危险化学品事故应急救援预案的备案证明文件；

⑧ 危险化学品登记证复印件；

⑨ 工商营业执照副本或者工商核准文件复印件；

⑩ 具备资质的中介机构出具的安全评价报告；

⑪ 新建企业的竣工验收意见书复印件；

⑫ 应急救援组织或者应急救援人员，以及应急救援器材、设备设施清单。

中央企业及其直接控股涉及危险化学品生产的企业（总部）提交除特种作业操作证复制件和危险化学品登记证复印件、具备资质的中介机构出具的安全评价报告、新建企业的竣工验收意见书复印件以外的文件、资料。

有危险化学品重大危险源的企业，除提交上述 12 条所规定的文件、资料外，还应当提供重大危险源及其应急预案的备案证明文件、资料。

《安全生产许》可证有效期为 3 年。《安全生产许可证》有效期满后继续生产危险化学品的，应当于《安全生产许可证》有效期满前 3 个月，按照相关规定向原《安全生产许可证》颁发管理机关提出延期申请，并提交相关的文件、资料和《安全生产许可证》副本。

3.13.2.2 延期申请

企业在《安全生产许可证》有效期内，符合下列条件的，其《安全生产许可证》届满时，经原实施机关同意，可不提交申请领取《安全生产许可证》应当提交文件、资料第②、⑦、⑧、⑩、⑪项规定的文件、资料，直接办理延期手续：

① 严格遵守有关安全生产的法律、法规和本办法的；

② 取得安全生产许可证后，加强日常安全生产管理，未降低安全生产条件，并达到安全生产标准化等级二级以上的；

③ 未发生死亡事故的。

116

3.13.2.3　变更

危险化学品生产企业在安全生产许可证有效期内有下列情形之一的，应当向原安全生产许可证颁发管理机关申请变更《安全生产许可证》：

① 变更主要负责人的；

② 变更隶属关系的；

③ 变更企业名称或者隶属关系的；

④ 新建、改建、扩建项目经验收合格的。

变更第①、②、③项的，自工商营业执照变更之日起 10 个工作日内提出申请；变更第④项的，应当在新建、改建、扩建项目验收合格后 10 个工作日内提出申请。

申请变更第①项的，应提供变更后的工商营业执照副本和主要负责人考核合格证明材料；申请变更第②、③项的，应提供变更后的工商营业执照副本；申请变更第④项的，应提交与建设项目相关的文件、资料。

已经建成投产的危险化学品生产企业在申请《安全生产许可证》期间，应当依法进行生产，确保安全；不具备安全生产条件的，应当进行整改并制定安全保障措施；经整改仍不具备安全生产条件的，不得进行生产。

危险化学品生产企业不得转让、冒用、买卖、出租、出借或使用伪造的《安全生产许可证》。

3.13.2.4　注销

取得《安全生产许可证》的危险化学品生产企业终止危险化学品生产活动、注销营业执照的，应向《安全生产许可证》颁发管理机关申请注销其《安全生产许可证》。

3.14　危险化学品经营及许可

国家对危险化学品经营（包括仓储经营，下同）实行许可制度。未经许可，任何单位和个人不得经营危险化学品。

依法设立的危险化学品生产企业在其厂区范围内销售本企业生产的危险化学品，不需要取得危险化学品经营许可。

依照《中华人民共和国港口法》的规定取得港口经营许可证的港口经营人，在港区内从事危险化学品仓储经营，不需要取得危险化学品经营许可。

从事危险化学品经营的企业应当具备下列条件：

① 有符合国家标准、行业标准的经营场所，储存危险化学品的，还应当有符合国家标准、行业标准的储存设施；

② 从业人员经过专业技术培训并经考核合格；

③ 有健全的安全管理规章制度；

④ 有专职安全管理人员；

⑤ 有符合国家规定的危险化学品事故应急预案和必要的应急救援器材、设备；

⑥ 法律、法规规定的其他条件。

申请人持危险化学品经营许可证向工商行政管理部门办理登记手续后，方可从事危险化学品经营活动。法律、行政法规或者国务院规定经营危险化学品还需要经其他有关部门许可的，申请人向工商行政管理部门办理登记手续时还应当持相应的许可证件。

危险化学品经营企业储存危险化学品的，应当遵守本条例第二章关于储存危险化学品的规定。危险化学品商店内只能存放民用小包装的危险化学品。

危险化学品经营企业不得向未经许可从事危险化学品生产、经营活动的企业采购危险化学品，不得经营没有化学品安全技术说明书或者化学品安全标签的危险化学品。

国家对危险化学品经营销售实行许可制度。未经许可，任何单位和个人都不得经营销售危险化学品。

经营销售危险化学品的单位，应当取得《危险化学品经营许可证》（以下简称经营许可证），并凭经营许可证依法向工商行政管理部门申请办理登记注册手续。未取得经营许可证和未经工商登记注册，任何单位和个人不得经营销售危险化学品。

经营许可证分为甲、乙两种。取得甲种经营许可证的单位可经营销售剧毒化学品和其他危险化学品；取得乙种经营许可证的单位只能经营销售除剧毒化学品以外的危险化学品。

3.14.1 申请、审批、颁发

甲种经营许可证由省、自治区、直辖市人民政府经济贸易主管部门或其委托的安全生产监督管理部门（以下简称省级发证机关）审批、颁发；乙种经营许可证由设区的市级人民政府负责危险化学品安全监督管理综合工作的部门（以下简称市级发证机关）审批、颁发。成品油的经营许可纳入甲种经营许可证管理。

申请甲种和乙种经营许可证的单位，应当分别向省级发证机关和市级发证机关提出申请，提交下列材料：

① 《危险化学品经营许可证申请表》；
② 安全评价报告；
③ 经营和储存场所建筑物消防安全验收文件的复印件；
④ 经营和储存场所、设施产权或租赁证明文件复印件；
⑤ 单位主要负责人和主管人员、安全生产管理人员和业务人员专业培训合格证书的复印件；
⑥ 安全管理制度和岗位安全操作规程。

经营单位改建、扩建或者迁移经营、储存场所，扩大许可经营范围，应当事前重新申请办理经营许可证。

3.14.2 变更

经营单位变更单位名称、经济类型或者注册的法定代表人或负责人，应当于变更之日起20个工作日内，向原发证机关申办变更手续，换发新的经营许可证。

3.14.3 换证

经营许可证有效期为3年。有效期满后，经营单位继续从事危险化学品经营活动的，应当在经营许可证有效期满前3个月内向原发证机关提出换证申请，经审查合格后换领新证。

经营单位不得转让、买卖、出租、出借、伪造或者变造经营许可证。

经营单位要进行经常性的监督检查，发现不再具备安全生产条件的，应立即整改。应当接受发证机关依法实施的监督检查，无正当理由不得拒绝、阻挠。

3.15　危险化学品使用及许可

使用危险化学品的单位，应当对本单位的生产装置、罐区按国家规定的年限委托有危险化学品评价资质的中介机构进行安全评价。对于评价中提出的问题各单位应积极组织整改。

使用危险化学品从事生产并且使用量达到规定数量（由国务院安全生产监督管理部门会同国务院公安部门、农业主管部门确定并公布）的化工企业（属于危险化学品生产企业的除外，下同），应当依照《危险化学品安全管理条例》的规定取得《危险化学品安全使用许可证》。申请危险化学品安全使用许可证的化工企业，应当向所在地设区的市级人民政府安全生产监督管理部门提出申请，并提交其符合《危险化学品安全管理条例》第三十条规定条件的证明材料：

3.15.1　申请

企业申请安全使用许可证时，应当提交下列文件、资料：

① 申请安全使用许可证的文件及申请书；

② 安全生产责任制文件、安全生产规章制度、岗位操作安全规程清单；

③ 设置安全管理机构，配备专职安全管理人员的文件复印件；

④ 主要负责人、分管安全负责人、安全管理人员和特种作业人员的安全资格证或者特种作业操作证复印件；

⑤ 危险化学品事故应急救援预案的备案证明文件；

⑥ 使用的危险化学品的化学品安全技术说明书；

⑦ 工商营业执照副本或者工商核准文件复印件；

⑧ 中介机构出具的安全评价报告；

⑨ 新建企业的竣工验收意见书复印件；

⑩ 应急救援组织或者应急救援人员，以及应急救援器材、设备设施清单。

有危险化学品重大危险源的企业，除提交本条第一款规定的资料外，还应当提供重大危险源及其应急预案的备案证明文件、资料。

3.15.2　变更

企业在安全使用许可证有效期内变更主要负责人、企业名称或者注册地址的，应当自工商营业执照或隶属关系变更之日起 10 个工作日内提出变更申请，并提交下列文件、资料：

① 变更后的工商营业执照副本复印件；

② 变更主要负责人的，还应当提供主要负责人经安全生产监督管理部门考核合格后颁发的安全资格证复印件；

③ 变更注册地址的，还应当提供相关证明材料。

对已经受理的变更申请，发证机关对企业提交的文件、资料审查无误后，方可办理安全使用许可证变更手续。

企业在安全使用许可证有效期内变更隶属关系的，仅需提交隶属关系变更证明材料报发证机关备案。

3.15.3 延期申请

安全使用许可证有效期为3年。企业安全使用许可证有效期届满后继续使用危险化学品从事生产，且使用量达到《危险化学品使用量的数量标准》规定的，应当在安全使用许可证有效期届满前3个月提出延期申请，并提交延期申请书和申请许可证应提交的文件、资料。

3.15.4 首批危险化学品使用量的数量标准

以国务院安全生产监督管理部门会同国务院公安部门、农业主管部门确定并公布的数量标准为准。

2013年4月19日，根据《危险化学品安全管理条例》（国务院令第591号）第二十九条的规定，国家安全生产监督管理总局、中华人民共和国公安部、中华人民共和国农业部发布公告（2013年第9号），要求使用危险化学品从事生产并且使用量达到规定数量的化工企业（属于危险化学品生产企业的除外），应当依照该条例的规定取得危险化学品安全使用许可证。同时公布了纳入使用许可的《危险化学品使用量的数量标准》（2013版）（表3-6）。

表3-6　危险化学品使用量的数量标准（2013版）

序号	化学品名称	别　　名	最低年设计使用量/(t/年)	CAS号
1	氯	液氯、氯气	180	7782-50-5
2	氨	液氨、氨气	360	7664-41-7
3	液化石油气		1800	68476-85-7
4	硫化氢		180	7783-06-4
5	甲烷、天然气		1800	74-82-8（甲烷）
6	原油		180000	
7	汽油（含甲醇汽油、乙醇汽油）、石脑油		7300	8006-61-9（汽油）
8	氢	氢气	180	1333-74-0
9	苯（含粗苯）		1800	71-43-2
10	碳酰氯	光气	11	75-44-5
11	二氧化硫		730	7446-09-5
12	一氧化碳		360	630-08-0
13	甲醇	木醇、木精	18000	67-56-1
14	丙烯腈	氰基乙烯、乙烯基氰	1800	107-13-1
15	环氧乙烷	氧化乙烯	360	75-21-8
16	乙炔	电石气	40	74-86-2
17	氟化氢、氢氟酸		40	7664-39-3
18	氯乙烯		1800	75-01-4
19	甲苯	甲基苯、苯基甲烷	18000	108-88-3
20	氰化氢、氢氰酸		40	74-90-8
21	乙烯		1800	74-85-1
22	三氯化磷		7300	7719-12-2

序号	化学品名称	别　名	最低年设计使用量/(t/年)	CAS 号
23	硝基苯		1800	98-95-3
24	苯乙烯		18000	100-42-5
25	环氧丙烷		360	75-56-9
26	一氯甲烷		1800	74-87-3
27	1，3-丁二烯		180	106-99-0
28	硫酸二甲酯		1800	77-78-1
29	氰化钠		1800	143-33-9
30	1-丙烯、丙烯		360	115-07-1
31	苯胺		1800	62-53-3
32	甲醚		1800	115-10-6
33	丙烯醛、2-丙烯醛		730	107-02-8
34	氯苯		180000	108-90-7
35	乙酸乙烯酯		36000	108-05-4
36	二甲胺		360	124-40-3
37	苯酚	石炭酸	2700	108-95-2
38	四氯化钛		2700	7550-45-0
39	甲苯二异氰酸酯	TDI	3600	584-84-9
40	过氧乙酸	过乙酸、过醋酸	360	79-21-0
41	六氯环戊二烯		1800	77-47-4
42	二硫化碳		1800	75-15-0
43	乙烷		360	74-84-0
44	环氧氯丙烷	3-氯-1，2-环氧丙烷	730	106-89-8
45	丙酮氰醇	2-甲基-2-羟基丙腈	730	75-86-5
46	磷化氢	膦	40	7803-51-2
47	氯甲基甲醚		1800	107-30-2
48	三氟化硼		180	7637-07-2
49	烯丙胺	3-氨基丙烯	730	107-11-9
50	异氰酸甲酯	甲基异氰酸酯	30	624-83-9
51	甲基叔丁基醚		36000	1634-04-4
52	乙酸乙酯		18000	141-78-6
53	丙烯酸		180000	79-10-7
54	硝酸铵		180	6484-52-2
55	三氧化硫	硫酸酐	2700	7446-11-9
56	三氯甲烷	氯仿	1800	67-66-3
57	甲基肼		1800	60-34-4
58	一甲胺		180	74-89-5

序号	化学品名称	别　　名	最低年设计使用量/(t/年)	CAS 号
59	乙醛		360	75-07-0
60	氯甲酸三氯甲酯	双光气	22	503-38-8
61	二(三氯甲基)碳酸酯	三光气	33	32315-10-9
62	2,2′-偶氮-二-(2,4-二甲基戊腈)	偶氮二异庚腈	18000	4419-11-8
63	2,2′-偶氮二异丁腈		18000	78-67-1
64	氯酸钠		3600	7775-9-9
65	氯酸钾		3600	3811-4-9
66	过氧化甲乙酮		360	1338-23-4
67	过氧化(二)苯甲酰		1800	94-36-0
68	硝化纤维素		360	9004-70-0
69	硝酸胍		7200	506-93-4
70	高氯酸铵	过氯酸铵	7200	7790-98-9
71	过氧化苯甲酸叔丁酯	过氧化叔丁基苯甲酸酯	1800	614-45-9
72	N,N′-二亚硝基五亚甲基四胺	发泡剂 H	18000	101-25-7
73	硝基胍		1800	556-88-7
74	硝化甘油		36	55-63-0
75	乙醚	二乙(基)醚	360	60-29-7

注：1. 企业需要取得安全使用许可的危险化学品的使用量，由企业使用危险化学品的最低年设计使用量和实际使用量的较大值确定。

　　2. "CAS 号"是指美国化学文摘社对化学品的唯一登记号。

3.16　危险化学品储存及出、入库

国家对危险化学品的储存实行统筹规划、合理布局。

国务院工业和信息化主管部门以及国务院其他有关部门依据各自职责，负责危险化学品储存的行业规划和布局。

地方人民政府组织编制城乡规划，应当根据本地区的实际情况，按照确保安全的原则，规划适当区域专门用于危险化学品的储存。

新建、改建、扩建储存危险化学品的建设项目（以下简称建设项目），应当由安全生产监督管理部门进行安全条件审查。

建设单位应当对建设项目进行安全条件论证，委托具备国家规定的资质条件的机构对建设项目进行安全评价，并将安全条件论证和安全评价的情况报告报建设项目所在地设区的市级以上人民政府安全生产监督管理部门；安全生产监督管理部门应当自收到报告之日起45日内作出审查决定，并书面通知建设单位。具体办法由国务院安全生产监督管理部门制定。

新建、改建、扩建储存、装卸危险化学品的港口建设项目，由港口行政管理部门按照国务院交通运输主管部门的规定进行安全条件审查。

储存危险化学品的单位，应当对其铺设的危险化学品管道设置明显标志，并对危险化学品管道定期检查、检测。

危险化学品储存数量构成重大危险源的危险化学品储存设施（运输工具加油站、加气站除外），与下列场所、设施、区域的距离应当符合国家有关规定：

① 居住区以及商业中心、公园等人员密集场所；

② 学校、医院、影剧院、体育场（馆）等公共设施；

③ 饮用水源、水厂以及水源保护区；

④ 车站、码头（依法经许可从事危险化学品装卸作业的除外）、机场以及通信干线、通信枢纽、铁路线路、道路交通干线、水路交通干线、地铁风亭以及地铁站出入口；

⑤ 基本农田保护区、基本草原、畜禽遗传资源保护区、畜禽规模化养殖场（养殖小区）、渔业水域以及种子、种畜禽、水产苗种生产基地；

⑥ 河流、湖泊、风景名胜区、自然保护区；

⑦ 军事禁区、军事管理区；

⑧ 法律、行政法规规定的其他场所、设施、区域。

已建的危险化学品储存数量构成重大危险源的危险化学品储存设施不符合前款规定的，由所在地设区的市级人民政府安全生产监督管理部门会同有关部门监督其所属单位在规定期限内进行整改；需要转产、停产、搬迁、关闭的，由本级人民政府决定并组织实施。

储存数量构成重大危险源的危险化学品储存设施的选址，应当避开地震活动断层和容易发生洪灾、地质灾害的区域。

储存危险化学品的单位，应当根据其储存的危险化学品的种类和危险特性，在作业场所设置相应的监测、监控、通风、防晒、调温、防火、灭火、防爆、泄压、防毒、中和、防潮、防雷、防静电、防腐、防泄漏以及防护围堤或者隔离操作等安全设施、设备，并按照国家标准、行业标准或者国家有关规定对安全设施、设备进行经常性维护、保养，保证安全设施、设备的正常使用。

储存危险化学品的单位，应当在其作业场所和安全设施、设备上设置明显的安全警示标志。

储存危险化学品的单位，应当在其作业场所设置通信、报警装置，并保证处于适用状态。

储存危险化学品的企业，应当委托具备国家规定的资质条件的机构，对本企业的安全生产条件每3年进行一次安全评价，提出安全评价报告。安全评价报告的内容应当包括对安全生产条件存在的问题进行整改的方案。

储存危险化学品的企业，应当将安全评价报告以及整改方案的落实情况报所在地县级人民政府安全生产监督管理部门备案。在港区内储存危险化学品的企业，应当将安全评价报告以及整改方案的落实情况报港口行政管理部门备案。

危险化学品应当储存在专用仓库、专用场地或者专用储存室（以下统称专用仓库）内，并由专人负责管理；剧毒化学品以及储存数量构成重大危险源的其他危险化学品，应当在专用仓库内单独存放，并实行双人收发、双人保管制度。

危险化学品的储存方式、方法以及储存数量应当符合国家标准或者国家有关规定。

储存危险化学品的单位应当建立危险化学品出入库核查、登记制度。

危险化学品专用仓库应当符合国家标准、行业标准的要求，并设置明显的标志。储存剧毒化学品、易制爆危险化学品的专用仓库，应当按照国家有关规定设置相应的技术防范设施。

储存危险化学品的单位应当对其危险化学品专用仓库的安全设施、设备定期进行检测、检验。

储存危险化学品的单位转产、停产、停业或者解散的，应当采取有效措施，及时、妥善处置其危险化学品生产装置、储存设施以及库存的危险化学品，不得丢弃危险化学品；处置方案应当报所在地县级人民政府安全生产监督管理部门、工业和信息化主管部门、环境保护主管部门和公安机关备案。安全生产监督管理部门应当会同环境保护主管部门和公安机关

3.16.1　定义

隔离储存（segregated storage）　在同一房间或同一区域内，不同的物料之间分开一定的距离，非禁忌物料间用通道保持空间的储存方式。

隔开储存（cut-off storage）　在同一建筑或同一区域内，用隔板或墙，将其与禁忌物料分离开的储存方式。

分离储存（detached storage）　在不同的建筑物或远离所有建筑的外部区域内的储存方式。

禁忌物料（incinpatible inaterals）　化学性质相抵触或灭火方法不同的化学物料。

3.16.2　危险化学品储存的基本要求

储存危险化学品必须遵照国家法律、法规和其他有关的规定。

危险化学品必须储存在经公安部门批准设置的专门的危险化学品仓库中，经销部门自管仓库 储存危险化学品及储存数量必须经公安部门批准。未经批准不得随意设置危险化学品储存仓库。

危险化学品露天堆放，应符合防火、防爆的安全要求，爆炸物品、一级易燃物品、遇湿燃烧物品、剧毒物品不得露天堆放。

储存危险化学品的仓库必须配备有专业知识的技术人员，其库房及场所应设专人管理，管理人员必须配备可靠的个人安全防护用品。

储存的危险化学品应有明显的标志，标志应符合《危险货物包装标志》（GB 190—2009）的规定。同一区域储存两种或两种以上不同级别的危险化学品时，应按最高等级危险物品的性能标志。

储存方式危险化学品储存方式分为三种：

① 隔离储存；

② 隔开储存；

③ 分离储存。

根据危险化学品性能分区、分类、分库储存。各类危险化学品不得与禁忌物料混合储存。

储存危险化学品的建筑物、区域内严禁吸烟和使用明火。

3.16.3　储存场所的要求

储存危险化学品的建筑物不得有地下室或其他地下建筑，其耐火等级、层数、占地面

积、安全疏散和防火间距，应符合国家有关规定。

储存地点及建筑结构的设置，除了应符合国家的有关规定外，还应考虑对周围环境和居民的影响。

3.16.3.1 储存场所的电气安装

危险化学品储存建筑物、场所消防用电设备应能充分满足消防用电的需要；并符合《建筑防火设计规范》（GB 50016—2006）的有关规定。危险化学品储存区域或建筑物内输配电线路、灯具、火灾事故照明和疏散指示标志，都应符合安全要求。储存易燃、易爆危险化学品的建筑，必须安装避雷设备。

3.16.3.2 储存场所通风或温度调节

储存危险化学品的建筑必须安装通风设备，并注意设备的防护措施。储存危险化学品的建筑通排风系统应设有导除静电的接地装置。通风管应采用非燃烧材料制作。通风管道不宜穿过防火墙等防火分隔物，如必须穿过时应用非燃烧材料分隔。储存危险化学品建筑采暖的热媒温度不应过高，热水采暖不应超过80℃，不得使用蒸汽采暖和机械采暖。采暖管道和设备的保温材料，必须采用非燃烧材料。在使用温度监控设备时必须确保和控制储存场所的每个地方的温差，不要超过剧毒化学品所能承受的温度，因此在储存场所的适当地方安装温度监控设备，一旦出现过大温差，立刻通过系统进行温度调节，以确保剧毒化学品的安全。

3.16.3.3 视频监控设备

在使用视频监控设备时必须确保储存场所的每一个角落都清晰可见，灯光必须24h明亮，同时仓库人员也必须24h轮流值班，保证剧毒化学品的24h的安全无变异和泄漏剧毒化学品储存探析

3.16.3.4 自动预警设备

自动预警设备是直接联结到公安局，此系统除了包含以上两个设备外，最重要是有气味探测功能，该功能如果探测到剧毒品的泄漏气味变立刻发出警报并同时通过与公安局的联网，立刻作出安全撤离和应急处理。

3.16.3.5 储存安排及储存量限制

危险化学品储存安排取决于危险化学品分类、分项、容器类型、储存方式和消防的要求。储存量及储存安排见表3-7。

表3-7 危险化学品储存量及储存安排

储存要求 \ 储存类别	露天储存	隔离储存	隔开储存	分离储存
平均单位面积储存量/（t/m²）	1.0~1.5	0.5	0.7	0.7
单一储存区最大储量/t	2000~2400	200~300	200~300	400~600
垛距限制/m	2	0.3~0.5	0.3~0.5	0.3~0.5
通道宽度/m	4~6	1~2	1~2	5
墙距宽度/m	2	0.3~0.5	0.3~0.5	0.3~0.5
与禁忌品距离/m	10	不得同库储存	不得同库储存	7~10

遇火、遇热、遇潮能引起燃烧、爆炸或发生化学反应，产生有毒气体的危险化学品不得在露天或潮湿、积水的建筑物中储存。

受日光照射能发生化学反应引起燃烧、爆炸、分解、化合或能产生有毒气体的危险化学

125

品应储存在一级建筑物中。其包装应采取避光措施。

爆炸物品不准和其他类物品同贮，必须单独隔离限量储存，仓库不准建在城镇，还应与周围建筑、交通干道、输电线路保持一定安全距离。

压缩气体和液化气体必须与爆炸物品、氧化剂、易燃物品、自燃物品、腐蚀性物品隔离储存。易燃气体不得与助燃气体、剧毒气体同贮；氧气不得与油脂混合储存，盛装液化气体的容器属压力容器的，必须有压力表、安全阀、紧急切断装置，并定期检查，不得超装。

易燃液体、遇湿易燃物品、易燃固体不得与氧化剂混合储存，具有还原性氧化剂应单独存放。

有毒物品应储存在阴凉、通风、干燥的场所，不要露天存放，不要接近酸类物质。

腐蚀性物品，包装必须严密，不允许泄漏，严禁与液化气体和其他物品共存。

3.16.4 危险化学品的养护

危险化学品入库时，应严格检验物品质量、数量、包装情况、有无泄漏。

危险化学品入库后应采取适当的养护措施，在储存期内，定期检查，发现其品质变化、包装破损、渗漏、稳定剂短缺等，应及时处理。

库房温度、湿度应严格控制、经常检查，发现变化及时调整。

3.16.5 危险化学品出入库管理

储存危险化学品的仓库，必须建立严格的出入库管理制度。

3.16.5.1 出入库验收内容

危险化学品出入库前均应按合同进行检查验收、登记、验收内容包括：

① 数量；

② 包装；

③ 危险标志。

经核对后方可入库、出库，当物品性质未弄清时不得入库。

3.16.5.2 防护措施

进入危险化学品储存区域的人员、机动车辆和作业车辆，必须采取防火措施。

装卸、搬运危险化学品时应按有关规定进行，做到轻装、轻卸。严禁摔、碰、撞、击、拖拉、倾倒和滚动。

装卸对人身有毒害及腐蚀性的物品时，操作人员应根据危险性，穿戴相应的防护用品。

不得用同一车辆运输互为禁忌的物料。

修补、换装、清扫、装卸易燃、易爆物料时，应使用不产生火花的铜制、合金制或其他工具

根据危险化学品特性和仓库条件，必须配置相应的消防设备、设施和灭火药剂。并配备经过培训的兼职和专职的消防人员。

储存危险化学品建筑物内应根据仓库条件安装自动监测和火灾报警系统。

储存危险化学品的建筑物内，如条件允许，应安装灭火喷淋系统（遇水燃烧危险化学品，不可用水扑救的火灾除外），其喷淋强度和供水时间如下：喷淋强度 15 L /（min · m²）；供水时间 90min。

126

3.16.5.3 人员培训

仓库工作人员应进行培训，经考核合格后持证上岗。

对危险化学品的装卸人员进行必要的教育，使其按照有关规定进行操作。

仓库的消防人员除了具有一般消防知识之外，还应进行在危险化学品库工作的专门培训，使其熟悉各区域储存的危险化学品种类、特性、储存地点、事故的处理程序及方法。

3.17　危险化学品灌装、运输及废弃

3.17.1　危险化学品灌装、运输

国家对危险化学品的运输实行资质认定制度，托运人不得委托无危险化学品运输资质的运输企业承运危险化学品。

危险化学品的装卸作业必须在装卸管理人员的现场指挥下进行。灌装时，应按充装系数灌装并记录，不得超量装载。

灌装单位必须对危险化学品公路运输车辆及人员资质情况进行检查，查验车辆安全附件是否齐全，驾驶员危险化学品从业资格证、危险化学品道路运输证、押运员证是否齐全、有效，并对检查情况进行登记。

运输的危险化学品需要添加抑制剂或者稳定剂的，托运人交付托运时应当添加抑制剂或者稳定剂，并告知承运人。

通过公路运输剧毒化学品的，托运人应当向目的地的公安部门申请办理剧毒化学品公路运输通行证。

在危险化学品流通领域建立可监控的具备安全生产条件的大型交易市场进行经营活动；鼓励经营单位选择装有行车记录仪和 GPS 等监控技术手段的符合国家要求的运输危险化学品车辆(含槽、罐车)和危险化学品运输资质的运输单位进行危险化学品运输，确保危险化学品在物流各个环节的安全生产。

3.17.2　危险化学品废弃处置

危险化学品的生产、储存、使用单位转产、停产、停业或者解散的，应当采取有效措施对设备、设施及危险化学品进行处置，不得留有事故隐患。

禁止在危险化学品储存区域内堆积可燃废弃物品。

泄漏或渗漏危险化学品的包装容器应迅速移至安全区域。按危险化学品特性，用化学的或物理的方法处理废弃物品，不得任意抛弃、污染环境。处置废弃危险化学品，依照固体废物污染环境防治法和国家有关规定执行。处置方案应报省级安全生产监督管理局和环境保护局、公安局备案。

第4章 现代企业安全管理体系

现行的安全管理体系有 HSE 管理体系、职业健康安全管理体系、安全生产标准化体系等。这些体系均采用了策划（Plan）、实施（Do）、检查（Check）、改进（Act）动态循环的 PDCA 管理模式。通过企业自我检查、自我纠正、自我完善这一动态循环的管理模式，能够更好地促进企业安全绩效的持续改进和安全生产长效机制的建立。

4.1 HSE 管理体系

（1）HSE 管理体系的概念

HSE 管理体系，是 20 世纪 80 年代欧美石油公司在面临了频繁的重大事故灾难后产生的管理成果和积极实践，1997 年引入我国。1998～2000 年，中国石油、中国石化等开始建立自己的 HSE 管理体系标准，2001 年在中国石化下属企业中全面建立实施。

HSE 是健康（Health）、安全（Safety）和环境（Environment）管理体系的简称，HSE 管理体系是将组织实施健康、安全与环境管理的组织机构、职责、做法、程序、过程和 资源等要素有机构成的整体，这些要素通过先进、科学、系统的运行模式有机地融合在一起，相互关联、相互作用，形成动态管理体系。

（2）HSE 管理的目的

① 满足政府对健康、安全和环境的法律、法规要求；

② 为企业提出的总方针、总目标以及各方面具体目标的实现提供保证；

③ 减少事故发生，保证员工的健康与安全，保护企业的财产不受损失；

④ 保护环境，满足可持续发展的要求；

⑤ 提高原材料和能源利用率，保护自然资源，增加经济效益；

⑥ 减少医疗、赔偿、财产损失费用，降低保险费用；

⑦ 满足公众的期望，保持良好的公共和社会关系；

⑧ 维护企业的名誉，增强市场竞争能力。

（3）HSE 管理的指导原则

① 第一责任人的原则

HSE 管理体系，强调最高管理者的承诺和责任，企业的最高管理者是 HSE 的第一责任者，对 HSE 应有形成文件的承诺，并确保这些承诺转变为人、财、物等资源的支持。各级企业管理者通过本岗位的 HSE 表率，树立行为榜样，不断强化和奖励正确的 HSE 行为。

② 全员参与的原则

HSE 管理体系立足于全员参与，突出"以人为本"的思想。体系规定了各级组织和人员的 HSE 职责，强调集团公司内的各级组织和全体员工必须落实 HSE 职责。公司的每位员工，无论身处何处，都有责任把 HSE 事务做好，并过审查考核，不断提高公司的 HSE 业绩。

③ 重在预防的原则

在集团公司的 HSE 管理体系中，风险评价和隐患治理、承包商和供应商管理、装置(设施)设计和建设、运行和维修、变更管理和应急管理这 5 个要素，着眼点在于预防事故的发生，并特别强调了企业的高层管理者对 HSE 必须从设计抓起，认真落实设计部门高层管理者的 HSE 责任。初步设计的安全环保篇要有 HSE 相关部门的会签批复，设计施工图纸应有 HSE 相关部门审查批准签章，强调了设计人员要具备 HSE 的相应资格。风险评价是一个不间断的过程，是所有 HSE 要素的基础。

④ 以人为本的原则

HSE 管理体系强调了公司所有的生产经营活动都必须满足 HSE 管理的各项要求，突出了人的行为对集团公司的事业成功至关重要，建立培训系统并对人员技能及其能力进行评价，以保证 HSE 水平的提高。

(4) HSE 管理体系的建立

建立与实施 HSE 管理体系能有效提高企业安全生产管理水平，有助于生产经营单位建立科学的管理机制，有助于企业积极主动地实施相关职业安全检查法律法规，有助于生产经营单位满足市场要求。

HSE 管理体系由十项要素构成，这十项要素之间紧密相关，互相渗透，以确保体系的系统性、统一性和规范性。其十项要素为：

① 领导承诺、方针目标和责任；

② 组织机构、职责、资源和文件控制；

③ 风险评价和隐患治理；

④ 承包商和供应商管理；

⑤ 装置(设施)设计和建设；

⑥ 运行和维修；

⑦ 变更管理和应急管理；

⑧ 检查和监督；

⑨ 事故处理和预防；

⑩ 审核、评审和持续改进。

企业是 HSE 管理体系实施的主体，经理(局长、厂长)是 HSE 的最高管理者，按照本标准的要求，应设立管理者代表和 HSE 管理体系的组织机构，组建 HSE 管理委员会及 HSE 管理部门，明确责任并落实 HSE 责任。在开展 HSE 现状调查分析基础上编制出简捷明确、通俗适用的 HSE 管理体系实施程序，重点制定 HSE 目标、HSE 职责、HSE 表现、HSE 业绩考核和奖惩制度，认真开展各层次的 HSE 培训。该程序应及时经企业最高管理者批准发布并正式投入运行，实行年度 HSE 业绩报告制度，通过审核、评审、实现持续改进，不断提高HSE 管理水平。

(5) HSE 管理体系实施步骤

① 学习标准，培训人员

企业在建立 HSE 管理体系之前，应结合 HSE 管理体系标准，开展两个层次的教育培训工作。

一是组织对岗位工人的宣传教育。HSE 管理体系的实施和其管理目标的实现，需要企业全体职工的深刻理解和积极参与。因此，企业必须通过一定的形式，使企业的每一个员工都清楚地了解实施 HSE 管理体系的目的、意义、内容和要求，以使其自觉主动地加入到推行 HSE 管理体系的过程中。

二是组织对领导干部和管理人员的专门培训。领导干部和管理人员是 HSE 管理体系的建立保持者，担负着组织管理、文件编制和运行监督等重要使命。因此，必须通过举办专门的 HSE 管理体系培训班，使其获得 HSE 管理体系建立实施工作所需的专门知识，并具备 HSE 管理体系内审员的资格。

② 风险评价和管理现状调研

风险评价和管理现状调研是建立 HSE 管理体系的前提和基础，企业及二级单位在建立 HSE 管理体系之前，必须对企业存在的事故隐患、职业危害、环境影响进行风险评价，对影响企业安全生产、环境保护及健康卫生的 HSE 管理问题进行现状调研，以使企业制定的控制目标和管理方案更具有针对性。

③ 规划设计和准备

根据风险评价和现状调研的结论，企业及二级单位的最高管理者应组织有关部门对拟建立的 HSE 管理体系进行规划设计和准备，其主要工作程序及内容应包括：

一是企业最高管理者依照 HSE 管理规范确定的承诺原则和内容，向企业员工和相关方作出书面承诺。

二是企业最高管理者指定和任命 HSE 管理者代表，并授予应有的管理权限。

三是企业主管部门提出 HSE 方针和目标草案，最高管理者组织评审并批准发布。

四是成立企业 HSE 管理委员会，制定 HSE 管理委员会章程。

五是调整和强化 HSE 管理监督机构，合理设置工作岗位，充实技术管理人员。

六是建立健全企业 HSE 组织管理网络，成立基层单位 HSE 管理小组，按要求选拔配备 HSE 管理人员或安全工程师。

七是依照 HSE 管理规范，制定各级组织和人员的 HSE 职责。

八是制定、修订和完善 HSE 管理工作所必需的制度、规定。

九是根据 HSE 管理规范和 HSE 制度、规定的要求，制定出 HSE 关键管理工作的程序。

十是提出建立和保持 HSE 管理体系所需的资源配置计划。

十一是制定 HSE 管理体系建立的实施计划进度表，明确各部门和单位的责任与分工。

④ HSE 实施程序文件的编制

HSE 实施程序是 HSE 管理体系可执行文件的集合，根据集团公司 HSE 管理体系和 HSE 管理规范的要求，企业及二级单位在建立 HSE 管理体系前，应编制《企业 HSE 管理体系实施程序》《职能部门 HSE 职责实施计划》《生产车间（装置）HSE 实施程序》3 种 HSE 实施程序文件。

⑤ HSE 管理体系的实施 以上准备工作全部完成后，即可进入 HSE 管理体系的实施阶段，其主要工作内容应为：

一是批准和发布 HSE 实施程序。

二是部门、车间按实施程序的要求，组织开展日常的 HSE 管理活动。

三是部门、车间建立体系要素运行保证机制，开展检查监督和考核纠正工作，保证 HSE 管理体系按既定的目标和程序运行。

⑥ 审核、评审

HSE 管理体系在运行过程中，由于受到外因、内因的影响，管理目标、管理程序、管理方法与管理效果之间有可能发生一定的偏差。因此，在 HSE 管理体系运行一定时期后，需要对 HSE 管理体系的符合性、有效性、适用性进行审核、评审，以及时调整现实与体系不相符合、体系与现实不相适应的部分，达到持续改进，不断提高的目的。

案例：HSE 管理体系的实践

按照《中国石化集团公司安全环境与健康（HSE）管理体系》系列标准的要求，中国石化集团下属的油田、炼化、施工、销售四大板块企业，分别在 2001~2005 年前后，陆续建立了安全环境与健康管理体系，开展了体系化的 HSE 管理工作，HSE 管理绩效得到持续提高和保持。

在 HSE 管理体系的建立实施过程中，各企业根据各自的管理实践和相关体系运行情况，采取的不同的运行管理模式。一是 HSE 管理体系、职业健康管理体系、环节管理体系、质量管理体系采取单独文件、单独运行的方式。二是将以上的管理体系文件进行整合，体系单独运行的方式。三是体系文件和运行模式有机整合，形成一体化的管理文件和运行模式。不管那种运行模式，关键的问题是体系框架及文件的设计要与现实的管理保持一致，既要有先进的理念与文化引领，又要有强劲的内在管理驱动力，防止出现体系文件和实际运作不一致、两张皮的现象。

从 2006 年开始，为了促进企业 HSE 管理体系的规范运行，中国石化制定了 HSE 审核工作指南、HSE 审核工作要点等指导文件，每年组织对 4~6 家企业进行 HSE 管理体系的管理，编制 HSE 体系年度审核报告。

随着合资企业的快速发展，企业文化和管理模式开始呈现多元化，并引入一些先进的设计理念和有效的管理方法，对中国石化的 HSE 管理产生了积极的推动作用。为了及时总结推广这些管理做法，中国石化开展了对扬巴公司、赛科公司、福建联合石化、扬子江乙酰公司等合资企业的管理审核工作。在调研审核的基础上，出台了 HSE 行为观察、未遂事件管理等制度性的文件，中国石化的 HSE 体系及管理得到了深化和升华。

4.2　危险化学品从业单位安全生产标准化

4.2.1　危险化学品安全生产标准化的发展历程

我国安全标准化是在煤矿质量标准化、煤矿安全质量标准化、安全质量标准化的基础上提出、发展而来的。

2003 年年底，国家安监局在政策法规司下设立标准处，作为主管安全生产标准的专门机构。这说明将在国家层面上大大地强化安全生产标准工作。

当时，我国安全生产标准的状况是：原劳动部和国务院各工业部门都有各自的安全生产标准，大约数以千计。改革开放以来，安全生产标准形成的部门不一，背景不一，针对问题不一，"为数众多，种类庞杂，底数不清"。于是，摸清安全生产标准"底数"，分门别类进行全面清理，成为必须立即抓紧着手进行的一项重要基础工作。

2004 年 1 月 9 日，国务院发布《关于进一步加强安全生产工作的决定》（国发〔2004〕2号），进一步明确提出要在全国所有工矿、商贸、交通运输、建筑施工等企业普遍开展安全质量标准化活动，并要求制定、颁布各行业的安全质量标准，以指导各类企业建立健全各环节、各岗位的安全质量标准，规范安全生产行为，推动企业安全质量管理上等级、上水平；

5月11日，国家安监局、国家煤矿安监局为了贯彻落实国发〔2004〕2号文件，切实加强基层和基础"双基"工作，强化企业安全生产主体责任，促使各类企业加强安全质量工作，建立起自我约束、持续改进的安全生产长效机制，提高企业本质安全质量工作，建立起自我约束、持续改进的安全生产长效机制，提高企业本质安全水平，推动安全生产状况的进一步稳定好转，提出了《关于开展安全质量标准化工作的指导意见》（安监管政法字〔2004〕62号），对开展安全质量标准化工作进行了全面部署，提出了明确要求；9月16日至17日，国家安监局在郑州市召开"全国非煤矿山及相关行业安全质量标准化现场会"。会议中部分地区和单位总结、交流了开展安全质量标准化工作的做法和经验，以及安全标准化工作的法规建设情况和下一步工作思路，并对进一步开展安全质量标准化工作提出了建议；11月1日，国家安监局、国家煤监局发布第14号令，公布《安全生产行业标准管理规定》，以加强和规范安全生产标准的制定（修订）工作。

2005年12月16日，国家安监总局印发《危险化学品从业单位安全标准化规范（试行）》和《危险化学品从业单位安全标准化考核机构管理办法（试行）》。

2006年5月22日，国际电工委员会安全顾问委员会第八届论坛在京召开。本届论坛是该委员会在亚洲举办的第一次论坛，主题是"安全技术标准与法规"。

2006年6月27日，全国安全生产标准化技术委员会（简称全国安标委）在京成立。这标志着我国安全生产领域有了第一个全国性的标委会，国家安监总局局长李毅中在成立大会上指出，全国安标委的成立标志着我国安全生产标准化专家队伍初步建立，安全标准工作开始步入正常发展的轨道。全国安标委成立的我国安全标准化发展史上具有里程碑意义。

2007年1月29日，国家安监局发布《国家安全监管总局办公厅关于做好2007年危险化学品和烟花爆竹安全监督管理工作的通知》（安监总厅危化〔2007〕10号）；2007年3月15日，根据《国家安全监管总局办公厅关于做好2007年危险化学品和烟花爆竹安全监督管理工作的通知》（安监总厅危化〔2007〕10号）的有关要求，为全面掌握危险化学品从业单位安全标准化工作的基本情况，进一步采取措施推动危险化学品从业单位安全标准化工作顺利开展，对各地开展危险化学品从业单位安全标准化工作情况进行摸底调查，国家安监总局发布《关于报送危险化学品从业单位安全标准化工作有关情况的函》（安监总厅危化〔2007〕33号）。

2008年5月15日，国家安监总局发文，征求《2008~2010年全国安全生产（主要工业领域）标准化发展规划》。《规划》构建了涵盖煤矿、金属非金属矿山、冶金、有色、化工、石油天然气、石油化工、危险化学品、烟花爆竹、机械安全、通用及其他等12个领域的安全生产标准体系框架，提出了591项安全生产标准修订计划项目。《规划》的编制有力地促进了安全生产标准化工作的开展，对全国提升国家安全生产标准化水平，充分发挥安全生产标准在安全生产工作中的技术支撑作用，实现我国安全生产状况根本好转具有重要意义；2008年10月7日，为深入贯彻党的十七大精神，全面落实科学发展观，坚持安全发展的理念和"安全第一、预防为主、综合治理"的方针，按照"合理规划、严格准入，改造提升、固本强基，完善法规、加大投入，落实责任、强化监管"的要求，构建危险化学品安全生产长效机制，实现危险化学品安全生产形势明显好转，国务院安全生产委员会办公室就加强危险化学品安全生产工作发布《国务院安委会办公室关于进一步加强危险化学品安全生产工作的指导意见》（安委办〔2008〕26号）；2008年11月19日，国家安监总局发布《危险化学品从业单位安全标准化通用规范》（AQ 3013—2008）。

2009年6月25日，为深入贯彻落实《国务院关于进一步加强安全生产工作的决定》（国发〔2004〕2 号）和《国务院安委会办公室关于进一步加强危险化学品安全生产工作的指导意见》（安委办〔2008〕26 号），推动和引导危险化学品生产和储存企业、经营和使用剧毒化学品企业、有固定储存设施的危险化学品经营企业、使用危险化学品从事化工或医药生产的企业（以下统称危险化学品企业）全面开展安全生产标准化工作，改善安全生产条件，规范和改进安全管理工作，提高安全生产水平，国家安监总局发布《关于加强危险化学品从业单位安全生产标准化工作的指导意见》；2009 年 10 月 21 日，为深入贯彻《国家安全监管总局关于进一步加强危险化学品企业安全生产标准化工作的指导意见》（安监总管三〔2009〕124 号）有关精神，国家安监总局组织国家安全监管总局化学品登记中心、中国安全生产协会起草了《危险化学品从业单位安全标准化咨询管理办法》、《危险化学品从业单位安全标准化考评员管理办法》、《危险化学品从业单位安全生产标准化一级考评办法》和《危险化学品从业单位安全标准化一级考评检查评分细则》4 个规范性文件的征求意见稿，向全国危险化学品从业单位征求意见。

2010 年 7 月 23 日，为进一步加强安全生产工作，全面提高企业安全生产水平，国务院发布《国务院关于进一步加强企业安全生产工作的通知》（国发〔2010〕23 号）；2010 年 11 月 10 日，为认真贯彻落实《国务院关于进一步加强企业安全生产工作的通知》（国发〔2010〕23 号）精神，推动危险化学品企业（指生产、储存危险化学品的企业和使用危险化学品从事化工生产的企业）落实安全生产主体责任，全面加强和改进安全生产工作，建立和不断完善安全生产长效机制，切实提高安全生产水平，结合危险化学品企业安全生产特点，国家安监总局发布关于危险化学品企业贯彻落实《国务院关于进一步加强企业安全生产工作的通知》的实施意见。

2011 年 2 月 16 日，为深入贯彻落实《国务院关于进一步加强企业安全生产工作的通知》（国发〔2010〕23 号）精神，进一步加强危险化学品企业（以下简称危化品企业）安全生产标准化工作，国家安监总局发布关于进一步加强危险化学品企业安全生产标准化工作的通知；2011 年 6 月 22 日，为深入贯彻落实《国务院关于进一步加强企业安全生产工作的通知》（国发〔2010〕23 号）和《国务院安委会关于深入开展企业安全生产标准化建设的指导意见》（安委〔2011〕4 号）精神，进一步促进危险化学品从业单位安全生产标准化工作的规范化、科学化，根据《企业安全生产标准化基本规范》（AQ/T 9006—2010）和《危险化学品从业单位安全生产标准化通用规范》（AQ 3013—2008）的要求，国家安全监管总局制定并发布了《危险化学品从业单位安全生产标准化评审标准》；2011 年 8 月 8 日，国家安监总局发布关于征求《危险化学品从业单位安全生产标准化评审工作管理办法（征求意见稿）》修改意见的函；2011 年 9 月 16 日，为认真贯彻落实《国务院关于进一步加强企业安全生产工作的通知》（国发〔2010〕23 号）、《国务院安委会关于深入开展企业安全生产标准化建设的指导意见》（安委〔2011〕4 号）精神和《国家安全监管总局关于进一步加强危险化学品企业安全生产标准化工作的通知》（安监总管三〔2011〕24 号）要求，国家安全监管总局制定并发布了《危险化学品从业单位安全生产标准化评审工作管理办法》。2011 年 12 月 15 日，国家安监总局发布危险化学品安全生产"十二五"规划的通知。

4.2.2 危险化学品从业单位安全标准化术语及定义

（1）危险化学品从业单位（chemical enterprise）

依法设立，生产、经营、使用和储存危险化学品的企业或者其所属生产、经营、使用和储存危险化学品的独立核算成本的单位。

（2）安全标准化（safety standardization）

为安全生产活动获得最佳秩序，保证安全管理及生产条件达到法律、行政法规、部门规章和标准等要求制定的规则。

（3）关键装置（key facility）

在易燃、易爆、有毒、有害、易腐蚀、高温、高压、真空、深冷、临氢、烃氧化等条件下进行工艺操作的生产装置。

（4）重点部位（key site）

生产、储存、使用易燃易爆、剧毒等危险化学品场所，以及可能形成爆炸、火灾场所的罐区、装卸台（站）、油库、仓库等；对关键装置安全生产起关键作用的公用工程系统等。

（5）资源（resources）

实施安全标准化所需的人力、财力、设施、技术和方法等。

（6）相关方（interested party）

关注企业职业安全健康绩效或受其影响的个人或团体。

（7）供应商（supplier）

为企业提供原材料、设备设施及其服务的外部个人或团体。

（8）承包商（contractor）

在企业的作业现场，按照双方协定的要求、期限及条件向企业提供服务的个人或团体。

（9）事件（incident）

导致或可能导致事故的情况。

（10）事故（accident）

造成死亡、职业病、伤害、财产损失或其他损失的意外事件。

（11）危险、有害因素（hazardous elements）

可能导致伤害、疾病、财产损失、环境破坏的根源或状态。

（12）危险、有害因素识别（hazard identification）

识别危险、有害因素的存在并确定其性质的过程。

（13）风险（risk）

发生特定危险事件的可能性与后果的结合。

（14）风险评价（risk assessment）

评价风险程度并确定其是否在可承受范围的过程。

（15）安全绩效（safe performance）

基于安全生产方针和目标，控制和消除风险取得的可测量结果。

（16）变更（change）

人员、管理、工艺、技术、设施等永久性或暂时性的变化。

（17）隐患（potential accidents）

作业场所、设备或设施的不安全状态，人的不安全行为和管理上的缺陷。

（18）重大事故隐患（serious potential accidents）

可能导致重大人身伤亡或者重大经济损失的事故隐患。

4.2.3　危险化学品从业单位安全标准化的建设原则

危险化学品安全标准化的建设应遵循安全生产标准化的总体建设原则，即，要坚持"政府推动、企业为主，总体规划、分步实施，立足创新、分类指导，持续改进、巩固提升"的建设原则。

政府推动、企业为主。危险化学品从业单位安全生产标准化是将企业安全生产管理的基本要求进行系统化、规范化，使得企业安全生产工作满足国家安全法律法规、标准规范的要求，是企业安全管理的自身需求，是企业落实主体责任的重要途径，因此创建的责任主体是企业。在现阶段，许多企业自身能力和素质还达不到主动创建、自主建设的要求，需要政府的帮助和服务。政府部门在企业安全生产标准化建设的职责就是通过出台法律、法规、文件以及约束奖励机制政策，加大舆论宣传，加强对企业主要负责人安全生产标准化内涵和意义的培训工作，推动企业积极开展安全生产标准化建设工作，建立完善的安全管理体系，提升本质安全水平。

总体规划、分步实施。危险化学品从业单位安全生产标准化工作是落实危险化学品从业单位主体责任、建立安全生产长效机制的有效手段，各级安全监管部门、负有安全监管职责的有关部门必须摸清辖区内企业的规模、种类、数量等基本信息，根据企业大小不等、素质不整、能力不同、时限不一等实际情况，进行总体规划，做到全面推进、分步实施，使所有企业都行动起来，在扎实推进的基础上，逐步进行分批达标。防止出现"创建搞运动，评审走过场"的现象。

立足创新、分类指导。在危险化学品从业单位安全生产标准化创建过程中，重在企业创建和自评阶段，要建立健全各项安全生产制度、规程、标准等，并在实际中贯彻执行。各地在推进危险化学品从业单位安全生产标准化建设过程中，要从各地的实际情况出发，创新评审模式，高质量地推进危险化学品从业单位安全生产标准化建设工作。

对无法按照国家安全生产监督管理总局已发布的评定标准进行三级达标的小微企业，各地可创造性地制定地方安全生产标准化小微企业达标标准，把握小微企业安全生产特点，从建立企业基本安全规章制度、提高企业员工基本安全技能、关注企业重点生产设备安全状况及现场条件等角度，制定达标条款，从而全面指导小微企业开展建设达标工作。

持续改进、巩固提升。危险化学品从业单位安全生产标准化的重要步骤是创建、运行和持续改进，是一项长期工作。外部评审定级仅仅是检验建设效果的手段之一，不是标准化建设的最终目的。对于安全生产标准化建设工作存在认识不统一、思路不清晰的问题，一些企业甚至部分地方安全监管部门认为，安全生产标准化是一种短期行为，取得等级证书之后安全生产标准化工作就结束了，这种观点是错误的。企业在达标后，每年需要进行自评工作，通过不断运行来检验其检验效果。一方面，对安全生产标准一级达标企业要重点抓巩固，在运行过程中不断提高发现问题和解决问题的能力；二级企业着力抓提升，在运行一段时间后鼓励向一级企业提升；三级企业督促抓改进，对于建设、自评和评审过程中存在的问题、隐患要及时进行整改，不断改善企业安全生产绩效，提升安全管理水平，做到持续改进。另一方面，各专业评定标准也会按照我国企业安全生产状况，结合国际上先进的安全管理思想不断进行修订、完善和提升。

4.2.4 危险化学品从业单位安全标准化的管理要素

国家安全监管总局制定的《危险化学品从业单位安全生产标准化评审标准》由 12 个 A 级要素、55 个 B 级要素组成，在这 12 个 A 级要素中，新增最后一个要素"本地区的要求"是开放要素，由各地区结合本地实际情况进行充实。这是考虑到各地区危险化学品安全监管工作的差异性和特殊性，为地方政府预留的接口。各省级安全监管局可根据本地区危险化学品行业的特点，将本地区关于安全生产条件尤其是安全设备设施、工艺条件等方面的有关具体要求纳入其中，形成地方特殊要求。12 个 A 级要素，55 个 B 级要素内容如表 4-1 所示。

表 4-1　A、B 级要素内容

A 级要素	B 级要素
1　法律、法规和标准	1.1　法律、法规和标准的识别和获取
	1.2　法律、法规和标准符合性评价
2　机构和职责	2.1　方针目标
	2.2　负责人
	2.3　职责
	2.4　组织机构
	2.5　安全生产投入
3　风险管理	3.1　范围与评价方法
	3.2　风险评价
	3.3　风险控制
	3.4　重大危险源
	3.5　变更
	3.6　风险信息更新
	3.7　供应商
4　管理制度	4.1　安全生产规章制度
	4.2　操作规程
	4.3　修订
5　培训教育	5.1　培训教育管理
	5.2　从业人员岗位标准
	5.3　管理人员培训
	5.4　从业人员培训教育
	5.5　其他人员培训教育
	5.6　日常安全教育
6　生产设施及工艺安全	6.1　生产设施建设
	6.2　安全设施
	6.3　特种设备
	6.4　工艺安全
	6.5　关键装置及重点部位
	6.6　检维修
	6.7　拆除和报废
7　作业安全	7.1　作业许可
	7.2　警示标志
	7.3　作业环节
	7.4　承包商

A 级要素	B 级要素
8 职业健康	8.1 职业危害项目申报
	8.2 作业场所职业危害管理
	8.3 劳动防护用品
9 危险化学品管理	9.1 危险化学品档案
	9.2 化学品分类
	9.3 化学品安全技术说明书和安全标签
	9.4 化学事故应急咨询服务电话
	9.5 危险化学品登记
	9.6 危害告知
	9.7 储存和运输
10 事故与应急	10.1 应急指挥与救援系统
	10.2 应急救援设施
	10.3 应急救援预案与演练
	10.4 抢险与救护
	10.5 事故报告
	10.6 事故调查
11 检查与自评	11.1 安全检查
	11.2 安全检查形式与内容
	11.3 整改
	11.4 自评
12 本地区的要求	

4.2.5 危险化学品从业单位安全标准化的建设流程

危险化学品从业单位安全标准化的建设流程包括策划准备及制定目标、教育培训、现状摸底、管理文件修订、实施运行及完善整改、企业自评和问题整改、评审申请、外部评审等八个阶段。

第一阶段：策划准备及制定目标。策划准备阶段首先要成立领导小组，由企业主要负责人担任领导小组组长，所有相关的职能部门的主要负责人作为成员，确保安全标准化建设所需的资源充分；成立执行小组，由各部门负责人、工作人员共同组成，负责安全标准化建设过程中的具体问题。

制定安全标准化建设目标，并根据目标来制定推进方案，分解落实达标建设责任，明确在安全标准化建设过程中确保各部门按照任务分工，顺利完成阶段性工作目标。大型企业集团要全面推进安全标准化企业建设工作，发动成员企业建设的积极性，要根据成员企业基本情况，合理制定安全标准化建设目标和推进计划。要充分利用产业链传导优势，通过上游企业在安全标准化建设的积极影响，促进中下游企业、供应商和合作伙伴安全管理水平的整体提升。

第二阶段：教育培训。安全标准化建设需要全员参与。教育培训首先要解决企业领导层对安全生产建设工作重要性的认识，加强其对安全标准化工作的理解，从而使企业领导层重视该项工作，加大推动力度，监督检查执行进度；其次要解决执行部门、人员操作的问题，培训评定标准的具体条款要求是什么，本部门、本岗位、相关人员应该做哪些工作，如何将安全标准化建设和企业以往安全管理工作相结合，尤其是与已建立的职业安全健康管理体系相结合的问题，避免出现"两张皮"的现象。

加大安全标准化工作的宣传力度，充分利用企业内部资源广泛宣传安全标准化的相关文件和知识，加强全员参与度，解决安全标准化建设的思想认识和关键问题。

第三阶段：现状摸底。对照相应专业评定标准（或评分细则），对企业各职能部门及下属各单位安全管理情况、现场设备设施状况进行现状摸底，摸清各单位存在的问题和缺陷；对于发现的问题，定责任部门、定措施、定时间、定资金，及时进行整改并验证整改效果。现状摸底的结果作为企业安全标准化建设各阶段进度任务的针对性依据。

企业要根据自身经营规模、行业地位、工艺特点及现状摸底结果等因素及时调整达标目标，不可盲目一味追求达到高等级的结果，而忽视达标过程。

第四阶段：管理文件制修订。对照评定标准，对各单位主要安全、健康管理文件进行梳理，结合现状摸底所发现的问题，准确判断管理文件亟待加强和改进的薄弱环节，提出有关文件的制修订计划；以各部门为主，自行对相关文件进行修订，由标准化执行小组对管理文件进行把关。

值得提醒和注意的是，安全标准化对安全管理制度、操作规程的要求，核心在其内容的符合性和有效性，而不是其名称和格式。

第五阶段：实施运行及完善。根据制修订后的安全管理文件，企业要在日常工作中进行实际运行。根据运行情况，对照评定标准的条款，将发现的问题及时进行整改及完善。

第六阶段：企业自评及问题整改。企业在安全标准化系统运行一段时间后（通常为3～6个月），依据评定标准，由标准化执行部门组织相关人员，对申请企业开展自主评定工作。

企业对自主评定中发现的问题进行整改，整改完毕后，着手准备安全标准化评审申请材料。

第七阶段：评审申请。企业在自评材料中，应尽可能将每项考评内容的得分及扣分原因进行详细描述，应能通过申请材料反映企业工艺及安全管理情况；根据自评结果确定拟申请的等级，按相关规定到属地或上级安监部门办理外部评审推荐手续后，正式向相应评审组织单位递交评审申请。

第八阶段：外部评审。接受外部评审单位的正式评审，在现场评审过程中，积极主动配合。并对外部评审发现的问题，形成整改计划，及时进行整改，并配合上报有关材料。

4.2.6　危险化学品从业单位安全标准化的评审

（1）评审机构与人员

① 国家安全监管总局确定一级企业评审组织单位和评审单位。

省级安全监管部门确定并公告二级、三级企业评审组织单位和评审单位。评审组织单位可以是安全监管部门，也可以是安全监管部门确定的单位。

② 评审组织单位承担以下工作：

a. 受理危化品企业提交的达标评审申请，审查危化品企业提交的申请材料。

b. 选定评审单位，将危化品企业提交的申请材料转交评审单位。

c. 对评审单位的评审结论进行审核，并向相应安全监管部门提交审核结果。

d. 对安全监管部门公告的危化品企业发放达标证书和牌匾。

e. 对评审单位评审工作质量进行检查考核。

③ 评审单位应具备以下条件：

a. 具有法人资格。

b. 有与其开展工作相适应的固定办公场所和设施、设备，具有必要的技术支撑条件。

c. 注册资金不低于 100 万元。

d. 本单位承担评审工作的人员中取得评审人员培训合格证书的不少于 10 名，且有不少于 5 名具有危险化学品相关安全知识或化工生产实际经验的人员。

e. 有健全的管理制度和安全生产标准化评审工作质量保证体系。

④ 评审单位承担以下工作：

a. 对本地区申请安全生产标准化达标的企业实施评审。

b. 向评审组织单位提交评审报告。

c. 每年至少一次对质量保证体系进行内部审核，每年 1 月 15 日前和 7 月 15 日前分别对上年度和本年度上半年本单位评审工作进行总结，并向相应安全监管部门报送内部审核报告和工作总结。

⑤ 国家安全监管总局化学品登记中心为全国危化品企业安全标准化工作提供技术支撑，承担以下工作：

a. 为各地做好危化品企业安全标准化工作提供技术支撑。

b. 起草危化品企业安全标准化相关标准。

c. 拟定危化品企业安全标准化评审人员培训大纲、培训教材及考核标准，承担评审人员培训工作。

d. 承担危化品企业安全标准化宣贯培训，为各地开展危化品企业安全标准化自评员培训提供技术服务。

⑥ 承担评审工作的评审人员应具备以下条件：

a. 具有化学、化工或安全专业大专（含）以上学历或中级（含）以上技术职称。

b. 从事危险化学品或化工行业安全相关的技术或管理等工作经历 3 年以上。

c. 经中国化学品安全协会考核取得评审人员培训合格证书。

⑦ 评审人员培训合格证书有效期为 3 年。有效期届满 3 个月前，提交再培训换证申请表，经再培训合格，换发新证。

⑧ 评审人员培训合格证书有效期内，评审人员每年至少参与完成对 2 个企业的安全生产标准化评审工作，且应客观公正，依法保守企业的商业秘密和有关评审工作信息。

⑨ 安全生产标准化专家应具备以下条件：

a. 经危化品企业安全标准化专门培训。

b. 具有至少 10 年从事化工工艺、设备、仪表、电气等专业或安全管理的工作经历，或 5 年以上从事化工设计工作经历。

⑩ 自评员应具备以下条件：

a. 具有化学、化工或安全专业中专以上学历。

b. 具有至少 3 年从事与危险化学品或化工行业安全相关的技术或管理等工作经历。

c. 经省级安全监管部门确定的单位组织的自评员培训，取得自评员培训合格证书。

（2）自评与申请

① 危化品企业可组织专家或自主选择评审单位为企业开展安全生产标准化提供咨询服务，对照《危险化学品从业单位安全生产标准化评审标准》（安监总管三〔2011〕93号，以下简称《评审标准》）对安全生产条件及安全管理现状进行诊断，确定适合本企业安全生产标准化的具体要素，编制诊断报告，提出诊断问题、隐患和建议。

危化品企业应对专家组诊断的问题和隐患进行整改，落实相关建议。

② 危化品企业安全生产标准化运行一段时间后，主要负责人应组建自评工作组，对安全生产标准化工作与《评审标准》的符合情况和实施效果开展自评，形成自评报告。

自评工作组应至少有1名自评员。

③ 危化品企业自评结果符合《评审标准》等有关文件规定的申请条件的，方可提出安全生产标准化达标评审申请。

④ 申请安全生产标准化一级、二级、三级达标评审的危化品企业，应分别向一级、二级、三级评审组织单位申请。

⑤ 危化品企业申请安全生产标准化达标评审时，应提交下列材料：

a. 危险化学品从业单位安全生产标准化评审申请书。

b. 危险化学品从业单位安全生产标准化自评报告。

（3）受理与评审

① 评审组织单位收到危化品企业的达标评审申请后，应在10个工作日内完成申请材料审查工作。经审查符合申请条件的，予以受理并告知企业；经审查不符合申请条件的，不予受理，及时告知申请企业并说明理由。

评审组织单位受理危化品企业的申请后，应在2个工作日内选定评审单位并向其转交危化品企业提交的申请材料，由选定的评审单位进行评审。

② 评审单位应在接到评审组织单位的通知之日起40个工作日内完成对危化品企业的评审。评审完成后，评审单位应在10个工作日内向相应的评审组织单位提交评审报告。

③ 评审单位应根据危化品企业规模及化工工艺成立评审工作组，指定评审组组长。评审工作组至少由2名评审人员组成，也可聘请技术专家提供技术支撑。评审工作组成员应按照评审计划和任务分工实施评审。

评审单位应当如实记录评审工作并形成记录文件；评审内容应覆盖专家组确定的要素及企业所有生产经营活动、场所，评审记录应详实、证据充分。

④ 评审工作组完成评审后，应编写评审报告。参加评审的评审组成员应在评审报告上签字，并注明评审人员培训合格证书编号。评审报告经评审单位负责人审批后存档，并提交相应的评审组织单位。评审工作组应将否决项与扣分项清单和整改要求提交给企业，并报企业所在地市、县两级安全监管部门。

⑤ 评审计分方法

a. 每个A级要素满分为100分，各个A级要素的评审得分乘以相应的权重系数，然后相加得到评审得分。评审满分为100分，计算方法如下：

$$M = \sum_{1}^{n} K_i \cdot M_i \tag{4-1}$$

式中　M——总分值；

　　　K_i——权重系数；

M_i——各 A 级要素得分值；

n——A 级要素的数量，$1 \leqslant n \leqslant 12$。

b. 当企业不涉及相关 B 级要素时为缺项，按零分计。A 级要素的分值折算方法如下：

$$M_i = \frac{M_{i实} \times 100}{M_{i满}} \qquad (4-2)$$

式中　$M_{i实}$——A 级要素实得分值；

　　　$M_{i满}$——扣除缺项后的要素满分值。

——每个 B 级要素分值扣完为止。

——《评审标准》第 12 个要素(本地区要求)满分为 100 分，每项不符合要求扣 10 分。

——按照《评审标准》评审，一级、二级、三级企业评审得分均在 80 分(含)以上，且每个 A 级要素评审得分均在 60 分(含)以上。

⑥ 评审单位应将评审资料存档，包括技术服务合同、评审通知、诊断报告、评审计划、评审记录、否决项与扣分项清单、评审报告、企业申请资料等。

⑦ 初次评审未达到危化品企业申请等级(申请三级除外)的，评审单位应提出申请企业实际达到等级的建议，将建议和评审报告一并提交给评审组织单位。次评审未达到三级企业标准的，经整改合格后，重新提出评审申请。

（4）审核与发证

① 评审组织单位应在接到评审单位提交的评审报告之日起 10 个工作日内完成审核，形成审核报告，报相应的安全监管部门。

对初次评审未达到申请等级的企业，评审单位可提出达标等级建议，经评审组织单位审核同意后，可将审核结果和评审报告转交提出申请的危化品企业。

② 公告单位应定期公告安全标准化企业名单。在公告安全标准化一级、二级、三级达标企业名单前，公告单位应分别征求企业所在地省级、市级、县级安全监管部门意见。

③ 评审组织单位颁发相应级别的安全生产标准化证书和牌匾。

安全生产标准化证书、牌匾的有效期为 3 年，自评审组织单位审核通过之日起算。

（5）监督管理

① 安全生产标准化达标企业在取得安全生产标准化证书后 3 年内满足以下条件的，可直接换发安全生产标准化证书：

a. 未发生人员死亡事故，或者 10 人以上重伤事故(一级达标企业含承包商事故)，或者造成 1000 万元以上直接经济损失的爆炸、火灾、泄漏、中毒等事故。

b. 安全生产标准化持续有效运行，并有有效记录。

c. 安全监管部门、评审组织单位或者评审单位监督检查未发现企业安全管理存在突出问题或者重大隐患。

d. 未改建、扩建或者迁移生产经营、储存场所，未扩大生产经营许可范围。

e. 每年至少进行 1 次自评。

② 评审组织单位每年应按照不低于 20% 的比例对达标危化品企业进行抽查，3 年内对每个达标危化品企业至少抽查一次。

抽查内容应覆盖企业适用的安全生产标准化所有要素，且覆盖企业半数以上的管理部门和生产现场。

③ 取得安全生产标准化证书后，危化品企业应每年至少进行一次自评，形成自评报告。

危化品企业应将自评报告报评审组织单位审查，对发现问题的危化品企业，评审组织单位应到现场核查。

④ 危化品企业抽查或核查不达标，在证书有效期内发生死亡事故或其他较大以上生产安全事故，或被撤销安全许可证的，由原公告部门撤销其安全生产标准化企业等级并进行公告。危化品企业安全生产标准化证书被撤销后，应在 1 年内完成整改，整改后可提出三级达标评审申请。

⑤ 危化品企业安全生产标准化达标等级被撤销的，由原发证单位收回证书、牌匾。

⑥ 评审人员有下列行为之一的，其培训合格证书由原发证单位注销并公告：

a. 隐瞒真实情况，故意出具虚假证明、报告。

b. 未按规定办理换证。

c. 允许他人以本人名义开展评审工作或参与标准化工作诊断等咨询服务。

d. 因工作失误，造成事故或重大经济损失。

e. 利用工作之便，索贿、受贿或牟取不正当利益。

f. 法律、法规规定的其他行为。

⑦ 评审单位有下列行为之一的，其评审资格由授权单位撤销并公告：

a. 故意出具虚假证明、报告。

b. 因对评审人员疏于管理，造成事故或重大经济损失。

c. 未建立有效的质量保证体系，无法保证评审工作质量。

d. 四是安全监管部门检查发现存在重大问题。

e. 安全监管部门发现其评审的达标企业安全生产标准化达不到《评审标准》及有关文件规定的要求。

4.3 杜邦安全管理

美国杜邦公司是世界 500 强企业中历史最悠久的企业，在其生存发展的 200 年中，取得了骄人的安全业绩。在美国工业界，"杜邦"与"安全"几乎已是同义词。杜邦在其企业的生产经营活动中，一直推动着安全理念、技术与制度的不断进步。

（1）杜邦的核心价值观有四个关键内容

安全与健康、保护环境、最高标准的职业操守、尊重他人与平等待人。

（2）杜邦安全管理的十项原则

① 所有的安全事故是可以预防的。从高层到地层，都要有这样的信念，采取一切可能的方法防止、控制事故的发生。

② 各级管理层对各自的安全直接负责。因为安全包括公司各个层面、每个角落、每位员工点点滴滴的事，只有公司高层管理层对所辖区的范围安全负责，下属对各自范围安全负责，车间主任对车间的安全负责，生产组长对辖区的范围安全负责，再到小组长对员工的安全负责，涉及到每个层面、每个角落安全都有人负责。一个公司的安全才会真正有人负责。安全管理部门不管有多强，人员都是有限的，不可能深入到每个角落，每个地方，24h 监督，所有安全必须是从高层到各级管理层到每位员工自身的责任，安全部门从技术上提供强有力的支持。只有每位员工对自己负责，每位员工是每个单位的元素，企业由员工组成，每位员工、组长对安全负责，安全才有人负责，最后总裁才有信心说我对企业安全负责，否

则，总裁、高级管理层对底下安全哪里出问题都不知道。这就是直接负责制，是员工对各自领域安全负责，是相当重要的一个理念。

③ 所有的安全操作隐患是可以控制的。在生产安全过程中所有的隐患都要有计划，有投入、有计划的治理、控制。

④ 安全是被雇佣的条件。在员工与杜邦的合同中明确写着，只要违反操作规程，随时可以被解雇。每位员工参与工作的第一天就意识到这家公司是将安全的，从法律上讲只要违反公司安全规定就可以被解雇，这是安全与人事管理结合起来。

⑤ 员工必须接受严格的安全培训。让员工安全，要求员工安全操作，就要进行严格的安全培训，要想尽可能的办法，对所有操作进行培训。要求安全部门与生产部门合作，知道这个部门要进行哪些培训。

⑥ 各级主管必须进行安全检查。这个检查是正面的、鼓励性的，以收集数据、了解信息，然后发现问题，解决问题为主的。如发现一名员工的不安全行为，不是批评，先分析好的方面在哪里，然后通过交谈，了解这名员工为什么会这样做，还要分析领导有什么责任。这样做的目的是拉近距离，让员工谈出内心的想法，为什么会有这样的不安全动作，知道真正的原因在哪里，是这个员工不按操作规程做，安全意识不够强，还是上级管理不够，重视不够。这样，拉近管理层与员工的距离，鼓励员工通过各种途径把对安全想法反映到高层管理层来，只有知道了底下的不安全行为、因素，才能对整个企业的安全提出规划、整改。如果不了解这些信息，抓安全是没有真对性的，不知道抓什么。当然安全部门也要抓安全，重点是检查下属、同级管理员有没有抓安全，效果如何，对这些人员的管理做出评估，让高层管理人员知道这个人在这个岗位对安全的重视程度怎么样，为管理提供信息。这是两个不同层次的检查。

⑦ 发现安全隐患必须及时更正。在安全检查中会发现许多隐患，要分析隐患发生的原因是什么，哪些是可以当场解决的，哪些是需要不同层次管理人员解决的，哪些是投入力量来解决的。重要的是把发现的隐患及时加以整理、分类，知道这个部门的安全隐患主要有哪些，解决需要多长时间，不解决会造成多大的风险，哪些是立即加以解决的，哪些是需要加以投入的。安全管理真正落到实处，就有的目标。这是发现隐患必须整改的真正含义。

⑧ 工作外的安全与工作内的安全同样重要。从这个角度，杜邦提出8h外的预案，对员工的教育就变成了7天24h的要求，想方设法要求员工积极参与，进行各种安全教育。旅游如何注意安全，运动如何注意安全，用气如何注意安全等等。

⑨ 良好的安全就是一门好的生意。这是一种战略思想，如何看待安全投入，如果把安全投入放在对业务发展投入同样重要的位置考虑，就不会说是成本，而是生意。这在理论是一个概念，实际上也是很重要的。抓好安全是帮助企业发展，有个良好的环境、条件，实施企业的发展目标。否则，企业每时每刻都在高风险下运做。

⑩ 员工的直接参与是关键。没有员工的参与，安全是空想，因为安全是每名员工是事，没有员工的参与，公司的安全就不能落到实处。

4.4 陶氏化学的过程风险管理标准

陶氏化学公司是世界最大的以科技为主的跨国化学公司之一，是主要研制生产系列化工产品、塑料及农化产品的跨国企业，其近120年的化学品从业历史使其在化学品安全管理和事故应急救援方面积累了大量的成功经验。陶氏化学的过程风险管理标准便是其中一项重要的安全管理方法。

陶氏化学从事的是高危化学产品的研制与生产，火灾、爆炸、毒物泄漏等突发性危险无时无刻地伴随在生产过程中。如何规避这些存在的风险，降低其发生的机率，达到一种安全的状态，对于企业而言，最有效和最直接的方式便是预防风险的发生。从事化学工业百余年的陶氏化学，很早就认识到了风险防范的重要性。他们以安全、健康为起点，追求"零"目标——零事故，零工伤，对环境零破坏。为了实现这个目标，陶氏化学的企业发展一直把安全和环境保护作为企业的传统坚持下来。陶氏化学非常重视工艺和设备的安全管理，建立了一套完善的安全管理系统，制定了自己的企业标准，在其所属企业中大力推广陶氏化学过程风险管理标准，将过程安全的理念全面植入了生产的各个环节。而企业内生产线管理人员通过使用和推进过程风险管理技术，达到持续不断地降低风险的目标。

过程风险管理中应用的工具陶氏化学在过程风险管理中，结合企业研制生产化学产品的特性，开发出适合应用于化学企业过程风险管理的技术工具：反应性化学品-过程危险性分析（RC-PHA）、火灾爆炸指数（F&EI）、化学品接触指数（CEI）、结构化场景分析（HAZOP）、保护层分析（LOPA）。

（1）反应性化学品-过程危险性分析（RC-PHA）审查

由于化学物质的特性，使其在化工生产过程中极易发生化学反应，导致事故的发生，造成的危害极大。通过对化学生产工艺过程中存在的具有较高化学活性的化学品进行分析，找出发生事故的原因，采取相应措施降低风险的方法，陶氏化学将其称之为反应性化学品分析。而危险性分析，从事安全评价的人员都知晓，并应用这一理论方法进行安全评价工作。只是应用在不同的行业之中，会结合本行业的特点运作。陶氏化学将其应用在生产装置和生产过程中，主要分析和确定在生产过程中，装置在设计和操作中存在的各种缺陷，对其风险性进行评估，并采取相应的措施。这就是陶氏化学的反应性化学品-过程危险性分析。这是一种研究化学反应和工艺活动，探求潜在的降低风险的措施审查活动。在陶氏化学，这一活动是由一个多学科的小组进行，时间为 1~2 天。它要求其所属的企业每隔 3~5 年，就要对所有资本超过 5 万美元的工厂进行审查，并要求所有新上任的生产负责人在上任 90 天以后执行（RC-PHA）审查。内容包括：工艺化学、风险管理计划的完整性、最差情况的假设与主要防线的设立、历史事故、工艺变更、培训和教育计划、调查问卷、先前审查中所提建议的落实情况等。另外，陶氏化学还积极推动建立全球化学品反应性标准。

（2）陶氏化学火灾爆炸指数（F&EI）

这是化工界有名的道化学火灾爆炸指数。是陶氏化学于 1964 年根据化工生产的特点，首先开发使用的一种安全评价方法，经过几十年的实际运用，已发展到第七版。火灾爆炸指数对化工工艺过程和生产装置的火灾、爆炸危险或释放性危险潜在能量的大小为基础，同时考虑工艺过程的危险性，计算单元火灾爆炸指数，确定危险等级，并提出安全对策措施，使危险降低到可以接受的程度。这种方法主要是在设计阶段和周期性的第一层审查过程中使用，着眼于危险最集中的区域。它使用一个计算表，根据计算结果，将其他相关工艺过程进行危险分级。其主要优点是：帮助企业在设计过程中考虑到设备布置问题，鼓励本质安全设计，引向更详细的审查。

火灾爆炸指数法运用大量的实验数据和实践结果，以被评价单元中的重要物质系数（MF）为基础，用一般工艺危险系数（F_1）确定影响事故损害大小的主要因素，特殊工艺危险系数（F_2）表示影响事故发生概率的主要因素。MF、F_1、F_2乘积为火灾爆炸危险指数，用来确定事故的可能影响区域，估计所评价生产过程中发生事故可能造成的破坏，由物质系数（MF）和单元工艺危险系数（$F_3 = F_1 \times F_2$）得出单元危险系数，从而计算评价单元基本最大可能财产损失，然后再对工程中拟采取的安全措施取补偿系数（C）确定发生事故时实际最大可能财产损失和停产损失。该方法的最大特点是能用经济的大小来反映生产过程中火灾爆炸性的大小和所采取安全措施的有效性。

陶氏化学品接触指数（CEI）化学品接触指数（CEI）是一种快速计算工艺泄漏产生的有毒蒸汽扩散的方法，用于确定化学物质泄漏事故对工人和附近社区的急性危害，评估其释放量。

便于进行复杂的过程分析，主要是为了应对工业事故中潜在的、严重的人身伤害。风险的绝对值很难确定，但CEI提供了一种比较不同风险大小的方法，用于进行最初的过程危险性分析，包括用于应急响应（ERP）。它是建立在应急反应筹划标准（ERPG）浓度基础之上的，适用于管道破裂、容器储罐破裂造成溢流及其他由危险与可操作分析（HAZOP）和经验分析得到的标准事故场景。根据工业健康与安全标准，依照化学品的浓度，分为三个不同的浓度等级。一级（最小）、二级（中等）、三级（最大）。最大的泄漏应根据工艺设备的尺寸、为关键的管道和设备使用一套标准的假设工艺条件来确定。

（3）结构化场景分析

这是一种系统化的分析方法，通过逐个（逐线）审查工艺过程来分析装置的危险性。可以采用多种方法，如HAZOP、故障假设分析、检查表等来进行结构化场景分析，其中HAZOP最常用。按照高风险（工艺）过程对风险管理标准的要求，对高风险目标区域使用CEI和F&EI。这种方法对因果成对鉴别的效果很好。用于大多数工艺更改的局部设计准则。陶氏化学使用第三方软件（Dyadem提供的PHA-PRO）来进行结构化场景分析。

（4）保护层分析（LOPA）

陶氏化学近些年在下属企业中大力推广和使用的一种风险分析技术-保护层分析。这是一种半定量的分析方法，沟通了定性分析和完全定量分析方法。它由事件树分析发展而来，从初始事件开始，根据安全保护措施在事故发展过程中是否起作用（成功或是失败），分析生产过程是否达到要求的安全等级，提出相应的安全对策措施。通过计算公式，得出不希望事件发生的频率，把风险降低到可承受的范围。保护层分析具有显著的优点：比定量风险评估（QRA）所需要的时间少可确认对各引发事件有效的保护县可有效地分配降低风险的资源。不足之处还可以通过安全仪表系统弥补。陶氏化学的技术人员还将保护层分析与故障树结合起来使用，以便使分析结果更加准确。

4.5　南非 NOSA 安全五星管理系统

南非国家职业安全协会（National Occupational Safety Association，简称NOSA），其中文名称是"诺诚"，创建于1951年，是一个非营利性组织。由于当时南非工矿企业较多，工作环境差，人员素质低，经常发生人身伤亡事故。为此，南非劳动局制定了一系列的安全审核制度，对企业进行定期的安全审核，对安全表现进行评估，找出需要改善的地方，从而减少企业不安全因素，提高安全水平。安全五星（CMB253）管理系统就是在上述基础从上世纪年代发展起来的，至今已形成一个集安全、健康、环保于一体的安全管理体系。

（1）NOSA安全五星管理系统简介

NOSA安全五星管理系统是以风险管理为灵魂和基础，按照法律法规要求，遵从结构化的原则，通过规定部门、人员的相关职责，采取风险预控的方法，而建立起来的一个科学而有效的企业综合安全、健康和环保管理体系。它主要侧重于未遂事件的发生，强调人性化管理和持续改进的理念，最大限度地保障人身安全，规避人为原因导致的风险。目标是实现安全、健康和环保的综合风险管理其核心理念是所有意外事故均可避免，所有危险均可控制，每项工作都要考虑安全、健康和环保问题，通过评估查找隐患，制定防范措施及预案，落实整改直至消除，实现闭环管理和持续改善，把风险切实、有效、可行地降低至可接受的程度。

（2）NOSA安全五星管理系统评审内容的5个领域

安全五星系统包括的主要领域有：房屋管理、机械、电气和个人安全防护、火灾预防、事故调查和记录以及组织管理。

这5个领域又含有70多个要素，所有要素注重的是对员工的关心和对环保的关爱，强调员工的安全、健康和环保意识，调动全体员工主动参与的积极性，从而推动安全生产工作实现五个转变，即"从人治向法制转变"，"从被动防范向源头管理转变"，"从集中开展安全生产整治向规范化、经常化、制度化转变"，"从事后查处向强化基础管理转变"，"从以控制伤亡为主向全面做好职业安全健康工作转变"它的评审程序针对性强，可有效解决有章不循的问题。在企业生产过程中，总是存在这样一个闭环流程制定计划-按照计划开展工作-工作验收-制定新的工作计划。NOSA系统就是在这样一个大的流程思路中确定卜作进度管理，按照逐步审核、层层递进的工作方式，把各项日常工作细化到点，为安全、健康和环保评审服务。总体来说，它能够对具体的工作做到目的、效果、过程、下一步工作等都实现过程控制管理。在具体工作中，采取的工作方法有安全工作分析卡、风险预控单、安全工作观察等。在事件管理上，侧重"未遂管理"，通过管理未遂事件来控制事故的发生，而不是我们常说的那种注重"事后三不放过"的做法。

（3）工伤意外事故率(DIIR)

NOSA安全五星系统除了由上述5个领域内容组成外，还有一个内容是统计工伤意外发生率的指标，它也是一个关键指标，表示每年受伤员工占总人数的百分率。按NOSA要求，其统计范围应包括本企业员工、第三产业及外包工程施工队人员。

$$DIIR = （工伤意外次数 \times 200000 基数）/（员工全年工作小时数）$$

式中　　　　　　DIIR——工伤意外事故率(Disabling injury incidence rate)；

工伤意外次数——指由工作导致或工作时所受到的损伤，使伤者无法或无法完全履行日常指定职务工作达一个或以上工作日次数；

200000——基数，按200人工作一年（50周），每周40h计算得出；

员工全年工作小时数——员工总人数×每人全年实际工作小时数。

（4）评审准则

五星评估员根据5个领域70多个要素的内容要求对企业进行评分，并计算企业的工伤意外发生率，根据对这些内容的量化情况给企业打分，将企业的安全状况评为1~5个等级，91~100分为最高级，即五星级，代表安全状况最佳。评估结果与企业缴纳的赔偿基金数额相联系，企业星级越低，每年缴纳赔偿基金数额越大。NOSA协会不但负责评级，还通过技术咨询、法律服务等方式，帮助企业改进工作，提高企业的星级档次。

146

第5章 危险化学品风险分析方法

为了使危险化学品执法、检查、监督人员掌握一定的辨识及分析方法，本章重点介绍了危险化学品风险辨识的通用方法以及常用的系统安全分析方法。主要内容包括风险辨识与评价通用知识，安全检查表法，危险和可操作分析，道化学火灾、爆炸指数分析，故障类型和影响分析，故障树分析法，事件树分析法等几个方面。针对常用的系统安全分析法做出了方法示例，使得危险化学品执法、检查、监督人员能够更直观地了解各种分析法在实际问题中的应用。

5.1 风险源辨识与评价通用知识

5.1.1 风险源辨识的术语与定义

（1）常用术语

危险化学品（dangerous chemicals） 具有易燃、易爆、有毒等特性，会对人员、设施、环境造成伤害或损害的化学品。

单元（unit） 一个（套）生产装置、设施或场所，或同属一个生产经营单位的且边缘距离小于 500m 的几个（套）生产装置、设施或场所。

临界量（threshold quantity） 对于某种或某类危险化学品规定的数量，若单元中的危险化学品数量等于或超过该数量，则该单元定为重大危险源。

危险化学品重大危险源（major hazard installations for dangerous chemicals） 长期地或临时地生产、加工、搬运、使用或储存危险化学品，且危险化学品的数量等于或超过临界量的单元。

（2）常用定义

事故，即"造成死亡、职业病、伤害、财产损失或其他损失的意外事件。"

事故是指造成主观上不希望看到的结果的意外事件，其发生所造成的损失可分为死亡、职业病、伤害、财产损失或其他损失共 5 大类。

根据 2007 年国务院颁布的《生产安全事故报告和调查处理条例》，根据生产安全事故（以下简称事故）造成的人员伤亡或者直接经济损失，事故一般分为以下等级：①特别重大事故，是指造成 30 人以上死亡，或者 100 人以上重伤（包括急性工业中毒，下同），或者 1 亿元以上直接经济损失的事故；②重大事故，是指造成 10 人以上 30 人以下死亡，或者 50 人以上 100 人以下重伤，或者 5000 万元以上 1 亿元以下直接经济损失的事故；③较大事故，是指造成 3 人以上 10 人以下死亡，或者 10 人以上 50 人以下重伤，或者 1000 万元以上 5000 万元以下直接经济损失的事故；④一般事故，是指造成 3 人以下死亡，或者 10 人以下重伤，或者 1000 万元以下直接经济损失的事故。

职业病，是指劳动者在生产劳动及其他职业活动中，接触职业性危害因素而引起的疾病。在我国，是指 2002 年卫生部和劳动保障部联合发布的《关于印发〈职业病目录〉的通知》

中规定的职业病，其诊断应按 2002 年卫生部颁发《职业病诊断与鉴定管理办法》及有关规定执行。

风险源辨识，即"识别风险的存在并确定其性质的过程。"生产过程中，风险不仅存在，而且形式多样，很多风险源不是很容易就被人们发现，人们要采取一些特定的方法对其进行识别，并判定其可能导致事故的种类和导致事故发生的直接因素，这一识别过程就是风险源辨识。风险源辨识是控制事故发生的第一步，只有识别出风险源的存在，找出导致事故的根源，才能有效地控制事故的发生。辨识时应识别出风险危害因素的分布、伤害（危害）方式及途径和重大危险危害因素。

5.1.2 风险源辨识的主要内容

风险源辨识的主要内容主要包括厂区平面布局、厂址、建（构）筑物、生产工艺过程、生产设备、装置及其他。具体内容见表 5-1。

表 5-1 风险源辨识的主要内容

序号	名称	分析内容
1	平面布局	总图：功能分区（生产、管理、辅助生产、生活区）布置；高温、有害物质、噪声、辐射、易燃、易爆、危险品设施布置；工艺流程布置；建筑物、构筑物布置；风向、安全距离、卫生防护距离等
		运输线路及码头：厂区道路、厂区铁路、危险品装卸区、厂区码头
2	厂址	工程地质、地形、自然灾害、周围环境、气象条件、资源交通、抢险救灾支持条件等
3	建（构）筑物	结构、防火、防爆、朝向、采光、运输、（操作、安全、运输、检修）通道、开门，生产卫生设施
4	生产工艺过程	物料（毒性、腐蚀性、燃爆性）温度、压力、速度、作业及控制条件、事故及失控状态
5	生产设备、装置	化工设备、装置：高温、低温、腐蚀、高压、振动、关键部位的备用设备、控制、操作、检修和故障、失误时的紧急异常情况
		机械设备：运动零部件和工件、操作条件、检修作业、误运转和误操作
		电气设备：断电、触电、火灾、爆炸、误运转和误操作，静电、雷电
		危险性较大设备、高处作业设备
6	其他	粉尘、毒物、噪声、振动、辐射、高温、低温等有害作业部位
		工时制度、女职工劳动保护、体力劳动强度
		管理设施、事故应急抢救设施和辅助生产、生活卫生设施

5.1.3 风险源辨识的方法

（1）直接经验法

① 直接经验法（对照、经验法）

对照有关标准、法规、检查表或依靠分析人员的观察分析能力，借助于经验和判断能力直观地评价对象危险性和危害性的方法。经验法是辨识中常用的方法，其优点是简便、易行，其缺点是受辨识人员知识、经验和占有资料的限制，可能出现遗漏。为弥补个人判断的不足，常采取专家会议的方式来相互启发、交换意见、集思广益，使危险、危害因素的辨识更加细致、具体。

对照事先编制的检查表辨识危险、危害因素，可弥补知识、经验不足的缺陷，具有方便、实用、不易遗漏的优点，但须有事先编制的、适用的检查表。检查表是在大量实践经验基础上编制的，美国职业安全卫生局（OHSA）制定、发行了各种用于辨识危险、危害因素的检查表，我国一些行业的安全检查表、事故隐患检查表也可作为借鉴。

②直接经验法（类比法）

利用相同或相似系统或作业条件的经验和职业安全卫生的统计资料来类推、分析评价对象的危险、危害因素。多用于危害因素和作业条件风险因素的辨识过程。

（2）系统安全分析法

即应用系统安全工程评价方法的部分方法进行风险源辨识。系统安全分析方法常用于复杂系统、没有事故经验的新开发系统。常用的系统安全分析方法有事件树（ETA）、事故树（FTA）等。美国拉氏姆逊教授曾在没有先例的情况下，大规模、有效地使用了FTA、ETA方法，分析了核电站的危险、危害因素，并被以后发生的核电站事故所证实。

常用的系统安全分析方法包括：安全检查表法、危险和可操作性分析、故障类型和影响分析、故障树分析、事件树分析以及原因后果分析法。

5.1.4　风险源辨识的过程

风险源辨识过程具体涉及以下几个方面（图5-1）：

图5-1　风险源辨识流程图

（1）确定危险、危害因素的分布：将危险、危害因素进行综合归纳，得出系统中存在哪些种类危险、危害因素及其分布状况的综合资料。

（2）确定危险、危害因素的内容：为了有序、方便地进行分析，防止遗漏，宜按厂址、平面布局、建（构）筑物、物质、生产工艺及设备、辅助生产设施（包括公用工程）、作业环境危险几部分，分别分析其存在的危险、危害因素，列表登记。

（3）确定伤害（危害）方式：伤害（危害）方式指对人体造成伤害、对人身健康造成损坏的方式。例如，机械伤害的挤压、咬合、碰撞、剪切等，中毒的靶器官、生理功能异常、生理结构损伤形式（如粘膜糜烂、植物神经紊乱、窒息等），粉尘在肺泡内阻留、肺组织纤维化、肺组织癌变等。

（4）确定伤害（危害）途径和范围：大部分危险、危害因素是通过与人体直接接触造成伤害，爆炸是通过冲击波、火焰、飞溅物体在一定空间范围内造成伤害，毒物是通过直接接触（呼吸道、食道、皮肤黏膜等）或一定区域内通过呼吸带的空气作用于人体，噪声是通过一定距离的空气损伤听觉的。

（5）确定主要危险、危害因素：对导致事故发生条件的直接原因、诱导原因进行重点分析，从而为确定评价目标、评价重点、划分评价单元、选择评价方法和采取控制措施计划提供基础。

（6）确定重大危险、危害因素：分析时要防止遗漏，特别是对可导致重大事故的危险、危害因素要给予特别的关注，不得忽略。不仅要分析正常生产运转、操作时的危险、危害因素，更重要的是要分析设备、装置破坏及操作失误可能产生严重后果的危险、危害因素。

5.1.5 风险评价

要确定采取什么行动消除或控制已经辨识的危险，就要进行事故风险评。针对所辨识的每一种危险，评估它演变成为事故的风险，即严重程度和发生概率，从而确定它对人员、设备、设施、公众乃至环境的影响。事故风险评估越准确，越有利于决策者正确理解生产所面临的风险程度，有利于决策者进行怎样的安全投入以保证需要的安全水平。

事故风险评价的方法时给予风险概念本身。首先根据系统的三要素（人、机、环）确定事故的严重程度等级，再确定危险的发生概率等级，MIL-STD-882D 对事故风险严重度等级和发生概率等级的分级标准见表 5-2 和表 5-3，表中给出各等级的具体描述。

表 5-2 危险严重度等级分级标准

级别	表示	危险等级的描述
灾难性的	I	人员死亡或永久性全部失能； 或设备或社会财富损失超过 100 万美元； 或违背法律、法规的不可逆转的环境破坏
严重的	II	人员永久性部分失能或超过 3 人需要住院治疗的伤害或职业病； 或设备或社会财富损失超过 20 万美元而低于 100 万美元； 或违背法律、法规的、可逆转的环境破坏
中等的	III	人员损时工日超过 1 天的伤害或职业病； 或设备或社会财富损失超过 1 万美元而低于 20 万美元； 或没有违背法律、法规的中等程度的、可恢复的环境破坏
可忽略的	IV	没有导致人员损时工日的伤害或疾病或设备或社会财富损失超过 2000 美元而低于 1 万美元； 或没有违背法律、法规的很小的环境破坏

表 5-3 危险发生概率等级分级标准

级别	表示	针对某特定事件的描述	用量次表示
经常发生	A	某事件在其生命周期经常发生，发生概率大于 10^{-1}	持续发生
很可能发生	B	某事件在其生命周期发生多次，发生概率大于 10^{-2} 而小于 10^{-1}	经常发生
偶尔发生	C	某事件在其生命周期发生数次，发生概率大于 10^{-3} 而小于 10^{-2}	多次发生
很少发生	D	某事件在其生命周期不容易但有可能发生，发生概率大于 10^{-6} 而小于 10^{-3}	不易发生，但理论上有可能发生
不可能发生	E	事件不可能发生或假设没有经历过，发生概率小于 10^{-6}	不容易发生，但也有可能

根据表 5-2 和表 5-3，分别以严重程度和发生概率为轴形成风险矩阵，见表 5-4，先用的系统安全分析方法多采用表 5-4 的坐标方式表达风险指数，有时也对矩阵中的每一个坐标确定其事故风险评估值，见表 5-5。将对应的风险矩阵进行适当的划分形成风险等级见表 5-6 和表 5-7。

表 5-4　风险矩阵表(用矩阵坐标表述)

发生概率	严重度			
	灾难性的	严重的	中等的	可忽略的
经常发生	ⅠA	ⅡA	ⅢA	ⅣA
很可能发生	ⅠB	ⅡB	ⅢB	ⅣB
偶尔发生	ⅠC	ⅡC	ⅢC	ⅣC
很少发生	ⅠD	ⅡD	ⅢD	ⅣD
不可能发生	ⅠE	ⅡE	ⅢE	ⅣE

表 5-5　风险矩阵表(用序号表示)

发生概率	严重度			
	灾难性的	严重的	中等的	可忽略的
经常发生	1	3	7	13
很可能发生	2	5	9	16
偶尔发生	4	6	11	18
很少发生	8	10	14	19
不可能发生	12	15	17	20

表 5-6　事故风险等级

风险指数	风险决定准则
ⅠA、ⅠB、ⅠC、ⅡA、ⅡB、ⅢA	不可接受,需要停止操作,立即整改
ⅠD、ⅡC、ⅡD、ⅢB、ⅢC	不合需要的,高层管理决定接受或拒绝风险
ⅠE、ⅡE、ⅢD、ⅢE、ⅣA、ⅣB	通过管理和检查以接受风险
ⅣC、ⅣD、ⅣE	接受风险且不需要检查

表 5-7　事故风险等级

事故风险评估值	事故风险等级	事故风险评接受等级
1~5	高	项目执行总负责人
6~9	严重	项目执行负责人
10~17	中等	项目经理
18~20	低	项目指定人

通过事故风险分析可以了解系统中的潜在危险和薄弱环节，发生事故的概率和可能的严重程度等。事故风险评价大体可分为定性评价和定量评价。定性评价能够知道系统中危险性大致情况，主要用于工厂考察、审核、诊断和安全检查，这包括系统各阶段审查、工程可行性研究和原有设备的安全评价，主要方法有安全检查表形式和技术评价法；定量评价的目的在于判定危险的程度以进行事故预防和控制，只有通过定量评价才能发挥安全系统工程的作用。

5.1.6 安全评价

安全评价也称"风险评价"或"危险评价"，它是以保障系统安全为目的，以国家有关安全生产的方针、政策和法律、法规、标准为依据，按照科学的程序，运用安全系统工程原理和方法，对系统(工程项目或工业生产)中潜在的危险性进行预先的识别、分析和论证，提出预防、控制、治理对策措施，为制定基本防灾措施和管理决策提供依据，从而达到系统安全的过程。

5.1.6.1 安全评价的目的

安全评价的目的是本着预防为主的思想，寻求最低的事故率、最少的损失和最优的安全投资效益。

通过安全评价，可以有效揭示工程项目在选址、施工、运行之前设计和操作中存在的潜在缺陷，系统地从计划(可研)、设计、施工制造(安装)、开工运行等过程中考虑职业安全卫生技术和安全管理问题，依据国家有关规范、标准和规定，找出系统中潜在的危险因素，通过对潜在的事故进行定性、定量分析和预测，提出相应的安全对策措施，使潜在和显在的危险得以控制，以达到规定的可接受危险水平，实现工程项目或工业生产的本质安全。

5.1.6.2 安全评价的作用

安全评价做为安全技术管理的组成部分，发挥着愈来愈重要的作用。主要体现在以下方面：

（1）使系统有效地减少事故和职业危害；

（2）实现系统、科学地安全管理；

（3）达到用最少投入达到最佳安全效果；

（4）促进各项安全标准制定和可靠性数据积累；

（5）迅速提高安全技术人员的业务水平。

5.1.6.3 安全评价的分类

安全评价从从工程项目立项到正常生产乃至退役、报废，其中的任何一个阶段都有不同的评价分类方法，其中常用的有以下几种：

（1）根据评价对象的不同阶段分类

① 安全预评价

是根据建设项目(包括新、改、扩建项目)可行性研究报告的内容，运用科学的评价方法，分析和预测该建设项目可能存在的危险、有害因素的种类和程度，提出合理可行的安全对策措施及建议。

② 安全验收评价

在建设项目竣工、试生产运行正常后，通过对建设项目的设施、设备、装置实际运行状况及管理状况的安全评价，查找该建设项目投产后存在的危险、有害因素，确定其程度并提出合理可行的安全对策措施及建议。

③ 安全现状评价

指针对某一个生产经营单位(企业)总体或局部的生产经营活动的安全现状进行的安全评价,查找其存在的危险、有害因素并确定其程度,提出合理可行的安全对策措施及建议。安全现状评价也称为在役装置安全评价。

④ 专项安全评价

是针对某一活动或场所,以及一个特定的行业、产品、生产方式、生产工艺或生产装置等某一专项存在的危险、有害因素进行的安全评价,查找其存在的危险、有害因素,确定其程度并提出合理可行的安全对策措施及建议。

(2)根据评价量化程度分类

① 定性评价

主要根据人的经验和判断能力对生产系统的工艺、设备、环境、人员、管理等方面的安全状况进行定性的判断。定性评价时不对危险性进行定量化处理,只作定性比较。

② 定量评价

是用设备、设施或系统的事故发生概率和事故严重程度,在危险性量化基础上进行的评价。定量评价主要依靠历史统计数据,运用数学方法构造数学模型进行评价。定量评价的方法分为概率风险评价法和指数评价法。

(3)根据评价内容分类

① 工厂设计的安全性评价

工厂设计和应用新技术、开发新产品,在进行可行性研究的同时进行安全评价,通过评价在规划设计阶段就对危险因素进行控制和消除。

② 安全管理的有效性评价

对企业现有的安全管理结构效能、事故伤害率、损失率、投资效益等进行系统的安全评价,找出薄弱环节,从技术措施和安全管理上加以改进。

③ 人的行为的安全性评价

对人的不安全心理状态和人机工程要点进行行为测定,评定其安全性。

④ 生产设备的安全可靠性评价

对设备、装置、部件的故障,应用安全系统工程分析方法进行安全可靠性评价。

⑤ 作业环境条件评价

评价作业环境和条件对人体健康危害的影响。

⑥ 化学物质危险性评价

评价化学物质在生产、使用、储存、运输、经营过程中存在的危险性,以及可能发生的火灾、爆炸、中毒、腐蚀等事故,提出防止事故发生的措施。

(4)根据评价性质进行分类

① 系统固有危险性评价

指由系统的规划、设计、制造、安装等原始因素决定的危险性,即系统投入运行前已经存在的危险性。根据固有危险性评价的结果,可以对系统危险性划分等级,针对不同危险等级考虑应采取的对策措施,以达到可以接受的程度。

② 系统现时危险性评价

系统目前仍然实际存在的危险性,通过评价掌握各类危险源的分布情况和安全管理状态,以便重点加以控制。

5.2 安全检查表法

5.2.1 安全检查表法概述

安全检查表（Safety Checklist Analysis，缩写 SCA）是依据相关的标准、规范，对工程、系统中已知的危险类别、设计缺陷以及与一般工艺设备、操作、管理有关的潜在危险性和有害性进行判别检查。为了避免检查项目遗漏，事先把检查对象分割成若干系统，以提问或打分的形式，将检查项目列表，这种表就称为安全检查表。它是系统安全工程的一种最基础、最简便、广泛应用的系统危险性评价方法。目前，安全检查表在我国不仅用于查找系统中各种潜在的事故隐患，还对各检查项目给予量化，用于进行系统安全评价。

5.2.2 安全检查表编制依据

（1）国家、地方的相关安全法规、规定、规程、规范和标准，行业、企业的规章制度、标准及企业安全生产操作规程。

（2）国内外行业、企业事故统计案例，经验教训。

（3）行业及企业安全生产的经验，特别是本企业安全生产的实践经验，引发事故的各种潜在不安全因素及成功杜绝或减少事故发生的成功经验。

（4）系统安全分析的结果，即是为防止重大事故的发生而采用故障树分析方法，对系统进行分析得出能导致引发事故的各种不安全因素的基本事件，作为防止事故控制点源列入检查表。

5.2.3 安全检查表编制步骤

要编制一个符合客观实际、能全面识别、分析系统危险性的安全检查表，首先要建立一个编制小组，其成员应包括熟悉系统各方面的专业人员。其主要步骤见图5-2。

图5-2 安全检查表编制流程图

（1）熟悉系统

包括系统的结构、功能、工艺流程、主要设备、操作条件、布置和已有的安全消防设施。

（2）搜集资料

搜集有关的安全法规、标准、制度及本系统过去发生过事故的资料，作为编制安全检查表的重要依据。

（3）划分单元

按功能或结构将系统划分成若干个子系统或单元，逐个分析潜在的危险因素。

（4）编制检查表

针对危险因素，依据有关法规、标准规定，参考过去事故的教训和本单位的经验确定安全检查表的检查要点、内容和为达到安全指标应在设计中采取的措施，然后按照一定的要求编制检查表。

① 按系统、单元的特点和预评价的要求，列出检查要点、检查项目清单，以便全面查出存在的危险、有害因素。

② 针对各检查项目、可能出现的危险、有害因素，依据有关标准、法规列出安全指标的要求和应设计的对策措施。

（5）编制复查表，其内容应包括危险、有害因素明细，是否落实了相应设计的对策措施，能否达到预期的安全指标要求，遗留问题及解决办法和复查人等。

5.2.4　编制安全检查表的注意事项

编制安全检查表力求系统完整，不漏掉任何能引发事故的危险关键因素，因此，编制安全检查表应注意如下问题：

（1）检查表内容要重点突出，简繁适当，有启发性。

（2）各类检查表的项目、内容，应针对不同被检查对象有所侧重，分清各自职责内容，尽量避免重复。

（3）检查表的每项内容要定义明确，便于操作。

（4）检查表的项目、内容能随工艺的改造、设备的更新、环境的变化和生产异常情况的出现而不断修订、变更和完善。

（5）凡能导致事故的一切不安全因素都应列出，以确保各种不安全因素能及时被发现或消除。

5.2.5　应用安全检查表的注意事项

为了取得预期目的，应用安全检查表时，应注意以下几个问题：

（1）各类安全检查表都有适用对象，专业检查表与日常定期检查表要有区别。专业检查表应详细、突出专业设备安全参数的定量界限，而日常检查表尤其是岗位检查表应简明扼要，突出关键和重点部位。

（2）应用安全检查表实施检查时，应落实安全检查人员。企业厂级日常安全检查，可由安技部门现场人员和安全监督巡检人员会同有关部门联合进行。车间的安全检查，可由车间主任或指定车间安全员检查。岗位安全检查一般指定专人进行。检查后应签字并提出处理意见备查。

（3）为保证检查的有效定期实施，应将检查表列入相关安全检查管理制度，或制定安全检查表的实施办法。

（4）应用安全检查表检查，必须注意信息的反馈及整改。对查出的问题，凡是检查者当时能督促整改和解决的应立即解决，当时不能整改和解决的应进行反馈登记、汇总分析，由有关部门列入计划安排解决。

（5）应用安全检查表检查，必须按编制的内容，逐项目、逐内容、逐点检查。有问必答，有点必检，按规定的符号填写清楚。为系统分析及安全评价提供可靠准确的依据。

5.2.6 安全检查表的优缺点

（1）安全检查表主要有以下优点：

① 检查项目系统、完整，可以做到不遗漏任何能导致危险的关键因素，避免传统的安全检查中的易发生的疏忽、遗漏等弊端，因而能保证安全检查的质量。

② 可以根据已有的规章制度、标准、规程等，检查执行情况，得出准确的评价。

③ 安全检查表采用提问的方式，有问有答，给人的印象深刻，能使人知道如何做才是正确的，因而可起到安全教育的作用。

④ 编制安全检查表的过程本身就是一个系统安全分析的过程，可使检查人员对系统的认识更深刻，更便于发现危险因素

⑤ 对不同的检查对象、检查目的有不同的检查表，应用范围广。

（2）安全检查表缺点

针对不同的需要，须事先编制大量的检查表，工作量大且安全检查表的质量受编制人员的知识水平和经验影响。

示例：加油站安全评价检查表（表5-8）

表5-8 加油站安全评价检查表

项目		项目检查内容	类别	事实记录	结论
安全管理	加油站的管理制度	有健全的安全管理制度，包括各类人员的安全责任制、教育培训、防火、动火、检修、检查、设备安全管理制度、岗位操作规程等	A		
	从业人员资格	（1）单位主要负责人和安全管理人员经县级以上地方人民政府安全生产监督管理部门的考核合格，取得上岗资格	A		
		（2）其他从业人员经本单位专业培训或委托专业培训，并经考核合格，取得上岗资格	B		
		（3）特种作业人员经有关监督管理部门考核合格，取得上岗资格	A		
	安全管理组织	有安全管理组织，配备专职（兼职）安全管理人员	A		
	基础资料	有设计、施工、验收文件资料	B		
	事故应急救援预案	建立事故应急救援预案，基本的内容包括： （1）事故类型、原因及防范措施； （2）可能事故的危险、危害程度（范围）的预测； （3）应急救援的组织和职责； （4）事故应急处理原则及程序； （5）报警与报告； （6）现场抢险； （7）培训和演练	B		

项目	项目检查内容		类别	事实记录	结论
经营和储存场所	1. 在城市建成区内不应建一级加油站		A		
	2. 加油站内的站房及其他附属建筑物的耐火等级不应低于二级。建筑物经公安消防部门验收合格		A		
	3. 加油站的油罐、加油机和通气管口与站外建构筑物的防火距离不应小于 GB 50156—2012 的规定		B		
	4. 加油站的工艺设施与站外建、构筑物之间的距离≤25m 以及小于等于 GB 50156—2012 中防火距离的 1.5 倍时，相邻一侧应设置高度不低于 2.2m 的非燃烧实体围墙		B		
	5. GB 50156—2012 中防火距离的 1.5 倍且大于 25m 时，相邻一侧应设置隔离墙，隔离墙可为非实体围墙		B		
	6. 加油站内设施之间的防火距离，不应小于 GB 50156—2012 的规定		B		
	7. 车辆入口与出口应分开设置		B		
	8. 站内单车道宽度不应小于 3.5m，双车道宽度不应小于 6m，站内道路转弯半径不宜小于 9m，道路的坡度不得大于 6%		B		
	9. 站内停车场和道路路面不应采用沥青路面		B		
	10. 站内不得种植油性植物		B		
	11. 加油场地及加油岛设置的罩棚，有效高度不应小于 4.5m，应采用非燃烧体建造		B		
	12. 加油站内的采暖通风设施应符合 GB 50156—2012 的要求。		B		
经营储存条件	储油罐	（1）加油站的汽油罐和柴油罐，严禁设在室内或地下室内	A		
		（2）油罐的各结合管应设在油罐的顶部	B		
		（3）汽油罐与柴油罐的通气管应分开设置，管口应高出地面 4m 及以上，沿建筑物的墙（柱）向上敷设的通气管口，应高出建筑物顶 1.5m 及以上，其与门窗的距离不应小于 4m，通气管公称直径不应小于 50mm，并安装阻火器。通气管管口距离围墙不应小于 3m（采用油气回收系统时不应小于 2m）	B		
		（4）油罐的量油孔应设带锁的量油帽、铜或铝等有色金属制作的尺槽	B		
		（5）油罐的人孔应设操作井	B		
		（6）操作孔的上口边缘要高出周围地面 20cm，操作孔的盖板及翻起盖的螺杆轴要选用不产生火花材料或采取其他防止产生火花措施	B		
		（7）顶部覆土应不小于 0.5m，周围加填沙子或细土厚度应不少于 0	B		
		（8）罐进油管，应向下伸至罐内距罐底 0.2m 处	B		
		（9）罐车卸油必须采用密闭卸油方式	A		

157

项目		项目检查内容	类别	事实记录	结论
经营储存条件	油管线	（1）油管线应埋地敷设，管道不应穿过站房等建（构）筑物；穿过车行道时，应加套管，两端应密封，与管沟、电缆沟、排水沟交叉时，应采取防渗漏措施	B		
		（2）管线设计压力应不小于 0.6MPa	B		
		（3）卸油软管、油气回收软管应采用导电耐油软管，软管公称直径不应小于 50mm	B		
		（4）采用油气回收系统时，应满足 GB 50156—2012 的要求	B		
	加油机	（1）加油机不得设在室内	A		
		（2）自吸式加油机应按加油品种单独设置进油管	B		
		（3）加油机与储油罐及油管线之间应用导线连接起来并接地	B		
		（4）加油枪的流速应不大于 60L/min，加油枪软管应加绕螺旋形金属丝作静电接地	B		
经营储存条件	电气装置	（1）一、二级加油站消防泵房、罩棚、营业室，均应设事故照明	B		
		（2）加油站设置的小型内燃发电机组，其内燃机的排烟管口，应安装阻火器。排烟口至各爆炸危险区域边界的水平距离应符合下列规定： ① 排烟口高出地面 4.5m 以下时不应小于 5m； ② 排烟口高出地面 4.5m 及以上	B		
		（3）电气线路宜采用电缆并直埋敷设，当采用电缆沟敷设电缆时，电缆沟内必须充沙填实。电缆不得与油品、热力管道敷设在同一沟内	B		
		（4）埋地油罐与露出地面的工艺管道相互做电气连接并接地	B		
		（5）爆炸危险区域内的电气设备选型、安装、电力线路敷设等，应符合《爆炸危险环境电力装置设计规范》（GB 50058—2014）的规定；	A		
		（6）加油站内爆炸危险区域以外的站房、罩棚等建筑物内的照明灯具，可选用非防爆型，但罩棚下的灯具应选用防护等级不低于 IP44 级的节能型照明灯具	B		
		（7）独立的加油站或邻近无高大建（构）物的加油站，应设可靠的防雷设施，如站房及罩棚需要防直击雷时，要采用避雷带（网）保护	B		
		（8）防雷、防静电装置必须符合 GB 50156—2012 的要求	B		
		（9）防雷、防静电装置应有资质部门出具的检测报告	B		

项目	项目检查内容	类别	事实记录	结论
消防设施	（1）固定式消防喷淋冷却水的喷头出口处给水压力不应小于0.2MPa，移动式消防水枪出口处给水压力不应小于0.25MPa，并应采用多功能水枪	B		
	（2）每2台加油机应设置不少于1只4kg手提式干粉灭火器和1只6L泡沫灭火器；加油机不足2台按2台计算	B		
	（3）地上储罐应设35kg推车式干粉灭火器2个，当两种介质储罐之间的距离超过15m时，应分别设置	B		
	（4）地下储罐应设35kg推车式干粉灭火器1个，当两种介质储罐之间的距离超过15m时，应分别设置	B		
	（5）一、二级加油站应配置灭火毯5块，沙子2m³；三级加油站应配置灭火毯2块，沙子2m³	B		
	检查结果分值（%）=总的分数/总的可能的分数（%）			

注：1. 类别栏标注"A"的，属否决项；类别栏标注"B"的，非否决项；

2. 根据现场实际确定的检查项目全部合格的，为符合安全要求；

3. A项中有一项不合格，视为不符合安全要求；

4. B项中有5项以上不合格的，视为不符合安全要求，少于5项（含5项）为基本符合要求；

5. 根据检查的判分和检查的标准符合情况，可以对加油站的整体安全水平做一个了解，并且确定整改的标准情况；

6. 对A、B项中的不合格项，均应整改，达到要求也视为合格，并修改评价结论。

5.3　危险和可操作性分析

5.3.1　危险与可操作行分析概述

危险与可操作性研究（Hazard and Operability Analysis，简称HAZOP）是英国帝国化学工业公司（ICI）于1974年开发的，是以系统工程为基础，主要针对化工设备、装置而开发的危险性评价方法。该方法研究的基本过程是以关键词为引导，寻找系统中工艺过程或状态的偏差，然后再进一步分析造成该变化的原因、可能的后果，并有针对的提出必要的预防对策措施。

运用危险与可操作性研究（HAZOP）分析方法，可以查处系统中存在的危险、有害因素，并能以危险、有害因素可能导致的事故后果确定设备、装置中的主要危险、有害因素。

危险与可操作性研究也能作为确定故障树"顶上事件"的一种方法。

5.3.2　常见术语及引导词

HAZOP分析对工艺或操作的特殊点进行分析，这些特殊点称为"分析节点"，或工艺单元/操作步骤。通过分析每个"节点"，识别出那些具有潜在危险的偏差，这些偏差通过引导词或关键词引出。一套完整的引导词用于每个可认识的偏差而不被遗漏。表5-9出了HAZOP分析中经常遇到的术语及定义；表5-10了HAZOP分析中常用的引导词。

表 5-9 AZOP 分析术语

工艺单元	具有确定边界的设备单元,对单元内工艺参数的偏差进行偏差;对位于 PID 图上的工艺参数进行偏差分析
操作步骤	间歇过程的不连续动作,或者是由 HAZOP 分析组成分析的操作步骤;可能是手动、自动或计算机自动控制,间歇过程的每一步使用的偏差可能与连续过程不同
工艺指标	确定装置如何按照希望的操作而不发生偏差,即工艺过程的正常操作条件;采用一系列的表格,用文字或图表进行说明,如工艺说明、流程图、PID 等
引导词	用于定性或定量设计工艺指标的简单词语,引导识别工艺过程的危险
工艺参数	与过程有关的物理和化学特性,包括概念性的项目如反应、混合、浓度、pH 值及具体项目(如温度、压力、流量等)
偏差	分析组使用引导词系统地对每个分析节点的工艺参数进行分析发现的一系列偏离工艺指标的情况;偏差的形式通常用"引导词+工艺参数"
原因	偏差的原因;一旦找到发生偏差的原因,就意味着找到了对付偏差的方法和手段
后果	偏差所造成的后果;分析组常常假定发生偏差时,已有安全保护系统失效;不考虑那些细小的与安全无关的后果
安全保护	指设计的工程系统或调节控制系统,用以避免或减轻偏差时所造成的后果
措施或建议	修改设计、操作规程或者进一步分析研究的建议

表 5-10   ZOP 分析中常用的引导词

引导词	意　义	备　注
NONE(不或没有)	完成这些意图是不可能的	任何意图都实现不了,但也不会有任何事情发生
MORE(过量)	数量增加	与标准值相比,数量偏大
LESS(减少)	数量减少	与标准值相比,数量偏小
AS WELL AS(伴随)	定性增加	所有的设计与操作意图均伴随其他活动或事件的发生
PART OF(部分)	定向减少	仅仅有一部分意图能实现,一些不能实现
REVERSE(相逆)	逻辑上与意图相反	出现与设计意图完全相反的事或物
OTHER THAN(异常)	完全替换	出现与设计要求不相同的事或物

引导词用于两类工艺参数,一类是概念性工艺参数如反应、混合;另一类是具体的工艺参数如温度、压力。当概念性的工艺参数与引导词组合偏差时常常会发生歧义,分析人员有必要对一些引导词进行修改。

5.3.3　危险与可操作性分析操作步骤

危险与可操作性研究方法的目的主要是调动生产操作人员、安全技术人员、安全管理人员和相关设计人员的想象性思维,使其能够找出设备、装置中的危险、有害因素,为制定安全对策措施提供依据。HAZOP 分析可按如图 5-3 所示的步骤进行。

(1)成立分析小组。根据研究对象,成立一个由多方面专家(包括操作、管理、技术、

图 5-3　危险与可操作分析流程图

设计和监察等各方面人员）组成的分析小组，一般为 4~8 人组成，并指定负责人。

（2）收集资料。分析小组针对分析对象广泛地收集相关信息、资料，可包括产品参数、工艺说明、环境因素、操作规范、管理制度等方面的资料。尤其是带控制点的流程图。

（3）划分评价单元。为了明确系统中各子系统的功能，将研究对象划分成若干单元，一般可按连续生产工艺过程中的单元以管道为主、间歇生产工艺过程中的单元以设备为主的原则进行单元划分。明确单元功能，并说明其运行状态和过程。

（4）定义关键词。按照危险与可操作性研究中给出的关键词逐一分析各单元可能出现的偏差。

（5）分析产生偏差的原因及其后果。

（6）制定相应的对策措施。

5.3.4　危险与可操作性研究适用条件

危险与可操作性研究法是对系统中的某个节点或某项操作通过找偏差的方法辨识危险以提出控制措施的分析方法，它使用范围较为广泛，可对任何类型的系统或设备进行分析，当然也可分析系统、子系统、单元直至元器件的层次。这种方法还可对环境、软件程序以及人因失误等进行分析。危险与可操作性研究法既可以应用于设计阶段，还可用于现役生产装置的检查，使用范围较为广泛。尽管它是从化工行业发展起来的，但现已广泛应用于核工业、石油行业、铁路系统等。

5.3.5　危险与可操作性研究局限性

危险与可操作性研究法与故障类型和影响分析相同，在分析过程中只能关注单个节点、单个偏差，无法辨识系统元件间作用而引起的危险。尽管分析时依据引导词分析可以有序，但也容易使分析小组疏忽了引导词以外可能出现的危险。另外，这种分析方法较为耗费时间，通常和其他方法结合使用。

5.3.6　应用危险与可操作性研究的注意事项

进行危险与可操作性研究分析时，要组成分析小组，由设计、操作和安全等方面的人员参加，以 3~5 人自始至终参加分析为宜。参加人员要有实践经验，并具备有关安全法令、工艺等方面的知识，特别是小组负责人在危险与可操作性研究分析方面一定要有经验，当遇到具体问题时能够迅速做出决策。

分析过程中，在小组成员对分析对象还不太明了之前，负责人不要急于用引导词，只有经过讨论大家都清楚了危险所在以及改进的方法后，再使用引导词列表。

表格完成后，小组成员要反复审阅，进行讨论以评价改进措施。一般采取修改或部分修改设计，或者是改变或部分改变操作条件。对于危险性特别大的可能结果，可采用其他方法进一步分析。

可操作性研究的表格式非常重要的技术档案，应加以妥善保存。

5.4　道化学火灾、爆炸指数分析

火灾爆炸指数评价法是美国道化学公司于 1964 年首先提出的一种安全评价方法，历经 29 年，不断修改完善，在 1993 年推出了第七版，以已往的事故统计资料及物质的潜在能量和现行安全措施为依据，定量地对工艺装置及所含物料的实际潜在火灾、爆炸和反应危险性进行分析评价。其目的是：

（1）量化潜在火灾、爆炸和反应性事故的预期损失；

（2）确定可能引起事故发生或使事故扩大的装置；

（3）向有关部门通报潜在的火灾、爆炸危险性；

（4）使有关人员及工程技术人员了解到各工艺部门可能造成的损失，以此确定减轻事故严重性和总损失的有效、经济的途经。

5.4.1　道化学火灾、爆炸指数分析步骤

（1）单元的划分

多数工厂是由多个单元组成的。在计算工厂火灾、爆炸指数时，首先应充分了解所评价工厂各设备间的逻辑关系，然后再进行单元划分，而且只选择那些对工艺有影响的单元进行评价。这些单元称为评价单元。选择评价单元的内容有：物质的潜在化学能、危险物质的数量、资金密度、操作压力与温度、导致以往事故的要点、关键装置。

一般说来，单元的评价内容越多，其评价就越接近实际危险的程度。但目前尚无一个明确可行的规程来确定单元选择和划分。

（2）确定物质系数（MF）

在火灾、爆炸指数计算和危险性评价过程中，物质系数是最基础的数值，也是表述由燃烧或化学反应引起的火灾、爆炸过程中潜在能量释放的尺度。数值范围为 $1 \sim 40$，数值大则表示危险性高。

（3）确定工艺单元危险系数（F_3）

工艺单元危险系数值是由一般工艺危险系数（F_1）与特殊工艺危险系数（F_2）相乘求出的。一般工艺危险系数是确定事故危险程度的主要因素，其中包括 6 个方面的内容，这些内容基本上覆盖了多数作业场合。特殊工艺过程危险性是导致事故发生的主要原因，包括有 12 个特殊的工艺条件，各种特殊的工艺条件常常是事故发生的主要原因。

（4）确定火灾、爆炸危险指数（$F\&EI$）

火灾、爆炸危险指数时用来估计生产过程中的事故可能造成的破坏。各种危险因素如反应类型、操作温度、压力和可燃物的数量等表征了事故发生的概率、可燃物的潜能以及由工艺控制故障、设备故障、整栋或应力疲劳等导致的潜能释放的大小。

（5）确定安全措施补偿系数

任何一个化工厂或建筑物在建造时，都应考虑使一些基础的设计特征符合有关规范和标准。安全措施（安全措施修正系数）可分为三类：C_1-工艺控制；C_2-危险物质隔离；C_3-防火

设施。

（6）确定影响区域

取计算所得的 $F\&EI$ 值乘以 0.84，即得到影响区域半径。该值表示在评价的工艺单元内发生火灾和爆炸时可能影响的区域。若以国际单位制计算，则有：$P = F\&EI \times 0.84 \div 3.281$（m）。

（7）影响区域内财产价值

影响区域内财产价值可由区域内含有的财产求得：更换价值 = 原来成本×0.82×增长系数。

（8）确定危害系数

危害系数由工艺单元危险系数(F_3)和物质系数(MF)来确定，它代表了单元中无聊泄漏或反应能量释放所引起的火灾、爆炸事故的综合效应。

（9）基本最大可能财产损失（基本 $MPPD$）

基本最大可能财产损失是由工艺单元影响区域内财产价值与危害系数相乘得到的，它以假定没有任何一种安全措施来降低损失为前提。

（10）实际最大可能的财产损失值（实际 $MPPD$）

基本最大可能的财产损失值（基本 $MPPD$）乘以安全措施的修正系数，就可得出实际的最大可能的财产损失值。这个乘积表示在采取适当的防护措施后，某个事故遭受的财产损失值。如果某些预防系统出了故障，损失可能接近基本的最大可能财产损失值。

（11）确定最大可能损失天数（$MPDO$）

最大可能损失天数的求法：以实际最大可能财产损失值（实际 $MMPD$）求出。

（12）停产损失（BI）

按美元计算，停产损失可由下式得到：

$$BI = MPDO \div 30 \times VPM \times 0.7$$

式中　VPM——每月产值；

　　　0.7——代表固定成本和利润。

（13）单元危险分析汇总

工艺单元单元危险分析汇总表汇集了单元中 MF、$F\&EI$、$MPPD$、$MPDO$、BI 的数据。

（14）关于最大可能财产损失、停产损失和工厂平面布置的讨论

根据上述介绍，很容易会产生这样一个问题："可以接受的最大可能财产损失和停产损失的风险值为多少？"。要确定这个界限值一种方法是与技术领域类似的工厂进行比较，一个新装置的损失风险预测值不应超过具有同样技术的类似的工厂。另一种方法是采用生产单元（工厂）更换价值的 10% 来确定其最大可能财产损失。如果最大可能损失是不可接受的，那么关键要研究应该或可能采取哪些措施来降低它。

5.4.2　道化学火灾、爆炸指数分析适用条件

道化学火灾、爆炸指数分析不仅可用于评价生产、贮存、处理具有可燃、爆炸、化学活泼性物质的化工过程，而且还可用于供、排水（气）系统、污水处理系统、配电系统以及整流器、变压器、锅炉、发电厂的某些设施和具有一定潜在危险的中试装置等，见图 5-4。

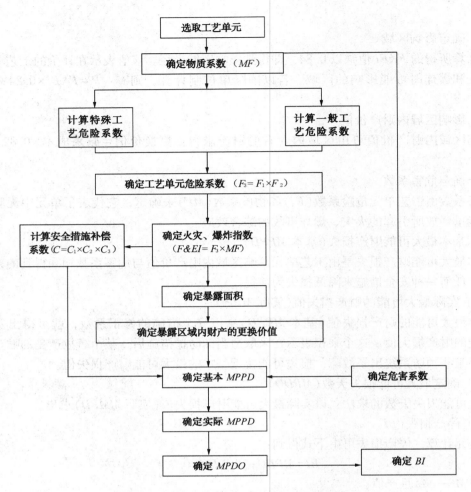

图 5-4 道化学火灾、爆炸指数分析流程图

5.5 故障类型和影响分析

故障类型和影响分析(FMEA)是系统安全工程的一种方法，根据系统可以划分为子系统、设备和元件的特点，按实际需要，将系统进行分割，然后分析各自可能发生的故障类型及其产生的影响，以便采取相应的对策，提高系统的安全可靠性。

5.5.1 故障类型和影响分析基本概念

（1）故障

元件、子系统、系统在运行时，达不到设计规定的要求，因而完不成规定的任务或完成得不好。

（2）故障类型

系统、子系统或元件发生的每一种故障的形式称为故障类型。例如：一个阀门故障可以有4种故障类型：内漏、外漏、打不开、关不严。

（3）故障等级

根据故障类型对系统或子系统影响的程度不同而划分的等级称为故障等级。

列出设备的所有故障类型对一个系统或装置影响因素，这些故障模式对设备故障进行描述（开启、关闭、开、关、泄漏等），故障类型的影响由对设备故障有系统影响确定。FMEA辨识可直接导致事故或对事故有重要影响的单一故障模式。在 FMEA 中不直接确定人的影响因素，但人的误操作影响通常作为一设备故障模式表示出来。一个 FMEA 不能有效地辨识引起事故的详尽的设备故障组合。

（4）故障原因

导致元气件、组件等形成故障模式的过程或机理，造成元件发生故障的原因在于如下几方面：设计上的缺陷、制造上的缺陷、质量管理方面的缺陷、使用上的缺陷以及维修方面的缺陷。

（5）故障结果

元件、组件的故障模式对元件、组件本身及系统的操作、功能或状态产生的后果。

5.5.2 故障类型和影响分析步骤（图 5-5）

图 5-5 故障类型和影响分析流程图

进行 FMEA 时，须按照下述步骤。

（1）明确系统本身的情况和目的

分析时首先要熟悉有关资料，从设计说明书等资料中了解系统的组成、任务等情况，查出系统含有多少子系统，各个子系统又含有多少单元或元件，了解它们之间如何接合，熟悉它们之间的相互关系，相互干扰以及输入和输出等情况。

（2）确定分析程度和水平

分析时一开始便要根据所了解的系统情况，决定分析到什么水平，这是一个很重要的问题。如果分析程度太浅，就会漏掉重要的故障类型，得不到有用的数据；如果分析的程度过深，一切都分析到元件甚至零部件，则会造成手续复杂，搞起措施来也很难。一般来讲，经过对系统的初步了解后，就会知道哪些子系统比较关键，哪些次要。对关键的子系统可以分析得深一些，不重要的分析得浅一些，甚至可以不进行分析。

对于一些功能像继电器、开关、阀门、贮罐、泵等都可当作元件对待，不必进一步分析。

（3）绘制系统图和可靠性框图

一个系统可以由若干个功能不同的子系统组成，如动力、设备、结构、燃料供应、控制仪表、信息网络系统等，其中还有各种接合面。为了便于分析，对复杂系统可以绘制各功能子系统相结合的系统图以表示各子系统间的关系。对简单系统可以用流程图代替系统图。

165

从系统图可以继续画出可靠性框图，它表示各元件是串联的或并联的以及输入输出情况。由几个元件共同完成一项功能时用串联连接，元件有备品时则用并联连接，可靠性框图内容应和相应的系统图一致。

（4）列出所有故障类型并选出对系统有影响的故障类型。

按照可靠性框图，根据过去的经验和有关的故障资料，列举出所有的故障类型，填入FMEA表格内。然后从其中选出对子系统以至系统有影响的故障类型，深入分析其影响后果、故障等级及应采取的措施。

如果经验不足，考虑得不周到，将会给分析带来影响。因此，这是一件技术性较强的工作，最好由安全技术人员，生产人员和员工三结合进行。

（5）列出造成故障的原因

对危险性特别大的故障类型，如故障等级为Ⅰ级，则要进行致命度分析。

5.5.3　故障类型和影响分析适用条件

故障类型和影响分析是通过系统、子系统、单元、元器件的故障模式来辨识系统的危险，在此基础上评估故障模式对系统影响的一种危险分析工具。它是一种自上而下的分析方法，在产品或系统设计已经细致到元器件层次时，这时采用故障类型和影响分析方法对保证设计的正确合理有积极的作用，因为在这时发现问题及时修改还不需要太昂贵的费用。

如果能获取每个元器件的故障概率，就可以计算元器件的故障模式对整个系统的影响从而可以确定是否进行设计变更。故障类型和影响分析方法适用于从系统的元器件之间任一层次的分析，但它通常分析较低层次的危险，它既可以进行定性的分析，也可以进行定量的分析。在运用这种分析方法时，除了掌握其原理所在，还要对系统中各组件有着深刻的了解。

5.5.4　故障类型和影响分析适用局限性

故障类型和影响分析在使用中的局限性如下所述。

（1）对大型、复杂系统进行分析时，这种分析方法耗费大量的时间和精力；如果将精力花费在每一个细节上，则难免会在宏观层面上失去对系统的控制。

（2）仅能识别每个元件的故障模式，无法识别部件间相互作用的影响，和更无法辨识它们

（3）要识别所有的故障模式，分析结果的准确程度受分析专家知识程度及对系统熟悉程度的影响。

（4）这种分析方法无法识别人因失误和外界影响因素。

5.5.5　应用故障类型和影响分析的注意事项

采用故障类型和影响分析法分析时，一开始便要根据所了解的系统情况，决定分析到什么水平，这是一个很重要的问题。如果分析程度太浅，就要漏掉重要的故障模式，得不到有用的数据；如果分析过程过深，一切都分析到原件或零部件，则会造成手续复杂，很难提供切实有效的控制措施。一般来讲，经过对系统的初步了解后，就会知道哪些子系统比较关键。对关键的子系统可以分析得深一些，不重要的分析得浅一些，甚至可以不进行分析。

在运用采用故障类型和影响分析法时，应注意避免一些习惯性的错误：

① 没有采用结构划分图进行标准的分析；

② 没有邀请设计人员参加分析以获取更广泛的观点；

③ 没有彻底调查每一个故障模式的全面影响。

示例：柴油机燃料供应系统故障类型和影响分析

图 5-6 为一柴油机燃料供应示意图。柴油经膜式泵送往壁上的中间贮罐，再经过滤器流入曲轴带动的注赛泵，将燃料向柴油机气缸喷射。

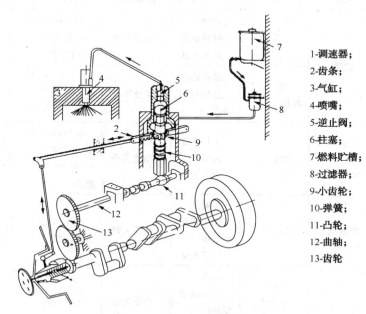

1-调速器；
2-齿条；
3-气缸；
4-喷嘴；
5-逆止阀；
6-柱塞；
7-燃料贮槽；
8-过滤器；
9-小齿轮；
10-弹簧；
11-凸轮；
12-曲轴；
13-齿轮

图 5-6 柴油机燃料供应系统示意图

此处共有 5 个子系统，即燃料供应子系统、燃料压送子系统、燃料喷射子系统、驱动装置、调速装置，其系统图见图 5-7。

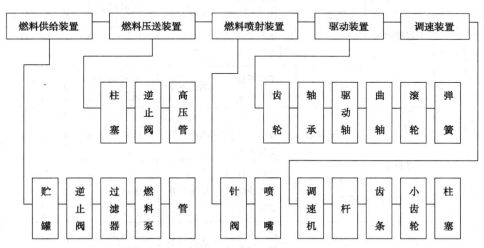

图 5-7 柴油机燃料系统可靠性框图

这里仅就燃料供应子系统作出故障类型影响分析 FMEA 分析表中，摘出对系统有严重危险的故障类型，汇总如表 5-11 所示，从中可以看出采取措施的重点，在本例中从分析结果可以看到，燃料供应子系统的单向阀、燃料输送装置的柱塞和单向阀、燃料喷射装置的针

167

形阀，都容易被污垢堵住，因此要变更原来设计，即在燃料泵(柱塞泵)前面加一个过滤器。

柴油机燃料系统影响任务项目见表 5-12。

表 5-11 柴油机燃料供应子系统故障类型影响分析

编号	子系统名称	元件名称	故障类型	发生原因	影响		故障等级	备注
					燃料系统	柴油机		
1	燃料供给子系统	贮罐	泄漏	裂缝 材料缺陷 焊接不良	功能不全	运转时间变短有发生火灾的可能	Ⅱ	
			混入不纯物	维修缺陷 选用材料错误	功能不全	运转时会发生问题	Ⅱ	
		单向阀	泄漏	垫片不良 污垢 加工不良	功能不全	运转时间变短有发生火灾的可能性	Ⅱ	
			关不严	污垢 阀头接触面划伤 加工不良	功能失效	停车时会出现问题	Ⅲ	
			打不开	污垢 阀头接触面锈住 加工不良	功能失效	不能运转	Ⅰ	
		过滤器	堵塞	维修不良 燃料质量欠佳 过滤器结构不良	功能不全	运转时会出现问题	Ⅱ	
			溢流	结构不良 维修不良	功能不全	运转时会出现问题	Ⅱ	
		燃料泵	膜有缺陷	有洞 有伤 安装不良	功能失效	不能运转	Ⅰ	
			膜不能动作	结构不良 零件缺陷 安装不良	功能失效	不能运转	Ⅰ	
		管路	泄漏	材料不良 焊接不良	功能不全	运转会发生故障	Ⅱ	
			接头破损	焊接不良 零件不良 安装不良	功能失效	不能运转	Ⅰ	

168

编号	子系统名称	元件名称	故障类型	发生原因	影响		故障等级	备注
					燃料系统	柴油机		
2	燃料输送装置	柱塞泵	泄漏	间隙过大 表面粗糙 装配不良	功能不全	运转会发生故障	II	
			间隙过大	检修缺陷 加工不良 材质不良 装配不良 维护不良	功能不全	运转会发生故障	II	
			咬住	污垢 装配缺陷 间隙过小	功能失效	不能运转	I	
			燃料回流不良	柱塞沟加工不良 污垢 柱塞孔加工不良	功能不齐全	运转会发生故障	III	
		单向阀	关不死	污垢 阀杆受伤 弹簧断	功能不全	运转会发生故障	II	
			打不开	阀材质不良 阀杆咬住	功能丧失	不能运转	I	
		高压管线	焊缝破裂	焊接不良 加工不良 安装不良			I	

表 5-12 柴油机燃料系统影响任务项目

序号	项目名称	故障类型	影响	故障等级	备考
1.2	单向阀	打不开	系统不能运转	I	
1.4	燃料泵	泵膜有缺陷	系统不能运转	I	
		泵膜不动作	系统不能运转	I	
1.5	管线	焊缝破损	系统不能运转	I	
2.1	柱塞	胶住	系统不能运转	I	
2.2	单向阀	打不开	系统不能运转	I	
2.3	高压管线	焊缝破损	系统不能运转	I	
3.1	针形阀	胶住	系统不能运转	I	
4.1	齿轮	不转动	系统不能运转	I	
4.2	轴承	胶住	系统不能运转	I	
4.3	驱动轴	折断	系统不能运转	I	
5.1	调速机	摆动	系统不能运转	I	

5.6　故障树分析法

5.6.1　故障树分析法概述

故障树分析法(Fault Tree Analysis，缩写 FTA)是 20 世纪 60 年代以来迅速发展的系统可靠性分析方法，它采用逻辑方法，将事故因果关系形象的描述为一种有方向的"树"：把系统可能发生或已发生的事故(称为顶事件)作为分析起点，将导致事故原因的事件按因果逻辑关系逐层列出，用树性图表示出来，构成一种逻辑模型，然后定性或定量的分析事件发生的各种可能途径及发生的概率，找出避免事故发生的各种方案并优选出最佳安全对策。FTA 法形象、清晰，逻辑性强，它能对各种系统的危险性进行识别评价，既适用于定性分析，又能进行定量分析。

顶事件通常是由故障假设、HAZOP 等危险分析方法识别出来的。故障树模型是原因事件(故障)的组合(称为故障模式或失效模式)，这种组合导致顶上事件。而这些故障模式称为割集，最小割集是原因事件的最小组合。若要使顶事件发生，则要求最小割集中的所有事件必须全部发生。

5.6.2　故障树分析法名词术语和符号

（1）事件及其符号

在故障树分析中，各种故障状态或不正常情况皆称故障事件；各种完好状态或正常情况皆称成功事件。两者皆可简称事件。

① 底事件(○)

底事件是故障树分析中仅导致其他事件的原因事件。底事件位于所讨论的故障树底端，总是某个逻辑门的输入事件而不是输出事件。底事件分为基本事件与未探明事件。基本事件是在特定的故障树分析中无须探明起发生原因的底事件。未探明事件是原则上进一步探明但暂时不能或不必探明原因的底事件。

② 结果事件(□)

结果事件是故障树分析中由其他事件或事件组合所导致的事件。结果事件总位于某个逻辑门的输出端。结果事件分为顶事件和中间事件。顶事件是故障树分析中所关心的结果事件。顶事件位于故障树的顶端，总是所讨论故障树中逻辑门的输出事件而不是输入事件。中间事件是位于顶事件和顶事件的结果事件。中间事件既是某个逻辑门的输出事件，又是别的逻辑门的输入事件。

③ 特殊事件(◇)

特殊事件是指在故障树分析中所需要特殊符号表明起特殊或引起注意的事件。

④ 开关事件。是在正常工作条件下必然发生或者必然不发生的特殊事件。

⑤ 条件事件。是描述逻辑门起作用的具体限制的特殊事件。

（2）逻辑门及其符号

在故障树分析中逻辑门只描述事件间的逻辑因果关系。

与门 表示仅当所以输入事件发生时，输出事件才发生。

或门 表示至少一个输入事件发生时，输出事件就发生。

条件或门 表示两事件单独输入时，还必须满足条件 a，输出事件才发生。

条件与门 表示两事件同时输入时，还必须满足条件 a，输出事件才发生。

（3）割集和最小割集

割集是导致顶上事件发生的基本事件的集合。也就是说，在事故树中，一组基本事件的发生能够造成顶上事件发生，这组基本事件就称为割集。

同一个事故树中的割集一般不止一个，在这些割集中，凡不含其他割集的割集，叫做最小割集。换言之，如果割集中任意去掉一个基本事件后就不是割集，那么这样的割集就是最小割集。

（4）径集和最小径集

如果事故树中某些基本事件不发生，则顶上事件就不发生，这些基本事件的集合称为径集。

同一事故树中，不包含其他径集的径集称为最小径集。换言之，如果经济中任意去掉一个基本事件后就不是径集，那么该径集就是最小径集。

（5）布尔代数基本定律

交换律	$a+b=b+a$	$a \cdot b = b \cdot a$
结合律	$a+(b+c)=(a+b)+c$	$a \cdot (b \cdot c) = (a \cdot b) \cdot c$
分配律	$a+(b \cdot c)=(a+b) \cdot (a+c)$	$a \cdot (b+c) = (a \cdot b)+(a \cdot c)$
0-1 律	$a+1=1$	$a+0=a$
	$a \cdot 0=0$	$a \cdot 1=a$
吸收律	$a+(a \cdot b)=a$	$a \cdot (a+b)=a$
互补律	$a+a'=1$	$a \cdot a'=0$

5.6.3 故障树编制步骤（图 5-8）

图 5-8　故障树分析流程图

（1）熟悉分析系统。首先要详细了解要分析的对象，包括工艺流程、设备构造、操作条件、环境状况及控制系统和安全装置等，同时还可以广泛收集同类系统发生的事故。

（2）确定分析对象系统和分析的对象事件（顶上事件）。通过实验分析、事故分析以及故障类型和影响分析确定顶上事件；明确对象系统的边界、分析深度、初始条件、前提条件和不考虑条件。

171

（3）确定分析边界。在分析之前要明确分析的范围和边界，系统内包含哪些内容。特别是化工、石油化工生产过程都具有连续化、大型化的特点，各工序、设备之间相互连接，如果不划定界限，得到的故障树将会非常庞大，不利于研究。

（4）确定系统事故发生概率、事故损失的安全目标值。

（5）调查原因事件。顶上事件确定之后，就要分析与之有关的原因事件，也就是找出系统的所有潜在危险因素的薄弱环节，包括设备元件等硬件故障、软件故障、人为差错及环境因素。凡是事故有关的原因都找出来，作为事件树的原因事件。

（6）确定不予考虑的事件。与事故有关的原因各种各样，但是有些原因根本不可能发生或发生的机率很小，如雷电、飓风、地震等，编制故障树时一般都不予考虑，但要先加以说明。

（7）确定分析的深度。在分析原因事件时，要分析到哪一层为止，需要事先确定。分析得太浅可能发生遗漏；分析得太深，则故障树会过于庞大繁琐。所以具体深度应视分析对象而定。

（8）编制故障树。从顶事件起，一级一级往下找出所有原因事件直到最基本的事件为止，按其逻辑关系画出故障树。每一个顶上事件对应一株故障树。

（9）定量分析。按事故结构进行简化，求出最小割集和最小径集，求出概率重要度和临界重要度。

（10）结论。当事故发生概率超过预定目标值时，从最小割集着手研究降低事故发生概率的所有可能方案，利用最小径集找出消除事故的最佳方案；通过重要度分析确定采取对策措施的重点和先后顺序，从而得出分析、评价的结论。

5.6.4　故障树分析法适用条件

故障树分析可以基于系统的各个层次，对系统、子系统、组件、程序、工作环境等都可采用这种分析方法。故障树分析法的应用具有两个突出的方面，一方面是在系统设计、研发阶段主动分析可以预测和阻止未来可能出现的问题，另一方面则是在事故发生后可被动找出事故的至因。因而事故树分析涵盖了系统生命周期从设计早期阶段至使用维护各个阶段，且适用领域非常广泛。

5.6.5　故障树分析法使用局限性

故障树分析的局限性如下所述。

（1）故障树分析强调对单个不希望发生事件的分析，对于复杂系统，不希望发生事件有多个，因而需要进行多次分析。

（2）故障树分析可进行定量分析，需要大量的时间和丰富的信息资源，但众多行业中，复杂系统各基本事件发生概率难以获取，因而定量分析很难真正实现。当基本事件发生概率不够准确时，顶上事件的发生概率结果没有真正的意义。

（3）故障树分析时各逻辑门下的时间或条件彼此间是相互独立的，它们是导致逻辑门上中间事件的直接原因，如果某个逻辑门下的原因事件没有充分辨识出来，故障树分析是有缺陷的。

5.6.6　应用故障树分析法的注意事项

（1）没有充分理解系统的设计与操作；

（2）没有分析透彻某一中间事件的所有原因事件；

（3）没有明确各原因事件的逻辑关系；

（4）在基本事件或中间事件没有用简明、准确的语言表达事件的内容。

方法示例：锅炉爆炸故障树分析（图 5-9）

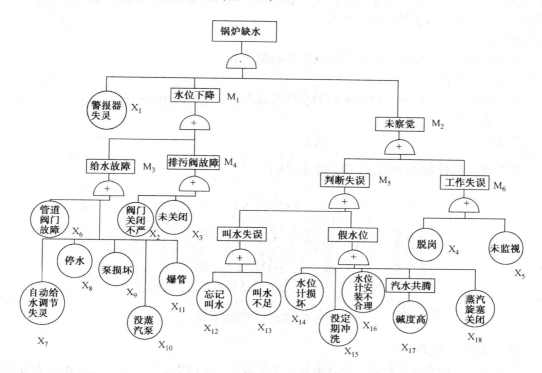

图 5-9　锅炉爆炸故障树

5.7　事件树分析法

事件树分析（Event Tree Analysis，缩写 ETA）的理论基础是决策论。它是一种从原因到结果的自上而下的分析方法。从一个初始事件开始，交替考虑成功与失败的两种可能性，然后再以这两种可能性作为新的初始事件，如此继续分析下去，直到找到最后的结果。因此 ETA 是一种归纳逻辑树图，能够看到事故发生的动态发展过程，提供事故后果。

事故的发生是若干事件按时间顺序相继出现的结果，每一个初始事件都可能导致灾难性的后果，但不一定是必然的后果。因为事件向前发展的每一步都会受到安全防护措施、操作人员的工作方式、安全管理及其他条件的制约。因此每一阶段都有两种可能性结果，即达到既定目标的"成功"和达不到目标的"失败"。

ETA 从事故的初始事件开始，途径原因事件到结果事件为止，每一事件都按成功和失败两种状态进行分析。成功或失败的分叉称为歧点，用树枝的上分支作为成功事件，下分支作为失败事件，按照事件发展顺序不断延续分析直至最后结果，最终形成一个在水平方向横向展开的树形图。

5.7.1 事件树分析法基本概念

（1）事故情景

最终导致事故的一系列事件。该序列事件通常起始于初始事件，后续的一个或多个中间事件，最终不希望发生的时间或状态。

（2）初始事件

导致故障或不希望发生事件的系列事件的起始事件。

（3）中间事件

又叫环节事件或枢轴事件，是初始事件与最终结果之间的中间事件。

（4）事件树

用图形方式所表达的多结果事故情境。

5.7.2 事件树分析法步骤(图5-10)

图5-10　事件树分析流程图

（1）确定初始事件

初始事件一般指系统故障、设备失效、工艺异常、人的失误等，它们都是由事先设想或估计的。确定初始事件一般依靠分析人员的经验和有关运行、故障、事故统计资料来确定；对于新开发系统或复杂系统，往往先应用其他分析、评价方法从分析的因素中选定，再用事件树分析方法做进一步的重点分析。

（2）判定安全功能

在所研究的系统中包含许多能消除、预防、减弱初始事件影响的安全功能。常见的安全功能有自动控制装置、报警系统、安全装置、屏蔽装置和操作人员采取措施等。

（3）发展事件树和简化事件树

从初始事件开始，自左向右发展事件树，首先把初始事件一旦发生时起作用的安全功能状态画在上面的分支，不能发挥安全功能的状态画在下面的分支。然后依次考虑每种安全功能分支的两种状态，层层分解直至系统发生事故或故障为止。

（4）分析事件树

① 找出事故连锁和最小割集　事件树每个分支代表初始事件一旦发生后其可能的发展途径，其中导致系统事故的途径即为事故连锁，一般导致系统事故的途径有很多，即有很多事故连锁。

② 找出预防事故的途径　事件树中最终达到安全的途径指导人们如何采取措施预防事故发生。在达到安全的途径中，安全功能发挥作用的事件构成事件树的最小径集。一般事件树中包含多个最小径集，即可以通过若干途径防止事故发生。

由于事件树表现了事件之间的时间顺序，所以应尽可能地从最先发挥作用的安全功能着手。

（5）事件树的定量分析

由各事件发生的概率计算系统事故或故障发生的概率。

5.7.3　事件树分析法适用条件

事件树分析在产品生命周期早期阶段不太适用，其可以用来分析整个系统，也可用来分析子系统，还可以分析环境因素和人因因素。定量评价需要分析人员对整个系统有着较为深刻的认识，特别是每个中间事件发生概率的确定需要分析人员通过事故分析方法计算。

5.7.4　事件树分析法使用局限

（1）一个事件树　只能有一个初始事件，因而当有多个初始时间时，这种方法则不适合分析。

（2）事件树在建树过程中容易忽略系统中一些不为重要的事件的影响。

（3）事件树要求每一个中间事件的结果"黑白分明"，而实践中有些事件的结果呈"灰色"。另外这种方法要求分析人员经过培训并有一定的分析经验。

5.7.5　应用事件树分析法的注意事项

某些系统的环节事件含有两种以上状态，对于这种情况，应尽量归纳为两种状态，以符合事件树分析得规律。但是，为了详细分析事故的规律和分析的方便，可以讲两态事件变为多态事件，因为多态事件状态之间仍是互相排斥的，所以，可以把事件树的两分支变为多分枝，而不改变事件树分析得结果。事件树分析应注意避免以下两个问题：

（1）没有辨识合适的初始事件

（2）没有理清楚中间事件

示例：氧化反应器冷却水断流初始事件的事件树分析

将《氧化反应器的冷却水断流》作为初始事件。设计了如下安全功能（措施）来对初始事件

（1）氧化反应器高温报警，向操作工提示报警温度 T_1；

（2）操作工重新向反应器通冷却水；

（3）在温度达到 T_2 时，反应器自动停车。

列出这些安全功能（措施）是为一旦出现（初始事件）时进行应对。报警和停车都有各自的传感器，温度报警仅仅是为了使操作工对这一问题（高温）提起注意。图 5-11 表示的是这一初始事件和这些安全功能（措施）的事件树。

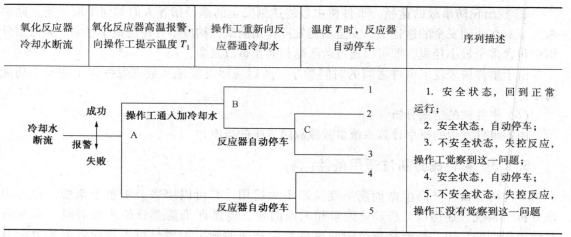

氧化反应器 冷却水断流	氧化反应器高温报警， 向操作工提示温度 T_1	操作工重新向反 应器通冷却水	温度 T 时，反应器 自动停车	序列描述
				1. 安全状态，回到正常运行； 2. 安全状态，自动停车； 3. 不安全状态，失控反应，操作工觉察到这一问题； 4. 安全状态，自动停车； 5. 不安全状态，失控反应，操作工没有觉察到这一问题

图 5-11 氧化反应器冷却水断流初始事件的事件树

如果高温报警器运行正常的话，第一项安全功能(措施)(高温报警)就能通过向操作工提供警告而对事故的发生产生影响。所以，对第一项安全功能(措施)应该有一分叉点(节点)A。因为操作工对高温报警可能做出反应，也可能不做出反应，所以在(高温报警功能)成功的那一枝(路)上为第二项安全功能(措施)确定一个分叉点(节点)B；若高温报警仪没有工作，则操作工不可能对初始事件做出反应，所以，安全功能(高温报警)失败那一枝(路)上就不应该有第二安全功能的分叉点(节点)，而应直接进行第三功能的分析。(关于第三功能)，最上面的一枝(路)没有第三安全功能(自动停车)的分叉点，这是因为报警器和操作工两者均成功了，第三项安全功能已没有必要。如若头两项安全功能(报警器和操作工)全都失败了，则需要编入第三项安全功能(C)，下面的几枝应该都有节点，因为停车系统对这几枝的结果都有影响。

分析人员应仔细检验一下每一序列(枝、节点)的"成功"和"失败"，并要对预期的结果提供准确说明。该说明应尽可能详尽地对事故进行描述。图 5-11 对本例事件树的每一事故枝给出了一些说明。

一旦故障序列描述完毕，分析人员就能按照故障类型和数目以及后果严重对事故进行排序。事件树的结构，可清楚地显示事故的发展过程，可帮助分析人员判断哪些补充措施或安全系统对预防事故是最有效的。

5.8 蒙德火灾、爆炸、毒性危险指数评价法

英国 ICI 公司蒙德法是以装置内代表重要物质在标准状态下的火灾、爆炸或放出能量的危险性潜能的"物质系数"为基础，同时把引起火灾或爆炸时的特殊物质危险性、取决于装置操作方式的一般工艺过程危险性、取决于操作条件和化学反应的特殊工艺过程危险性以及可燃物总量、布置危险性、毒性危险性等作为追加系数进行修正，计算出初期评价的"火灾、爆炸、毒性总指标"。还要进行采取安全对策措施加以补偿后的最终评价计算，计算出能够接近实际水平的各项危险指数值，划分其危险程度。

5.9 安全评价方法的确定

① 可选择国际、国内通行的安全评价方法。

② 对国内首次采用新技术、工艺的建设项目的工艺安全性分析，除选择其他安全评价方法外，尽可能选择危险和可操作性研究法进行。

5.10 确定风险及制定风险控制措施

通常用危害性事件发生可能性和后果严重度来表示风险的大小。将事故后果的严重程度定性分为若干级，称为危害时间的严重度等级；事故发生的可能性，可根据危害时间出现的频繁程度，相对地分为若干级，称为危害时间的可能性等级。例如，风险评价指数矩阵法将严重度(S)分为5级，将危害事件的可能性(L)等级分为5级。以危害事件的严重性等级作为表的列项目，以危害性事件的可能性等级作为表的行项目，制成二维表格，在行列的交叉点上给出定性的加权指数，所有加权指数构成一个矩阵，该矩阵称为风险指数(R)矩阵，见表5-13。

表5-13　风险指数矩阵

风险度(R) 可能性(L) ＼ 严重性(S)	1	2	3	4	5
1	1	2	3	4	5
2	2	4	6	8	10
3	3	6	9	12	15
4	4	8	12	16	20
5	5	10	15	20	25

矩阵中指数的大小按可以接受的程度划分类别，也可称为风险接受准则。危害辨识、风险评价和风险控制的结果应按优先顺序进行排列，根据风险的大小决定哪些要继续维持，哪些需要采取改善的控制措施，并列出风险控制措施计划清单，见表5-14。

表5-14　风险控制措施及实施期限

风险度(R)	等级	应采取的行动/控制措施	实施期限
20~25	不可容忍	在采取措施降低危害前，不能继续作业，对改进措施进行评价	立刻
15~16	重大风险	采取紧急措施降低风险，建立运行控制程序，定期检查、测量及评价。	立即或近期整改
9~12	中等	可考虑建立目标、建立操作规程，加强培训及沟通	2年内治理
4~8	可容忍	可考虑建立操作规程、作业指导书但需定期检查	有条件、有经费时治理
<4	轻微或可忽略的风险	无需采用控制措施，但需保存记录	—

在选择控制措施时应考虑以下因素：

① 若可能，完全消除危害或消灭风险来源，如用安全物质取代危险物质；

② 若不可能消除，则努力降低风险，如使用低压电源；

③ 在可能情况下，使工作适合于人，如考虑人的心理和生理承受能力；

④ 利用技术改进控制措施；

⑤ 保护每个工作人员的措施；

⑥ 将技术管理和程序控制结合起来往往十分必要；

⑦ 要求引入计划的维护措施，如机械安全防护装置；

⑧ 在其他控制方案均与考虑过后，作为最终手段，使用个人防护用品；

⑨ 应急安排的需求及应急设备，考虑建立应急和疏散计划；

⑩ 采用主动测量参数检测是否符合控制。

⑪ 预防性测定指标对于检测控制措施是否符合计划要求十分必要。

第6章 相关方安全监督管理

6.1 相关方的概念及分类

6.1.1 相关方的概念

依据《职业健康安全管理体系 要求》（GB/T 28001—2011）的定义，相关方是指工作场所内外与组织职业健康安全绩效有关或受其影响的个人或团体，简单地说，相关方就是指与企业存在各种关系的非本企业的个人或团体。

6.1.2 相关方分类

6.1.2.1 按定义范畴分

① 广义相关方：与组织活动和业务流程有影响的所有相关方。按照《职业健康安全管理体系规范》的定义，组织的相关方一般包括：立法、司法机关、社区居民、供方、合同方或承包方、客户或消费者、股东或投资者、媒体等。

② 狭义相关方：参与组织活动和业务流程的相关方。包括供应商、承运商、经销商（终端消费者）、外包（承租）商、施工承包商、技术服务商等。

6.1.2.2 按影响程度分

① 参与组织活动和业务流程的相关方：外包（承租）商、施工承包商、技术服务商等。

② 与组织活动和业务流程有衔接的相关方：供应商、承运商、关联企业、经销商（终端消费者）等。

③ 与组织活动和业务流程有关的相关方：政府机关、社区居民、媒体等。

6.1.3 相关方的形成与现状

6.1.3.1 相关方的形成过程

① 组织按照价值链价值最大化原则，为扩大竞争优势，将非竞争优势业务（过程）外包。围绕价值最大化原则，以及生产专业化要求，从成本、专业、风险等方面评估，将检修、工程、包装、仓储、运输及清扫、装卸等非竞争优势业务（过程）外包。

② 组织在经营发展过程中，为符合法律法规相关要求及履行社会责任，活动和业务流程开展期间受到不同关注方的影响和制约。

6.1.3.2 管理现状

① 法律法规要求、企业内容管理对相关方要求提升；

② 相关方越来越多，管理越来越复杂；

③ 相关方管理水平和人员素质参差不齐；

④ 参与组织活动和业务流程的相关方实施过程成为能否确保组织整体安全目标实现的一个关键点；

⑤ 与组织活动和业务流程有关的相关方对组织的活动影响越来越重要。

6.1.4 相关方的管控

6.1.4.1 相关方的识别评价

相关方识别范围：

① 参与组织活动和业务流程的相关方；

② 组织活动和业务流程有衔接的相关方；

③ 与组织活动和业务流程有关的相关方；

④ 相关方人员。

相关方识别与评价的因素如表 6-1 所示。

表 6-1　相关方识别与评价的因素

序号	要　素	评 估 等 级		
1	参与公司活动和业务流程的深度和重要程度	重大	较大	一般
2	相关法律、法规及标准的要求	强制要求	推荐要求	
3	生产经营过程中与公司发生关系的频次	高	中	低
4	与公司关系的主次关系	被动	平等	主动
5	对相关方的技能要求	复杂	较复杂	简单
6	管理难度	难度大	较有难度	一般
7	发生关系的区域	装置内	公司内	公司外

根据评价结果，实施分类分级管理。

6.1.4.2 相关方的安全管理与控制要求

（1）管理职责确定

基层单位负责现场安全管理、二级安全教育等。

职能部门按照管理职责范围确定安全管理内容，如安全部门负责施工承包商 HSE 资质审查、外来人员一级安全教育、现场安全监管；工程管理部门负责施工资质审查、组织选用承包商、现场安全措施制定、开展风险评价等；物资采购部门负责对供应商的评审与选择、保证物资符合安全标准等；经销部门负责承运商资质审查、评审、对承包商安全管理进行检查等。

明确政府机关、社区居民、媒体等与公司有关的相关方对应的公司内部归口协调部门。

（2）制定管理制度和控制程序

如《承包商资源库管理办法》《物资采购管理规定》《承包商安全管理规定》《承包商 HSE 管理考核规定》《供应商管理规定》《产品销售管理规定》以及《相关方职业健康安全管理规范》以及新闻发布、应急预案等方面的内容。

（3）各类相关方管理控制重点

① 与组织活动和业务流程有关的相关方

重点是建立主动沟通渠道和沟通机制，随时掌握影响公司发展和合法经营的政策、法规等。控制方式：

  a. 建立法律法规和其他要求的识别程序与渠道；

  b. 定期评审公司经营活动与法律法规的符合性；

  c. 按照相关方的要求完成各项任务，如建设项目"三同时"报审机制、重大危险源辨识与管理、隐患排查、危险化学品生产、使用、储运、运输等。

  ② 与组织活动和业务流程有衔接的相关方

  重点是明确双方需求、评审合同、建立合同关系和安全管理协议，实现供应链的互利。控制方式：

  a. 建立供方准入标准与定期评估制；

  b. 明确双方需求和要求；

  c. 签订合同、安全管理协议书与执行；

  d. 向相关方及时传递法律法规要求和公司管理要求。

  ③ 参与组织活动和业务流程的相关方

  重点是通过控制确保相关方活动能满足公司业务流程需要。控制方式：

  a. 建立准入、淘汰机制；

  b. 确定相关方选择与评价标准；

  c. 签订安全管理协议，明确双方责任；

  d. 设定活动、过程控制标准；

  e. 培训、教育相关方，使其满足能力要求；

  f. 按标准监督检查过程实施。

  ④ 与公司活动有关的相关方人员管理

  考察人员、参观学习人员、监察巡视人员等，重点是公司设定路线、做好引导解说、指引路线、提供防护用品，培训、讲解安全管理制度和紧急情况应对措施，确保进入公司内人员的安全。

6.2 承包商安全监督管理

  承包商是所有相关方中参与公司活动和业务流程最多、最直接的相关方，其活动的规范性和可控性决定着直接作业环节安全管理，而且集团公司要求对承包商"统一管理、统一标准、统一考核"，发生事故纳入到公司的业绩考核，其重要性可见一斑。同时由于参加业务的承包商数量众多，各承包商管理水平、人员素质等参差不一，有着较大的管理难度。

6.2.1 应执行的法律、法规、规范和规定

  中国石化集团公司为全面贯彻落实国家安全生产法律法规、标准、规范，强化本企业对承包商的安全生产监督管理，制定了《承包商安全管理规定》及其他相应的安全生产监督管理制度。炼化企业对承包商的安全监督管理主要执行以下法律法规规范和规定，见表6-2。

表 6-2 承包商安全管理执行的主要规范、标准

序号	名 称	文 号	发布日期
1	中华人民共和国安全生产法	中华人民共和国主席令 第十三号	2014.8.31
2	中华人民共和国劳动法(修正案)	中华人民共和国主席令 第七十三号	2012.12.28
3	中华人民共和国职业病防治法(修正案)	中华人民共和国主席令 第五十二号	2011.12.31
4	建设工程安全生产管理条例	中华人民共和国国务院令 第393号	2003.11.24
5	建筑施工企业安全生产许可证管理规定	中华人民共和国建设部令 第128号	2004.7.5
6	石油化工建设项目管理方安全管理实施导则	AQ/T 3005—2006	2006.11.2
7	关于落实建设工程安全生产监理责任的若干意见	建市[2006]248号	2006.10.16
8	建筑起重机械安全监督管理规定	中华人民共和国建设部令 第166号	2008.1.8
9	关于印发《建筑施工企业负责人及项目负责人施工现场带班暂行办法》的通知	建质[2011]111号	2011.7.22
10	建筑施工企业安全生产管理规范	GB 50656-2011	2011.7.26
11	炼油化工企业安全、环境与健康(HSE)管理规范	Q/SHS 0001.3—2001	2001.2.8

6.2.2 安全管理职责

按照国家有关法律法规及中国石化《承包商安全管理规定》,涉及承包商安全监督管理的职责如下:

6.2.2.1 建设单位(业主)

(1)工程项目管理部门

① 应将本企业施工、建设、安装、检修等工作承包给依法取得相应等级资质证书的承包商;审核并签发的《工程项目承包商施工资格确认证书》;

② 在编制工程概算时,应当确定安全作业环境及安全施工措施所需费用,并抄送安全监督管理部门确认备查;

③ 负责监督检查项目安全措施的落实情况,对查出的问题督促承包商整改,并跟踪检查;

④ 在项目完工后,负责对承包商 HSE 表现做出评价,将承包商 HSE 表现评价送交施工单位,并抄送安全监督管理部门备案。

(2)安全监督管理部门

① 负责制定本单位《承包商 HSE 管理规定》和《承包商 HSE 管理考核规定》,并监督检查落实情况;

② 对各承包商进行年度 HSE 资质评审或安全资质评审;审核并签发《工程项目承包商 HSE 资格确认证书》。

③ 对本单位及承包商的执行情况(包括作业现场)进行监督、检查和考核,并定期进行公布。

（3）建设单位有关部门或单位

应按照本企业的职责分工，创造施工作业条件，为承包商提供安全可靠的作业环境，根据作业特点及危害因素，按照相关直接作业环节的安全管理规定，做好施工项目和作业部位的现场隔离及安全措施的落实。

6.2.2.2 承包商

（1）承包商应遵守国家法律法规和中国石化有关规定，依法取得相应等级的资质证书，并在其资质等级许可的范围内承揽工程；

（2）承包商应遵守建设单位的安全生产管理规定，办理相关作业许可证；凡施工现场的作业人员，应严格执行合同中的 HSE 条款，接受建设单位安全监督管理部门及监理单位的检查和监督；

（3）承包商是安全施工作业的直接责任单位。承包商主要负责人依法对本单位的安全生产工作全面负责，建立健全安全生产责任制度和安全生产教育培训制度，制定安全生产规章制度和操作规程，保证本单位安全生产条件所需资金的投入。承包商的各级主要行政负责人，是施工安全的第一责任人。承包商应对所承担的建设工程进行定期和专项安全检查，并做好安全检查记录。

（4）承包商的项目负责人应当由取得相应执业资格的人员担任，对建设工程项目的安全施工负责，落实安全生产责任制度、安全生产规章制度和操作规程，确保安全生产费用的有效使用，并根据工程的特点组织制定安全施工措施，消除安全事故隐患，及时、如实报告生产安全事故。

（5）承包商应当设立安全生产管理机构，配备专职安全生产管理人员，作业班组应设兼职安全员并明确其安全职责；承包商应指定一名专职安全管理人员负责本单位施工现场的安全管理工作，并保证与用工企业安全监督管理部门及监理单位联系畅通。专职安全生产管理人员负责对安全生产进行现场监督检查，发现安全事故隐患，应当及时向项目负责人和安全生产管理机构报告；对违章指挥、违章操作的，应当立即制止。

（6）承包商对列入建设工程概算的安全作业环境及安全施工措施所需费用，应当用于施工安全防护用具及设施的采购和更新、安全施工措施的落实、安全生产条件的改善，不得挪作他用。

（7）建设工程实行施工总承包的，由总承包单位对施工现场的安全生产负总责。总承包单位依法将建设工程分包给其他单位的，分包合同中应当明确各自的安全生产方面的权利、义务。总承包单位和分包单位对分包工程的安全生产承担连带责任。分包单位应当服从总承包单位的安全生产管理，分包单位不服从管理导致生产安全事故的，由分包单位承担主要责任。

（8）对于未实行总承包的建设工程，各承包商对本单位施工现场的安全生产负责。承包商将工程分包或转包给其他单位的，承包商对分包商的 HSE 管理负全责。

（9）承包商的特种作业人员，必须按照国家有关规定经过专门的安全作业培训，并取得特种作业操作资格证书后，方可上岗作业。承包商的管理人员和作业人员应每年至少进行一次安全生产教育培训，其教育培训情况记入个人工作档案，安全生产教育培训考核不合格的人员，不得上岗。

（10）承包商应为施工作业人员配备符合安全要求的劳保服装和安全防护用品，为工程施工配备符合安全要求的施工机具和设备，并经检（校）验合格，使设备机具处于完好状态。

6.2.2.3 监理单位

（1）监督承包商在工程项目的检修、施工过程中实施 HSE 管理；

（2）按照法律、法规和工程建设强制性标准实施监理，并对建设工程安全生产承担监理责任；

（3）审查承包商施工组织设计中的安全技术措施或者专项施工方案是否符合工程建设强制性标准。

（4）在实施监理过程中，发现存在安全事故隐患的，应当要求承包商整改；情况严重的，应当要求承包商暂时停止施工，并及时报告建设单位。

6.2.3 安全资质管理

（1）在中国石化炼化企业从事检维修施工的外委检维修承包商必须是资源库的成员。具有中国石化委托第三方评审机构中国特种设备检测研究中心颁发的《石油化工检修资质证书》。近三年在炼化企业内未发生重大安全、质量责任事故。

（2）所有总承包、专业分包和劳务分包的承包商都应实行安全、环境与健康（以下简称 HSE）管理，并具有有效的审核和评审报告。

（3）承包商应将本单位的施工、安装资质报建设单位的工程质量监督部门，其资质等级必须与承担的施工项目相适应，经工程质量监督部门审核后取得该部门签发的《工程项目承包商施工资格确认证书》（格式见中国石化《承包商安全管理规定》附件1）。

（4）承包商在取得《工程项目承包商施工资格确认证书》后，应向建设单位的安全监督管理部门申请 HSE 资质审查，并提交以下书面资料：

① 近三年重大安全事故原始记录以及事故隐患治理情况档案的复印件、事故发生率统计表；

② 符合国家法规规定的特殊工种作业人员操作证复印件；主要负责人、项目负责人和安全管理人员安全生产资格证复印件；

③ HSE 管理体系文件中的 HSE 管理手册，或《职业健康安全管理体系　要求》（GB/T 28001—2011）和《环境管理体系　要求及使用指南》（GB/T 24001—2004）的管理手册及其有效的认证（或复审）证书复印件；

④ 建设单位工程质量监督部门签发的"工程项目承包商施工资格确认证书"原件；

⑤ 建设单位安全监督管理部门对承包商的 HSE 资质审查合格后，向承包商签发《工程项目承包商 HSE 资格确认证书》（格式见中国石化《承包商安全管理规定》附件2）。《工程项目承包商 HSE 资格确认证书》每年复审一次，连续三年复审合格的承包商可将复审周期延长至两年一次。

6.2.4 承包项目安全管理程序

（1）承包商承接的所有工程项目应按《合同法》要求签订工程合同书，合同中应明确双方 HSE 管理工作的内容及应负的责任。

（2）合同在双方确认签订前应报送建设单位安全监督管理部门审查会签，未经会签的施工、检维修、劳务等合同不得开工。如有违反，应按《承包商 HSE 管理考核规定》严肃处理，对发生事故的还应追究领导责任。承包商承接的所有工程项目（包括临时追加的工程项目），应制定安全措施，经建设单位安全监督管理部门审定后，方可实施。

（3）施工前，承包商应持《工程项目承包商 HSE 资格确认证书》，到建设单位安全监督管理部门接受 HSE 教育。建设单位保卫部门凭安全教育《合格证》，向承包商发放《临时出入证》，有效期应与施工期限同步，最长不超过一年。

（4）施工作业基本条件

① 明确双方 HSE 管理工作的第一责任人；

② 确定双方现场 HSE 管理的联络人员；

③ 建设单位应对施工方案中的危害识别和风险评价结论进行审核、确认；

④ 建设单位工程项目主管部门已向施工单位明确了 HSE 措施及要求；

⑤ 建设单位应对施工人员进行三级安全教育，施工单位应将《特种作业操作证》和有关人员的安全管理资格证，报建设单位安全监督管理部门备案；

⑥ 施工用的临时设施、建筑符合防火、防爆、防毒等要求，消防器材配备齐全，道路畅通；

⑦ 双方人员确认作业现场已具备安全作业条件。

（5）承包商在工程项目施工中发生违反建设单位有关安全管理规定或危及建设单位安全生产时，建设单位可勒令整改或停止作业，根据情节给予相应的处理。

（6）对 HSE 管理混乱、多次违章或违章情节较为严重、或导致重大事故发生的承包商，根据情节对其进行通报批评、警告或收回《工程项目承包商 HSE 资格确认证书》。

6.2.5 安全监督管理

6.2.5.1 资质审查

（1）无企业工程质量监督部门签发的"工程项目承包商施工资格确认证书"的承包商，不得进入本企业进行工程施工。

（2）未取得企业安全监督管理部门签发的"工程项目承包商 HSE 资格确认证书"的承包商，不得进入本企业进行工程施工。

（3）未向企业安全监督管理部门提交特种作业人员有效《特种作业操作资格证书》复印件的承包商，不得进行相关特种作业。

（4）实施施工分包的承包商，未向企业安全监督管理部门提交承包商与分包商签订的含有双方安全施工权利、义务、责任分包合同的，分包商不得进入本企业进行工程施工。

（5）未经企业安全监督管理部门进行入厂安全教育的承包商作业人员，不得进入本企业进行工程施工。

6.2.5.2 承包商选择

（1）承包商一般由业务主管部门在公司承包商资源库内通过项目招（议）标方式或制定专项的投标方案予以确定。对特殊专业项目的承包商选择，可不受承包商资源库的限制，但确定的承包商必须通过承包商资源市场专业委员会的资质审查。

（2）确定符合要求的承包商，业务主管部门应与承包商签订合同，合同书中必须有 HSE 条款，并签订 HSE 管理协议书作为合同附件，明确双方 HSE 管理工作的内容及应负的责任。安全部门审核合同书及 HSE 管理协议书中乙方（承包商）应遵守的条款是否包含了以下 HSE 内容：

① 遵守甲方（业主单位）HSE 管理的有关制度、规定，服从甲方的 HSE 管理；接受安全部门、业务主管部门和项目所属单位管理人员的监督检查；

② 根据国家法律和政府规定设置安全管理机构和专兼安全管理人员，现场按施工作业人员 50∶1 配备安全管理人员，不到 50 人的配备 1 人；

③ 按住建部规定提取安全生产（HSE）专项费用，单独列支专款专用；

④ 为作业人员提供必要的、安全的工机具和设备，并保持设备完好；

⑤ 根据甲方 HSE 管理的有关制度、规定，为所有人员提供符合国家有关标准的劳动防护用品和用具；

⑥ 根据甲方 HSE 管理的有关制度、规定，对所有人员进行 HSE 教育培训；

⑦ 明确承包商对施工作业中事故的责任；

⑧ 明确承包商对分包队伍的 HSE 责任。

（3）业务主管部门与总承包商签订工程施工合同时，应明确要求总承包商在与具有相应资质的专业分承包商签订的分包合同中，需明确其各自 HSE 管理的权利、义务及 HSE 措施费的分配、支付、使用等。

6.2.5.3 落实工程施工的危害识别

根据各单位管理特点，明确需要承包商实施危害识别和风险评价的工程项目范围，并在施工前由业务主管部门组织项目所属单位、承包商对项目进行危害识别和环境因素识别；外包商根据识别结果，制订相应的 HSE 控制措施。业务主管部门主管人员要审查外包商的 HSE 管理措施，包括防止安全事故、伤害事故、环境污染的具体措施和应急预案，并会同项目所属单位管理人员检查落实情况。

工程项目承包商应进行项目 HSE 策划，施工现场要根据危害识别结果设立 HSE 公告牌。HSE 公告至少包括施工项目信息、危害与控制措施、应急预案、紧急撤离路线等，并由工程项目管理单位监督落实情况。

6.2.5.4 项目施工前必须具备的条件

（1）已明确现场 HSE 管理工作的第一责任人。

（2）已明确双方现场 HSE 管理的对口人员，按项目施工人员的 2% 比例配备现场专职安全管理人员（小于 50 人的单位至少配备 1 名）。

（3）甲方业务主管部门已组织召开工程项目施工安全协调会，已明确施工 HSE 措施及要求。

（4）甲方业务主管部门已按规定范围组织开展危害识别和风险评价，乙方已将识别结果及控制措施纳入施工方案。

（5）施工方案（HSE 策划）已经甲方认可并发布。方案中至少应包括项目概况、施工作业程序、HSE 管理架构及项目现场安全管理人员名单、采取的 HSE 控制措施、危害识别和风险评价记录、应急救援预案。

（6）施工管理、作业人员已按照"安全教育管理规定"完成三级安全教育，特种作业人员、施工安全管理人员持有地方行政主管部门颁发的《特种作业操作证》和《安全管理证》，并已报甲方安全部门备案。

（7）施工用的临时设施、建筑符合防火、防爆、防毒等要求，消防器材配备齐全，道路畅通。

（8）乙方已完成对施工用工机具的检查（检验），并加贴合格标签，标签上应注明项目名称、检查时间、检查人。

（9）甲、乙双方人员对作业现场已进行检查，有关 HSE 措施已落实。

6.2.5.5　施工过程中对外包商 HSE 管理要求

（1）项目现场安全管理人员都佩戴明显的标志，到位率 100%。

（2）作业单位的工机具必须符合安全要求。

（3）必须按甲方的规定办理相关作业许可证。

（4）施工期间现场所有人员必须严格执行合同中的 HSE 条款，接受甲方的检查和监督。

（5）进入施工现场人员应穿戴符合国家标准、配发与作业环境相适应的个体防护用品，并统一着装、统一标识（乙方企业标识）。

（6）作业过程中严格遵守各类作业的安全操作规程，遵守国家、地方政府相关安全管理规定和集团公司、公司的 HSE 管理规定。

（7）承包商内部的安全管理体系检查、考核、教育培训、问题整改等制度得到落实。

6.2.5.6　安全监督检查

（1）项目施工管理人员应从以下几方面检查承包商 HSE 资源配置及施工管理。

① 项目经理、现场安全管理人员职责落实和到位率是否满足要求，特种作业人员持证上岗、在许可范围内作业；

② 为作业人员配备了必需的个体防护用品；

③ 作业环境危害、健康危害已识别，防范措施已落实，应急设施已配置。

④ 施工作业人员是否按规定的作业地点、作业对象、作业内容、作业程序工作；

⑤ 施工作业人员的作业行为是否符合 HSE 规定；

⑥ 施工用设备、工机具及安全设施的安全状态是否符合规定；

⑦ 施工过程中产生的"三废"按公司规定程序得到处置；

⑧ 及时处理项目所属单位、安全部门的管理人员在施工作业中检查发现的问题，对承包商的整改结果进行验证确认；

⑨ 检查考核监理单位的职责落实。

（2）安全部门不定期对直接作业环节 HSE 措施的落实情况进行监督抽查，及时阻止和纠正违章作业。

① 检查工程项目是否按要求签订 HSE 管理协议书、落实管理负责人；

② 检查施工作业要求的 HSE 措施是否得到落实；

③ 检查施工作业人员穿戴的劳动保护用品和防护用品合格情况；

④ 检查施工作业人员遵守各项 HSE 管理制度情况；

⑤ 检查现场安全管理人员的到位情况和日常检查考核情况；

⑥ 检查业务主管部门、监理单位对施工单位 HSE 管理情况的监督检查情况。

（3）项目所属单位人员对施工人员的作业行为负有监督责任，施工地点所在班组或岗位应将施工作业情况、施工人员的 HSE 表现列入岗位巡检内容，发现违章行为及时阻止，出现紧急情况及时进行处理或报告。

（4）工程管理部门、安全管理部门从以下方面检查监理单位责任的落实：

① 施工准备阶段安全监理的主要工作内容

a. 监理单位应根据《条例》的规定，按照工程建设强制性标准、《建设工程监理规范》（GB/T 50319—2013）和相关行业监理规范的要求，编制包括安全监理内容的项目监理规划，明确安全监理的范围、内容、工作程序和制度措施，以及人员配备计划和职责等。

b. 对中型及以上项目和《条例》第二十六条规定的危险性较大的分部分项工程，监理单位应当编制监理实施细则。实施细则应当明确安全监理的方法、措施和控制要点，以及对施工单位安全技术措施的检查方案。

c. 审查施工单位编制的施工组织设计中的安全技术措施和危险性较大的分部分项工程安全专项施工方案是否符合工程建设强制性标准要求。

d. 检查施工单位在工程项目上的安全生产规章制度和安全监管机构的建立、健全及专职安全生产管理人员配备情况，督促施工单位检查各分包单位的安全生产规章制度的建立情况。

e. 审核特种作业人员的特种作业操作资格证书是否合法有效。

f. 审核施工单位应急救援预案和安全防护措施费用使用计划。

② 施工阶段安全监理的主要工作内容

a. 监督施工单位按照施工组织设计中的安全技术措施和专项施工方案组织施工，及时制止违规施工作业。

b. 定期巡视检查施工过程中的危险性较大工程作业情况。

c. 核查施工现场施工起重机械、整体提升脚手架、模板等自升式架设设施和安全设施的验收手续。

d. 检查施工现场各种安全标志和安全防护措施是否符合强制性标准要求，并检查安全生产费用的使用情况。

e. 督促施工单位进行安全自查工作，并对施工单位自查情况进行抽查，参加建设单位组织的安全生产专项检查。

建设单位安全、工程项目管理部门发现承包商施工人员违反 HSE 管理规定，应向承包商下达《隐患整改通知单》，并跟踪检查。对安全措施不落实的，根据承包商 HSE 管理考核规定的有关条款，给予相应处理。

6.2.5.7 建立 HSE 管理例会制度

（1）HSE 管理例会：施工周期较长的工程建设项目或系统停工大检修，企业安全监督管理部门应定期组织召开 HSE 例会，传达 HSE 文件，通报 HSE 管理情况及事故通报，交流 HSE 安全信息，探讨 HSE 管理中出现的问题，布置下一阶段 HSE 工作任务、明确事故隐患管理措施、限定整改时间。承包商及分包商的项目负责人、安全管理负责人应按时参加会议。

（2）HSE 专题会议：施工周期较长的工程建设项目或系统停工大检修，企业安全监督管理部门应根据具体情况不定期召开专题会议，讨论解决要害部位、重点作业安全施工方案；专题讨论通报施工中出现的重伤以上级事故及重大未遂事故，吸取教训，制定"四不放过"措施，讨论处理意见，报送有关部门。

（3）会议纪要及记录：企业安全监督管理部门组织的 HSE 例会及 HSE 专题会议均应认真记录并做出会议纪要；各承包商应按时完成 HSE 会议纪要决定的事项，在下次会议上进行汇报。

6.2.5.8 建立考核与奖惩制度

（1）企业安全监督管理部门应建立对承包商的考核与奖惩制度，对承包商 HSE 业绩进行考核、奖励和处罚。

（2）奖励资金可以从承包工程款中按比例提取；从承包工程款中提取的奖励资金必须用于表彰取得 HSE 优良业绩的承包商（单位）或对 HSE 作出突出贡献的承包商员工，做到专款专用。对于违章者进行处罚的罚没款只能补充用于奖励资金，不得挪作它用。

（3）HSE 考核应实施结果考核与行为考核相结合，以结果考核为主，坚持公开、公正、公平，坚持职权与责任相统一的原则。

（4）企业安全监督管理部门应制定承包商 HSE 考核细则和相应的 HSE 检查表，对违章现象及 HSE 不符合项进行记录、拍照或录像；对发生 HSE 事故的承包商，根据事故类型、事故级别以及引发事故的原因，依据考核评分标准分别对每个承包商进行打分，按照承包商施工人员数量进行加权，依考核分数对承包商进行奖励或处罚。

（5）承包商在施工过程中，如违反了建设单位的有关 HSE 规定，企业安全监督管理部门有权进行停工、整顿及经济处罚，所罚款项在工程款中扣除。对于承包商违章指挥或作业、管理失误和不到位所造成的各类伤亡事故及其他事故，责任由承包商自负。

6.2.5.9　建立应急救援系统

（1）建立应急救援系统：为使施工现场各类 HSE 事故、事件及自然灾害的应急工作高效有序地进行，最大限度地减少人员伤亡和财产损失，应建立施工现场应急救援系统，该系统应包括建设单位、监理单位、承包商等相关单位；设置应急指挥部及相应的应急救援组织机构，负责组织实施事故（事件）的抢险救灾、医疗救护、消防保卫、物资救援等各方面工作。

（2）编制事故预案：建设单位应编制建设工程总体事故预案，参与工程施工和检修的监理单位、承包商应依承担的工程项目分别编制事故分预案。各预案应符合中国石化关于事故应急救援预案编制的有关要求。

（3）预案培训与演练：承包商应对进入施工现场的全体员工进行事故应急预案的培训，包括对预案的学习和现场仿真培训，根据施工现场投入的人员变化，不定期进行事故应急救援预案的演练，通过培训和演练，不断提高施工现场员工的应急能力。

6.2.5.10　HSE 管理表现评价

公司应建立对承包商项目施工的 HSE 管理表现评价机制，明确评价范围、程序、频率以及标准等。

项目完工后由工程主管部门组织安全管理部门、项目所属单位对承包商在工程项目施工中的 HSE 管理表现进行评价，并保持记录。

结合承包商年度资质审查，对各承包商进行年度 HSE 管理总体评价，作为评选下一年度准入评审的依据，实行优胜劣汰。

第7章　危险化学品作业安全

7.1　直接作业的特点

动火作业、进受限空间作业、破土作业、起重吊装作业、高处作业、临时用电作业、放射作业等，这些作业都是由人直接实施和参与，很容易发生人身伤害，甚至引发其他事故，所以统称为直接作业。

各种直接作业有许多共同的特点，如作业人员都是由人直接实施和参与，均直接接触作业环境，均直接与工艺系统、机器设备、施工机械、工器具和材料发生关系。

（1）工艺条件和设备设施

① 具有可燃易爆特性的石油化工原料、辅料、三剂、产品、半成品；

② 生产工艺所要求的高温高压超高压、低温（深冷）低压超低压；

③ 设备设施可能发生的跑冒滴漏。

（2）直接作业环境

① 生产过程中产生的静电、噪音、震动、粉尘、热辐射等；

② 周围环境条件，如与直接作业有关的有毒有害物质、化学危险品、放射源的辐射、超声波等；

③ 周围气象条件，如温度、湿度、风力、风向等；

④ 周围其他作业的干扰，如同一工作现场的不同工作、不同工种间的配合、交叉作业等；

⑤ 作业现场的其他条件，如强光、照明不足、场地窄小等。

（3）作业人员状况

① 作业人员自身的身体条件，如疾病、疲劳、精神状态等；

② 作业人员的技术条件，如是否具有特种作业资格、施工经验或理论、技术方案的可靠性、监护人员的业务素质等。

7.2　作业程序

作业程序包括施工作业流程、危害识别、风险评估及方案和措施的审核。

7.2.1　作业流程

（1）发包（项目主管）部门发出任务书，施工单位接受任务书。

（2）施工单位与属地接洽，属地进行安全交底（主要包括系统和施工地点、设备的危害识别与风险评估），提出明确的安全要求。

（3）施工单位依据属地的危害识别、风险评估制定施工方案（包含安全措施或专项安全技术措施，应急预案或措施）。

（4）发包（项目主管）部门审核施工方案，安全部门会签专项安全技术措施，特级作业要升级审批。

（5）属地单位交出设备，施工单位进场施工，开具确认票和许可证，取得作业许可：

① 开具《许可证》；

② 各项措施落实确认；

③ 锁票；

④ 双方各自派出监护人进行监护作业；

⑤ 项目主管部门、属地单位、施工单位分别进行监督检查；

⑥ 作业结束。

7.2.2　危害识别/风险评估

（1）工艺部门先行进行工艺处理；

（2）项目主管部门、属地、施工单位进行各自的危害识别和风险评估；

（3）项目主管部门和属地识别风险、施工单位识别风险、双方共同识别风险，共同评估风险；

（4）依据评估的风险制定安全措施；

（5）与开具许可证前进行的危害识别、风险评估的关系。

注意：安全措施与方案是相辅相成的，是为方案服务和保驾护航的。

7.2.3　施工方案与措施的审核

（1）方案与措施审核的主体为项目主管部门，方案与措施的会签包括属地、安全部门；

（2）方案是指导施工的"教科书"，严格按照方案施工；超出方案的施工，应先编制方案和措施再施工。变更的管理要符合程序；

（3）项目主管部门、属地、承包商按照施工方案与措施进行检查与自检。方案应包括应急预案，现场处置方案。

7.2.4　作业许可证的办理程序

（1）施工单位进行安全施工、检修确认；

（2）危害识别与风险评估；

（3）基层单位、施工单位组织会签《许可证》；

（4）属地与施工单位各自落实票证上涉及的安全措施，签字确认；如果有补充措施填《许可证内》；

（5）分析人员检测，结果填入《许可证》；

（6）双方指派监护人，属地（基层）、施工单位领导签发《许可证》；

（7）工作结束，履行锁票程序。

7.2.5　作业过程中的监督、检查

（1）检查内容：人的不安全行为、物的不安全状态、不安全的环境、管理因素；

（2）措施分类：本质安全措施、工程安全措施、行政（管理）安全措施、个体防护措施；

（3）风险度（借用隐患定义）：高风险作业、低（一般）风险作业；

（4）怎么查效率最高？最高的是对照方案查效率最高，但实际是对照制度、标准。

7.3　直接作业的危害识别及风险评价

直接作业的危害识别及风险评价如图 7-1 所示。

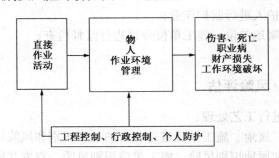

图 7-1　直接作业的危害识别及风险评价

7.3.1　危险、有害因素的分类

根据《生产过程危险和有害因素分类与代码》（GB/T 13861—2009）的规定，按导致事故的直接原因进行分类，将生产过程中的危险和有害因素分为 4 大类。

（1）人的因素

在生产活动中，来自人员自身或人为性质的危险和有害因素。包括：

① 心理、生理性危险、危害因素：

a. 负荷超限（体力负荷超限、听力负荷超限、视力负荷超限、其他负荷超限）；

b. 健康状况异常；

c. 从事禁忌作业；

d. 心理异常（情绪异常、冒险心理、过度紧张）；

e. 辨识功能缺陷（感知延迟、辨识错误）；

f. 其他心理、生理性危险、危害因素。

② 行为性危险、危害因素：

a. 指挥错误（指挥失误、违章指挥、其他指挥错误）；

b. 操作失误（误操作、违章作业）；

c. 监护失误；

d. 其他错误；

e. 其他行为性危险和危害因素。

（2）物的因素

机械、设备、设施、材料等方面存在的危险和有害因素。包括：

① 物理性危险和有害因素：

a. 设备、设施缺陷；

b. 防护缺陷；

c. 电危害；

192

d. 噪声；

e. 振动危害；

f. 电磁辐射危害；

g. 运动物危害；

h. 明火危害；

i. 造成灼伤的高温物质危害；

j. 造成冻伤的低温物质危害；

k. 粉尘与毒物危害；

l. 作业环境不良危害；

m. 信号缺陷危害；

n. 标志缺陷危害；

o. 其他物理性危险和危害因素。

② 化学性危险和有害因素：

a. 爆炸品；

b. 压缩气体和液化气体；

c. 易燃液体；

d. 易燃固体、自然物品和遇湿易燃物品；

e. 氧化剂和有机过氧化物；

f. 有毒品；

g. 放射性物品；

h. 腐蚀品；

i. 粉尘与气溶胶。

③ 生物性危险和危害因素（了解）：

a. 致病微生物（细菌、病毒、其他致病性微生物等）；

b. 传染病媒介物；

c. 致害动物；

d. 致害植物；

e. 其他生物性危险、危害因素。

（3）环境因素

生产作业环境中的危险和有害因素。包括：

① 室内作业场所环境不良：

a. 室内地面滑；

b. 室内作业场所狭窄；

c. 室内作业场所杂乱；

d. 室内地面不平；

e. 室内梯架缺陷；

f. 室内安全通道缺陷；

g. 房屋安全出口缺陷；

h. 采光照明不良；

i. 室内场所空气不良；

j. 室内温度湿度和气压不适。

② 室外作业场地环境不良：

a. 恶劣气候与环境；

b. 作业场地和交通设施湿滑；

c. 作业场地狭窄；

d. 作业场地杂乱；

e. 作业场地不平；

f. 作业场地安全通道缺陷；

g. 作业场地安全出口缺陷；

h. 作业场地光照不良；

i. 作业场地空气不良；

j. 作业场地温度湿度和气压不适。

③ 地下（含水下）作业环境不良（了解）：

a. 隧道/矿井顶面缺陷；

b. 隧道/矿井正面或侧壁缺陷；

c. 隧道/矿井地面缺陷；

d. 地下作业面空气不良；

e. 地下火；

f. 冲击地压；

g. 地下水；

h. 水下作业供氧不当。

（4）管理因素

管理和管理责任缺失所导致的危险和有害因素。包括：组织机构不健全；责任制未落实；规章制度不完善（如建设项目"三同时"制度未落实操作规程不规范、事故应急预案及响应缺陷、培训制度不完善等）；投入不足；管理不完善等。

7.3.2　风险度分类

（1）高风险

① 高空作业、带压作业、特殊受限空间作业；

② 多人、同地带走楼梯摔伤（可能性大）。

（2）低（一般）风险

高风险以外的。

7.3.3　措施分类

（1）本质安全措施（减少、替代、缓和、简化）

减少：现场乙炔瓶数量或其他危化品和易燃品数量。

替代：清洗管道时用水溶性清洗剂替代溶剂清洗剂。

缓和：将易燃品、气瓶等与其他材料分开储存。

简化：现场布置整齐，各种标识清楚易于辨认。

（2）工程控制措施

硬设施、硬隔离及其他隔离设施。

（3）行政控制措施

规章、制度、许可证等。

（4）个体防护措施

劳保用品等。

案例：南化公司"9·25"氮气窒息死亡事故

2002 年 9 月 12 日，南化公司氮肥厂制氢车间 2# 油气化炉系统压降升高，停炉检查。9 月 20 日置换结束开始大修。9 月 23 日，在连接气化炉和废热锅炉之间烟道处开了破口，23～24 日施工人员进入炉膛清渣。25 日上午将破口处进行了封堵。下午 14 时 10 分后，装置工段长张某某、副工段长戴某某先后进入炉内。15 时 45 分被发现 2 人倒在炉内，经抢救无效死亡。

事故原因是违章操作。在停炉吹扫过程中临时接了一根氮气胶管，吹扫结束后没有断开由于阀门内漏，氮气串入炉内。23～24 日作业过程中，由于气化炉烟道处打开了破口，与上部人孔形成对流，没有造成氮气聚集。25 日破口被封堵后，氮气在气化炉内聚集。两名工段长未按规定采样分析。

人的不安全行为：行为性危险、危害因素中的操作失误（误操作、违章作业）。

物的不安全状态：物理性危险和有害因素中的设备、设施缺陷。

不安全环境：无。

本质安全措施：未加盲板或断开管线。

工程控制措施：无人孔封闭器或其他硬隔离设施。

行政控制措施：有制度、未执行。

个体防护措施：未佩戴相应防护器材和用品。

7.4 动火作业

企业所属厂区内、外各种油气管道、化工管道、设备、公用工程系统的各种明火作业、明火取暖和明火照明，包括：

① 各种焊接、切割作业；

② 喷灯、火炉、液化气炉、电炉、电烙铁；

③ 烧烤煨管、烧烤物体及纸张、熬沥青、炒沙子、捶击（产生火花）物体和产生火花的作业（包括风镐等）；

④ 工艺装置区、罐区临时用电（包括使用电钻、砂轮、无齿锯、电喷涂等）或使用其他非防爆电动工具、电器等；

⑤ 机动车辆及畜力车进入工艺装置区和罐区；

⑥ 使用雷管、炸药等进行爆破；

⑦ 在生产区使用临时照明、非防爆移动照明。

7.4.1 HSE 管理体系规范要求

由动火申请单位做好动火前各项准备工作，切断物料来源加好盲板，经清洗、吹扫、置换，分析合格后，方可动火。

用火确认人对用火许可证上各条措施，应逐条检查确认方可签字，用火审批人应亲临现场检查，监督落实防火措施后，方可签发《用火许可证》。

严格执行"三不动火"，即没有批准的《用火许可证》不动火，防火监护人不在现场不动火，防火措施不落实不动火。

安全监督部门、消防部门的各级领导有权随时检查用火，如发现违反用火管理制度或有动火危险时，可收回《用火许可证》，停止动火，并根据违章情节，给予相应处理。

7.4.2 《化学品生产单位动火作业安全规范》(AQ 3022—2008) 关键条文

《化学品生产单位动火作业安全规范》(AQ 3022—2008) 对动火作业的要求（以下条文的编号为标准编号）：

·4.1　特殊动火作业

在生产运行状态下的易燃易爆生产装置、输送管道、储罐、容器等部位上及其他特殊危险场所进行的动火作业。带压不置换动火作业按特殊动火作业管理。

·4.2　一级动火作业

在易燃易爆场所进行的除特殊动火作业以外的动火作业。厂区管廊上的动火作业按一级动火作业管理。

·4.3　二级动火作业

·4.3.1　除特殊动火作业和一级动火作业以外的禁火区的动火作业。

·4.3.2　凡生产装置或系统全部停车，装置经清洗、置换、取样分析合格并采取安全隔离措施后，可根据其火灾、爆炸危险性大小，经厂安全(防火)部门批准，动火作业可按二级动火作业管理。

·4.4　遇节日、假日或其他特殊情况时，动火作业应升级管理。

·5.1.1　动火作业应办理《动火安全作业证》(以下简称《作业证》)，进入受限空间、高处等进行动火作业时，还须执行 AQ 3028—2008 化学品生产单位受限空间作业安全规范和 AQ 3025—2008 化学品生产单位高处作业安全规范的规定。

·5.1.2　动火作业应有专人监火，动火作业前应清除动火现场及周围的易燃物品，或采取其他有效的安全防火措施，配备足够适用的消防器材。

·6.1　动火作业前应进行安全分析，动火分析的取样点要有代表性。

·6.2　在较大的设备内动火作业，应采取上、中、下取样；在较长的物料管线上动火，应在彻底隔绝区域内分段取样；在设备外部动火作业，应进行环境分析，且分析范围不小于动火点 10m。

·6.3　取样与动火间隔不得超过 30min，如超过此间隔或动火作业中断时间超过 30min，应重新取样分析。特殊动火作业期间还应随时进行监测。

·6.4　使用便携式可燃气体检测仪或其他类似手段进行分析时，检测设备应经标准气体样品标定合格。

动火分析合格判定。

当被测气体或蒸气的爆炸下限大于等于 4% 时，其被测浓度应不大于 0.5%(体积百分数)；当被测气体或蒸气的爆炸下限小于 4% 时，其被测浓度应不大于 0.2%(体积百分数)。

·8.2　《作业证》的办理和使用要求

·8.2.1　办证人须按《作业证》的项目逐项填写，不得空项；根据动火等级，按 8.3 条规定的审批权限进行办理。

·8.2.2 办理好《作业证》后，动火作业负责人应到现场检查动火作业安全措施落实情况，确认安全措施可靠并向动火人和监火人交代安全注意事项后，方可批准开始作业。

·8.2.3 《作业证》实行一个动火点、一张动火证的动火作业管理。

·8.2.4 《作业证》不得随意涂改和转让，不得异地使用或扩大使用范围。

·8.2.5 《作业证》一式三联，二级动火由审批人、动火人和动火点所在车间操作岗位各持一份存查；一级和特殊动火《作业证》由动火点所在车间负责人、动火人和主管安全(防火)部门各持一份存查；《作业证》保存期限至少为1年。

·8.3 《作业证》的审批

·8.3.1 特殊动火作业的《作业证》由主管厂长或总工程师审批。

·8.3.2 一级动火作业的《作业证》由主管安全(防火)部门审批。

·8.3.3 二级动火作业的《作业证》由动火点所在车间主管负责人审批。

·8.4 《作业证》的有效期限

·8.4.1 特殊动火作业和一级动火作业的《作业证》有效期不超过8h。

·8.4.2 二级动火作业的《作业证》有效期不超过72h，每日动火前应进行动火分析。

·8.4.3 动火作业超过有效期限，应重新办理《作业证》。

7.4.3 安全监督要点

（1）动火作业许可证填写及办理审批程序的规范性

包括：用火级别、用火部位、用火有效时间、用火分析时间、数据及分析结论、会签及审批等。

（2）安全措施的针对性及有效落实情况

安全措施的确认，包括：动火点周围(上下前后左右)易燃物的清除、隔离及封闭情况、电焊回路线的接线情况、消防器材配备情况等。

（3）"三不动火"原则的落实情况

用火监护人的职责的落实情况等。

动火作业事故案例1

2001年6月27日18：20，因施工用火造成裂解乙烯过热器(EA-418)着火，分离单元停车，造成高压、低压、乙二醇、制苯装置停车，到28日20：40全厂恢复正常。

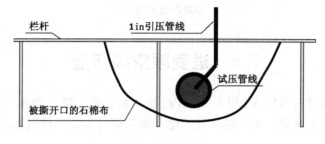

图解事故案例1

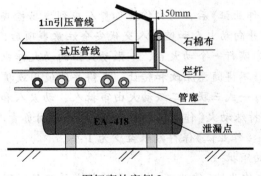

图解事故案例2

动火作业事故案例2

2001年8月15日10：00前后，裂解车间正在拆除的旧汽油分馏塔（DA-101）着火，到14：00熄灭。原因是施工人员没有按照拆除方案进行。按照拆除方案，应将填料拆除并运至塔外，再在分布器上铺上石棉布并用水浇湿，才可动火切割塔体。而施工人员却在还有两层填料未拆出的情况下切割塔体，引起附着在填料上的焦渣、重油着火。（装置停工检修期间施工人员违规私自改变用火作业方案）

动火作业事故案例3

2001年8月17日9：00前后，裂解车间发生一起油污井爆鸣事故，造成6人受轻微伤，原因是：油污井内存有油及挥发出的可燃气，遇施工切割连接于油污井排气管上的伴热排凝线的明火而引爆。（装置停工检修期间车间对施工任务不明、向施工单位交底不清）

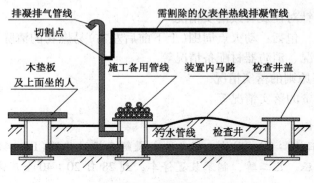

图解事故案例3

7.5 进受限空间作业

凡在生产区域内进入或探入（指头部人内）炉、塔、釜、罐、槽车、罐车、反应器以及管道、烟道、隧道、下水道、沟、坑、井、池、涵洞等封闭、半封闭设施及场所作业统称进入设备作业。

（燕化公司补充：在被油类和其他化学危险品污染区域或地域同样视为进入设备作业。）

容易发生的事故类型：

① 因缺氧造成的窒息事故；

198

② 因有毒物造成的中毒事故；

③ 因酸碱造成的灼伤事故；

④ 因高温造成的虚脱事故；

⑤ 因有易燃介质或材料造成的爆炸燃烧事故；

⑥ 因漏电造成电击事故；

⑦ 因操作不当造成机械伤害事故；

⑧ 因高处作业造成的摔伤或砸伤事故等。

7.5.1 HSE 管理体系规范要求

基层单位在人员进受限空间作业前，要做好工艺处理，所有与设备相连的管线、阀门应加盲板断开，并对该设备进行吹扫、蒸煮、置换合格；

检验单位要确保作业前的取样分析的取样点要有代表性、全面性和准确性；

进设备许可证的确认人和审批人应在确认安全措施落实后，方可签字；

作业过程中，监护人要随时注意环境变化，有异常情况，随时采取措施，必要时停止作业。

7.5.2 《化学品生产单位受限空间作业安全规范》（AQ 3028—2008）关键条文

《化学品生产单位受限空间作业安全规范》（AQ 3028—2008）对受限空间作业的要求（以下条文的编号为标准编号）：

·4.2 安全隔绝

·4.2.1 受限空间与其他系统连通的可能危及安全作业的管道应采取有效隔离措施。

·4.2.2 管道安全隔绝可采用插入盲板或拆除一段管道进行隔绝，不能用水封或关闭阀门等代替盲板或拆除管道。

·4.2.3 与受限空间相连通的可能危及安全作业的孔、洞应进行严密地封堵。

·4.2.4 受限空间带有搅拌器等用电设备时，应在停机后切断电源，上锁并加挂警示牌。

·4.3 清洗或置换

受限空间作业前，应根据受限空间盛装（过）的物料的特性，对受限空间进行清洗或置换，并达到下列要求：

·4.3.1 氧含量一般为 18%~21%，在富氧环境下不得大于 23.5%。

·4.3.2 有毒气体（物质）浓度应符合 GBZ 2—2007 的规定。

·4.3.3 可燃气体浓度：当被测气体或蒸气的爆炸下限大于等于 4% 时，其被测浓度不大于 0.5%（体积百分数）；当被测气体或蒸气的爆炸下限小于 4% 时，其被测浓度不大于 0.2%（体积百分数）。

·4.4 通风

应采取措施，保持受限空间空气良好流通。

·4.4.1 打开人孔、手孔、料孔、风门、烟门等与大气相通的设施进行自然通风。

·4.4.2 必要时，可采取强制通风。

·4.4.3 采用管道送风时，送风前应对管道内介质和风源进行分析确认。

·4.4.4 禁止向受限空间充氧气或富氧空气。

· 4.5 监测

· 4.5.1 作业前30min内，应对受限空间进行气体采样分析，分析合格后方可进入。

· 4.5.2 分析仪器应在校验有效期内，使用前应保证其处于正常工作状态。

· 4.5.3 采样点应有代表性，容积较大的受限空间，应采取上、中、下各部位取样。

· 4.5.4 作业中应定时监测，至少每2h监测一次，如监测分析结果有明显变化，作业中断超过30min应重新进行监测分析，对可能释放有害物质的受限空间，应连续监测。则应加大监测频率；

作业中断超过30min应重新进行监测分析，对可能释放有害物质的受限空间，应连续监测。情况异常时应立即停止作业，撤离人员，经对现场处理，并取样分析合格后方可恢复作业。

· 4.5.5 涂刷具有挥发性溶剂的涂料时，应做连续分析，并采取强制通风措施。

· 4.5.6 采样人员深入或探入受限空间采样时应采取4.6中规定的防护措施。

· 4.6 个体防护措施

受限空间经清洗或置换不能达到4.3的要求时，应采取相应的防护措施方可作业。

· 4.6.1 在缺氧或有毒的受限空间作业时，应佩戴隔离式防护面具，必要时作业人员应拴带救生绳。

· 4.6.2 在易燃易爆的受限空间作业时，应穿防静电工作服、工作鞋，使用防爆型低压灯具及不发生火花的工具。

· 4.6.3 在有酸碱等腐蚀性介质的受限空间作业时，应穿戴好防酸碱工作服、工作鞋、手套等护品。

· 4.6.4 在产生噪声的受限空间作业时，应配戴耳塞或耳罩等防噪声护具。

· 4.7 照明及用电安全

· 4.7.1 受限空间照明电压应小于等于36V，在潮湿容器、狭小容器内作业电压应小于等于12V。

· 4.7.2 使用超过安全电压的手持电动工具作业或进行电焊作业时，应配备漏电保护器。在潮湿容器中，作业人员应站在绝缘板上，同时保证金属容器接地可靠。

· 4.7.3 临时用电应办理用电手续，按GB/T 13869—2008规定架设和拆除。

· 4.8 监护

· 4.8.1 受限空间作业，在受限空间外应设有专人监护。

· 4.8.2 进入受限空间前，监护人应会同作业人员检查安全措施，统一联系信号。

· 4.8.3 在风险较大的受限空间作业，应增设监护人员，并随时保持与受限空间作业人员的联络。

· 4.8.4 监护人员不得脱离岗位，并应掌握受限空间作业人员的人数和身份，对人员和工器具进行清点。

· 4.9 其他安全要求

· 4.9.1 在受限空间作业时应在受限空间外设置安全警示标志。

· 4.9.2 受限空间出入口应保持畅通。

· 4.9.3 多工种、多层交叉作业应采取互相之间避免伤害的措施。

· 4.9.4 作业人员不得携带与作业无关的物品进入受限空间，作业中不得抛掷材料、工器具等物品。

·4.9.5 受限空间外应备有空气呼吸器(氧气呼吸器)、消防器材和清水等相应的应急用品。

·4.9.6 严禁作业人员在有毒、窒息环境下摘下防毒面具。

·4.9.7 难度大、劳动强度大、时间长的受限空间作业应采取轮换作业。

·4.1 受限空间作业实施作业证管理,作业前应办理《受限空间安全作业证》(以下简称《作业证》)。

·5.4 审批人员的职责

·5.4.1 审查《作业证》的办理是否符合要求。

·5.4.2 到现场了解受限空间内外情况。

·5.4.3 督促检查各项安全措施的落实情况。

7.5.3 进设备(受限空间)作业安全监督要点

(1)进受限空间作业许可证填写及办理审批程序的规范性

① 包括:设备名称、作业内容、作业有效时间、分析时间、数据及分析结论、会签及审批等;

② 对进入设备的分析要求取样具有代表性,一般不得使用便携式检测仪器;爆炸分析、氧含量分析、有毒物质分析均要进行。

(2)作业设备的安全隔离情况

重点检查盲板及工艺处理情况,包括:所有与设备相连的管线、阀门必须加盲板断开,并对该设备进行吹扫、蒸煮、置换合格,不得以关闭阀门代替盲板,盲板应挂牌标识。

(3)安全监护措施落实情况

① 在进入设备作业前,对监护人、作业人要进行必要的教育,包括现场急救知识;

② 有关安全措施确认人是否签字认可;

③ 进入带有搅拌机等转动设备时,必须切断电源,在电器开关上挂警示牌并办理停电票证,必要时设专人监。

(4)监护情况

① 双方监护人是否在场;

② 监护人是否了解作业内容、设备内的介质及可能发生事故的潜在因素;

③ 进入设备作业人员的防护器具、监护人与作业人员的联络信号及应急救护措施和器材等。

(5)设备容器内的通风、置换情况

① 当设备内含氧量合格而有毒有害物质超标,但工艺处理又特别困难,就要佩戴必要的安全防护用具,如滤毒罐(注意根据有毒有害物质的类别,选用不同滤料的过滤器)、长管式面具或空气呼吸器;

② 当设备内含氧量不合格时,只能佩戴长管式面具或空气呼吸器;

③ 上述情况均要采取强制通风,但缺氧时严禁通氧气补氧。

(6)手持电动工具及照明灯具的安全性

设备内用电要严格遵守用电安全守则的规定,包括使用安全电压、电线绝缘良好、有漏电保护器。

进受限空间作业事故案例 1

（1）事故经过

1982 年 6 月 13 日燕化大修厂承担了化工一厂高压车间新鲜乙烯接受器 D-7（$D=1.2m$，$H=11m$）的检修任务。当天对 D-7 进行了氧含量分析，合格。高压车间派人进入 D-7 进行了清理工作。

6 月 14 日大修厂职工进入 D-7 工作了一天，下午下班时，作业职工提出容器内发闷、头晕。高压车间和大修厂现场人员认为是天气气温高，容器内地方小，空气流通不好而造成的。

6 月 15 日，高压车间为了加强空气流通量，于 8：30 左右，把公用工程系统的空气（工业用风）用胶管接通后通入 D-7 内，10：10 左右，大修厂职工一人监护，另两人准备进入 D-7 内搭架子，当第一名进去后不久，第二名也跟着进去就发现刚进去的职工已晕倒，随即喊了一声："晕倒了！"自己也倒了下去。外面监护的人一看马上就喊："救人呐！"，10：15 前后，将两名职工救出并立即送职工医院，经医院高压氧仓抢救于当日下午恢复正常出院。

（2）事故调查

事故发生后立即进行取样分析，分析结果是：D-7 人孔内 1.5m 处含氧量为 10%，5~6m 高处含氧量为 6%，对通入的空气管口分析，含氧量为 3%，随怀疑通入的工业风有问题。经查，发现全厂有 3 处氮气系统与工业风系统相连通，制苯、动力和油品车间各 1 处，三处连通阀门都处于关闭状态，但都未加盲板。分析结论是连通阀内漏造成氮气窜入空气系统，另外 D-7 顶部的排放口阀门未打开，仅仅打开了人孔。

（3）事故原因分析

① 容器打开后第一次进人时进行了含氧量分析合格，但以后再次进入时就没有再进行含氧量分析，尤其通入工业用风后，容器内的介质条件已经发生了变化，却未进行氧含量分析。是这次窒息事故的主要原因。

② D-7 顶部的排放口阀门未打开，便空气流通不畅，也无其他换气通道，致使容器内氮气含量增加，是造成窒息事故的原因之一。

③ 全厂工业用风系统和氮气系统管理不善，造成氮气窜入工业风系统（氮气的压力高于风的压力）是事故发生的客观原因。

进受限室间作业事故案例 2

1999 年 8 月 1 日 11：40，巴陵石化岳阳石化总厂环氧树脂厂树脂一车间职工杨某某（男，23 岁），在将桶装不合格树脂（20 公斤/桶）倒入分水釜时，树脂桶滑落到釜内，杨即向副工段长任某某报告，任某某交代不能下去捡，要用钩子钩。11：50，寻找钩子返回的任发现杨已进入釜内，在伸手拉不着杨后即组织抢救。12：08，杨被从釜内救出送医院，经抢救无效死亡。

这次事故的原因是杨某某违反《进受限空间作业安全管理制度》，擅自进入未经任何安全处理的釜内，导致中毒死亡。

7.6 高处作业

指在坠落高度基准面 2m 以上（含 2m），有坠落可能的位置进行的作业。

高处作业分为四级：

① 高度在 2~5m，称为一级高处作业；

② 高度在 5~15m，称为二级高处作业；

③ 高度在 15~30m，称为三级高处作业；

④ 高度在 30m 以上，称为特级高处作业；

特殊高处作业：

因事故或灾害、异常温度、雨雪天气、大雾天气、带电、悬空、抢救等特殊情况下进行的高处作业。

高处作业容易发生的事故类型及危害：

高处坠落，包括人身坠落、工器具坠落、设备材料坠落等，易造成人身伤害、设备器材损坏。从而易导致：

① 人身伤亡事故；

② 设备管线、工器具损坏事故；

③ 引发物料泄漏、火灾爆炸、影响装置生产事故。

7~8 月是高处作业事故的高发时期，1~2 月是高处作业事故发生较少的月份。这主要与建筑活动大部分集中在夏季有关，而到了冬季建筑工程大部分也到了停工状态。

·每天最易发生事故的时间段是：上午 10：00~11：00 点期间；下午 13：00~15：00 点期间。

·据统计：大部分高处坠落发生在并不十分高的地方。正是因为这一点，所以人们忽视了这一高度，认为无需做太多的安全防护，才导致事故的频频发生。

·在 3~6m 是最易发生高处坠落的高度。70% 的高处坠落事故发生在高度不到 6m 的地方。由此推断，低作业层的安全防护措施不容忽视。

7.6.1　高处作业 HSE 管理体系规范要求

进行 3 级、特级高处作业时，应办理高处作业许可证。

高处作业人员应戴好安全带、戴好安全帽，衣着要灵便，禁止穿硬底和带钉易滑的鞋。

在临近地区设有排放有毒、有害气体及粉尘超出允许浓度的烟囱及设备等场合，严禁进行高处作业。

在六级风以上和雷电、暴雨、大雾等恶劣气候条件下，影响施工安全时，禁止进行露天高处作业。

7.6.2　《化学品生产单位高处作业安全规范》（AQ 3025—2008）条文

《化学品生产单位高处作业安全规范》（AQ 3025—2008）对高处作业的要求（以下条文的编号为标准编号）：

·5.1　高处作业前的安全要求

·5.1.1　进行高处作业前，应针对作业内容，进行危险辨识，制定相应的作业程序及安全措施。将辨识出的危害因素写入《高处安全作业证》（以下简称《作业证》），并制定出对应的安全措施。

·5.1.2　进行高处作业时，除执行本规范外，应符合国家现行的有关高处作业及安全技术标准的规定。

·5.1.3　作业单位负责人应对高处作业安全技术负责，并建立相应的责任制。

·5.1.4 高处作业人员及搭设高处作业安全设施的人员，应经过专业技术培训及专业考试合格，持证上岗，并应定期进行体格检查。对患有职业禁忌证(如高血压、心脏病、贫血病、癫痫病、精神疾病等)、年老体弱、疲劳过度、视力不佳及其他不适于高处作业的人员，不得进行高处作业。

·5.1.5 从事高处作业的单位应办理《作业证》，落实安全防护措施后方可作业。

·5.1.6 《作业证》审批人员应赴高处作业现场检查确认安全措施后，方可批准高处作业。

·5.2 高处作业中的安全要求与防护

·5.2.1 高处作业应设监护人对高处作业人员进行监护，监护人应坚守岗位。

·5.2.2 作业中应正确使用防坠落用品与登高器具、设备。高处作业人员应系用与作业内容相适应的安全带，安全带应系挂在作业处上方的牢固构件上或专为挂安全带用的钢架或钢丝绳上，不得系挂在移动或不牢固的物件上；不得系挂在有尖锐棱角的部位。安全带不得低挂高用。系安全带后应检查扣环是否扣牢。

·5.2.3 作业场所有坠落可能的物件，应一律先行撤除或加以固定。高处作业所使用的工具、材料、零件等应装入工具袋，上下时手中不得持物。工具在使用时应系安全绳，不用时放入工具袋中。不得投掷工具、材料及其他物品。易滑动、易滚动的工具、材料堆放在脚手架上时，应采取防止坠落措施。高处作业中所用的物料，应堆放平稳，不妨碍通行和装卸。作业中的走道、通道板和登高用具，应随时清扫干净；拆卸下的物件及余料和废料均应及时清理运走，不得任意乱置或向下丢弃。

·5.3 高处作业完工后的安全要求

·5.3.1 高处作业完工后，作业现场清扫干净，作业用的工具、拆卸下的物件及余料和废料应清理运走。

·5.3.2 脚手架、防护棚拆除时，应设警戒区，并派专人监护。拆除脚手架、防护棚时不得上部和下部同时施工。

·5.3.3 高处作业完工后，临时用电的线路应由具有特种作业操作证书的电工拆除。

·5.3.4 高处作业完工后，作业人员要安全撤离现场，验收人在《作业证》上签字。

·6 《高处安全作业证》的管理

·6.1 一级高处作业和在坡度大于45°的斜坡上面的高处作业，由车间负责审批。

·6.2 二级、三级高处作业及下列情形的高处作业由车间审核后，报厂相关主管部门审批。

（1）在升降(吊装)口、坑、井、池、沟、洞等上面或附近进行高处作业；

（2）在易燃、易爆、易中毒、易灼伤的区域或转动设备附近进行高处作业；

（3）在无平台、无护栏的塔、釜、炉、罐等化工容器、设备及架空管道上进行高处作业；

（4）在塔、釜、炉、罐等设备内进行高处作业；

（5）在临近有排放有毒、有害气体、粉尘的放空管线或烟囱及设备高处作业。

·6.3 特级高处作业及下列情形的高处作业，由单位安全部门审核后，报主管安全负责人审批。

（1）在阵风风力为6级(风速10.8m/s)及以上情况下进行的强风高处作业；

（2）在高温或低温环境下进行的异温高处作业；

（3）在降雪时进行的雪天高处作业；

（4）在降雨时进行的雨天高处作业。

7.6.3 高处作业安全监督要点

（1）高处作业许可证填写及办理审批程序的规范性

包括施工地点、作业分级、作业有效时间、会签及审批等。

（2）高处作业人员职业禁忌查体和劳动防护品的佩戴情况

① 查问作业人员身体状况，高血压、心脏病、癫痫病及发热等不适宜高处作业的情况；

② 检查劳保着装，重点检查安全带、安全帽、工作鞋和工具袋。

（3）特殊高处作业的安全监督

① 特殊高处作业必须制定作业方案，并经单位安全部门与单位领导审批；

② 在抢救人员、处理重大险情等紧急情况下，经采取切实可行的安全措施，在保证救护或抢险人员安全，领导在场的前提下，可以口头批准，进行无票高处作业。

（4）作业环境影响因素防护措施的落实情况

根据不同的高处作业内容，有针对性地检查工作票上安全措施的落实情况，包括：

① 搭设的脚手架是否符合安全规程；

② 在设备内的高处作业或排放有毒、有害气体及粉尘浓度超标处高处作业，应佩戴过滤式呼吸器或空气呼吸器；

③ 作业环境的照明；

④ 特级高处作业的通信工具；

⑤ 备梯、备绳应符合安全规程。

脚手架的相关照片见图 7-2，规范的脚手架结构见图 7-3，移动式脚手架见图 7-4。

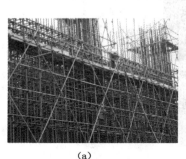 

（a）　　　　　　　　　　　　（b）

（c）

图 7-2　脚手架照片

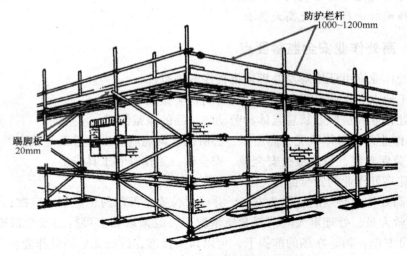

图 7-3　规范的脚手架结构

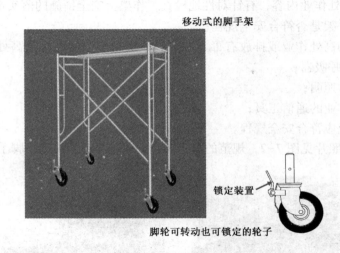

图 7-4　移动式脚手架

脚手架作业的一般规定如下：

根据《石油化工建设工程施工安全技术规范》（GB 50484—2008），施工单位应编制脚手架施工方案，对符合下列条件之一的应编制专项施工方案，并有安全演算结果，经施工单位技术负责人、总监理工程师签字后实施：

① 架体高度 50m 以上；

② 承载量大于 3.0kN/m^2；

③ 特殊形式脚手架工程。

脚手架作业人员应经过专业考核合格，取得《特种作业操作证》。并在体检合格后方可上岗。

脚手架与架空输电线路的安全距离见表 7-1，同时应搭设防护设施警告标志。

表 7-1　脚手架与架空输电线路的安全距离

带电体电压等级/kV	<1	1~10	35~110	220	330~500
最小安全操作距离/m	4	6	8	10	15

搭、拆脚手架前，应向作业人员进行安全技术交底，作业现场应设置警戒区、警示牌并有专人监护，警戒区内不得有其他作业或人员通行。

扣件式钢管脚手架的安全管理

脚手架及其地基基础应在下列阶段进行检查与验收：

① 基础完工后及脚手架搭设前；

② 作业层上施加荷载前；

③ 每搭设完 6~8m 高度后；

④ 达到设计高度后；

⑤ 遇有六级大风与大雨后；冻结地区解冻后；

⑥ 停用超过一个月。

脚手板应铺设牢靠、严实，并应用安全网双层兜底，施工层以下每隔 10m 应用安全网封闭。

单双排脚手架、悬挑式脚手架沿架体外围应用密目式安全网全封闭，密目式安全网宜设置在脚手架外立杆的内侧，并应与架体绑扎牢固。

注：安全防护网和密目式安全网的区别：安全防护网在高空进行建筑施工、设备安装时，在其下或其侧面设置的起保护作用的网，以防因人或物件坠落而造成的事故。一般用绳索等编成。而密目式安全网由聚乙烯制成，防尘耐用；网目密度不低于 800 目/100cm^2，垂直于水平面安装用于防止人员坠落及坠物伤害的网。一般由网体、开眼环扣、边绳和附加系绳组成。

脚手架使用期间，严禁拆除下列杆件：

① 主节点处的纵、横向水平杆，纵、横向扫地杆；

② 连墙件。

当脚手架使用过程中开挖脚手架基础下的设备基础或管沟时，必须对脚手架采取加固措施。

满堂脚手架与满堂支撑架在安装过程中，应采取防倾覆的临时固定措施。

临街搭设脚手架时，外侧应有防止坠物伤人的防护措施。

在脚手架进行电、气焊作业时，应有防火措施和专人看守。

工地临时用电线路的架设及脚手架接地、避雷措施等，应按《施工现场临时用电安全技术规范》（JGJ 46—2005）的有关规定执行。

搭设脚手架时，地面应设围栏和警戒标志，并应派专人看守，严禁非操作人员入内。

脚手架钢管宜采用选用 φ48.3，壁厚 3.6mm 的 A3 钢管，每根钢管的最大质量不应大于 25.8kg，钢管必须有防锈漆。

脚手板可采用钢材料制作，单块脚手板的质量不宜大于 30kg。

脚手架拆除遵循的原则：应先搭的后拆，后搭的先拆。

北方地区脚手板一般用厚 2mm 的钢板压制而成，长度 2~4m，宽度 250mm，表面应有防滑措施。

作业层端部脚手板的探出长度应为 10~15cm，两端必须用 8# 铅丝固定，绑扎产生的铁丝扣应砸平。

纵、横水平杆端头伸出扣件盖板边缘应在 10~30cm。

纵向扫地杆应采用直角扣件固定在距底座上皮不大于 20cm 处的立杆上，横向扫地杆应采用直角扣件固定紧靠纵向扫地杆的下方的立杆上。

脚手架竖向荷载：脚手板→横向水平杆→纵向水平杆→纵向水平杆与立杆连接的扣件→立杆→垫板→地基。

脚手架水平荷载：立杆→立杆与连墙件的扣件→连墙件→墙体。

脚手架的底步距(上下水平杆轴线间的距离)不应大于 1.2m。

脚手架的立杆间距一般不大于 1.5m。

高处作业事故案例

1998 年 10 月 2 日 17：40，某公司施工队×××(男，31 岁，气焊工)，在×事业部××装置框架拆除旧工艺管线(直径 325mm)时，一只脚踩在距地面 3.5m 高的平台栏杆上，另一只脚踩在直径 200mm 的管线上，一只手扶在上层框架的水泥梁上，另一只手持割枪割直径 325mm 总长约 4.7m 的管线吊钩，当吊钩割断时管线发生摆动，将气焊工×××从 3.5m 处推下，气焊工×××当时身背安全带，但没有索定；头戴安全帽但没有按要求系好帽带，致使坠落时安全帽与头分开。事故发生后立即送医院抢救，经诊断为脑内有出血，造成颅骨、左肋骨 3、4、5 根及左锁骨多处骨折，于 1998 年 10 月 21 日 9：40 因抢救无效死亡。

(1) 发生这起高处坠落死亡事故的直接原因是：

气焊工×××违反高处作业安全管理规定，不按规定着装是事故发生的直接原因。他身背安全带，但没有按规定将安全带挂好；安全帽没有按要求系好帽带，坠落时安全帽与头分开致使头部受重创，是造成事故的直接原因。

人的不安全行为：行为性危险、危害因素中的操作失误(误操作、违章作业)；未系安全带。

物的不安全状态：滑板绳未系牢。

(2) 措施分类

本质安全措施：吊篮。

工程控制措施：脚手架、生命绳。

行政控制措施：检查程序。

个体防护措施：安全带(超过 3m 的，应用带缓冲器)。

7.7 破土作业

7.7.1 破土作业的概念和事故类型

凡在企业内部地面开挖、掘进、钻孔、打桩、爆破均为破土作业。

破土作业容易发生的事故类型：

① 破坏埋地电力、电信电缆造成供电及通讯事故；

② 破坏埋地动力电缆造成触电等人身伤害事故；

③ 破坏埋地燃气管线造成燃气泄漏、火灾、爆炸事故；

④ 破坏埋地给排水管线造成泄漏及供水中断事故；

⑤ 破坏地标等造成有关部门影响观测事故；

⑥ 破坏道路影响交通及消防救援；

⑦ 施工期间防护措施不到位造成人身伤害事故；

⑧ 施工方案不科学造成塌方、沉降、位移事故等。

7.7.2 HSE 管理体系规范要求

凡在企业内部地面开挖、掘进、钻孔、打桩、爆破等各种破土作业，应办理破土作业许可证；

电力部门、生产、机动、安全、消防、设计等部门提出专业要求，施工单位逐条落实防范措施，并经主管部门签字确认后，方可作业。

7.7.3 《化学品生产单位动土作业安全规范》（AQ 3023—2008）关键条文

《化学品生产单位动土作业安全规范》（AQ 3023—2008）对动土作业的要求（以下条文的编号为标准编号）：

4.1 动土作业应办理《动土安全作业证》（以下简称《作业证》），没有《作业证》严禁动土作业。

4.2 《作业证》经单位有关水、电、汽、工艺、设备、消防、安全、工程等部门会签，由单位动土作业主管部门审批。

4.6 严禁涂改、转借《作业证》，不得擅自变更动土作业内容、扩大作业范围或转移作业地点

5 《作业证》的管理

5.1 《作业证》由动土作业主管部门负责审批、管理。

5.2 动土申请单位在动土作业主管部门领取《作业证》，填写有关内容后交施工单位。

5.3 施工单位接到《作业证》后，填写《作业证》中有关内容后将《作业证》交动土申请单位。

5.4 动土申请单位从施工单位得到《作业证》后交单位动土作业主管部门，并由其牵头组织工程有关部门审核会签后审批。

5.5 动土作业审批人员应到现场核对图纸。查验标志，检查确认安全措施后方可签发《作业证》。

5.6 动土申请单位应将办理好的《作业证》留存，分别送档案室、有关部门、施工单位各一份。

5.7 《作业证》一式三联，第一联交审批单位留存，第二联交申请单位，第三联由现场作业人员随身携带。

5.8 一个施工点、一个施工周期内办理一张《作业证》。

5.9 《作业证》保存期为一年。

4.3 作业前，项目负责人应对作业人员进行安全教育。作业人员应按规定着装并佩戴合适的个体防护用品。施工单位应进行施工现场危害辨识，并逐条落实安全措施。

4.4 作业前，应检查工具、现场支撑是否牢固、完好，发现问题应及时处理。

4.5 动土作业施工现场应根据需要设置护栏、盖板和警告标志，夜间应悬挂红灯示警。

4.9 挖掘坑、槽、井、沟等作业，应遵守下列规定：

a）挖掘土方应自上而下进行，不准采用挖底脚的办法挖掘，挖出的土石严禁堵塞下水道和窖井。

b）在挖较深的坑、槽、井、沟时，严禁在土壁上挖洞攀登，当使用便携式木梯或便携式金属梯时，应符合GB7059和GB12142要求。作业时应戴安全帽，安全帽应符合GB2811的要求。坑、槽、井、沟上端边沿不准人员站立、行走。

c）要视土壤性质、湿度和挖掘深度设置安全边坡或固壁支撑。挖出的泥土堆放处所和堆放的材料至少应距坑、槽、井、沟边沿0.8m，高度不得超过1.5m。对坑、槽、井、沟边坡或固壁支撑架应随时检查，特别是雨雪后和解冻时期，如发现边坡有裂缝、松疏或支撑有折断、走位等异常危险征兆，应立即停止工作，并采取可靠的安全措施。

d）在坑、槽、井、沟的边缘安放机械、铺设轨道及通行车辆时，应保持适当距离，采取有效的固壁措施，确保安全。

4.10 作业人员多人同时挖土应相距在2m以上，防止工具伤人。作业人员发现异常时，应立即撤离作业现场。

4.11 在危险场所动土时，应有专业人员现场监护，当所在生产区域发生突然排放有害物质时，现场监护人员应立即通知动土作业人员停止作业，迅速撤离现场，并采取必要的应急措施。

7.7.4 破土作业安全监督要点

（1）破土作业许可证填写及办理审批程序的规范

包括：破土地点、作业内容、作业有效时间、会签及审批等。

地下设施的审核会签主要为设计部门、电力部门、电信部门、给排水部门；消防道路还需要到当地消防部门备案。

（2）安全措施的针对性及有效落实情况

① 作业现场围栏、警戒线、警告牌，夜间警示灯设置情况；

② 放坡处理及固壁支撑情况；

③ 通风、测爆及有毒有害介质检测情况。

（3）作业人员劳动护品的穿戴情况

破土作业事故案例

施工单位在炼油厂道路施工时推土机推断动力电缆，造成多套装置停车；

施工单位在化工一厂铺设消防水管线施工时施工人员用镐头将电缆破损，造成部分装置停车；

施工单位在化工一厂在进行地下阀门井施工时，因下雨塌方，其侧管廊立柱基础下沉，造成管线移位变形，险些造成管线拉裂物料泄漏事故；

施工单位在铺设管线破路施工，夜间未设置警示灯，一骑车人掉入沟内，摔成重伤。

7.8 起重吊装作业

凡使用各类型起重机械，包括各种型式的起重机、升降机、电葫芦及简易起重设备和辅具(如吊架、吊篮等)吊装输送物体及载人电梯均属起重吊装作业。

7.8.1 起重吊装作业容易发生的事故类型

① 起重机械倾翻事故；

② 起重机械本体损坏事故，如起重臂、绳索折断；制动器、限位器损坏等；

③ 起吊物体坠落、游移，造成人身伤害(包括砸伤、挤伤)、起吊物损坏事故

④ 在起吊过程中起重臂、起吊物将作业环境周围的设备设施、建构筑物、电线电缆、管廊管线撞损事故；

⑤ 由于锚固方式错误，造成设备(含基础)、管道、管架、建构筑物损坏事故；

⑥ 由起吊作业引起的其他次生事故，如停电、停产、火灾、爆炸、毒物泄漏等。

7.8.2 HSE 管理体系规范要求

起重指挥人员、司索人员和起重操作人员应经过专业部门培训、考核、取证后，方可上岗。

起重作业前，指挥人员要对多种起重器具的安全可靠性及周围环境进行检查。

在特殊条件下，吊装大中型设备、构件时，吊装单位安全管理部门应制定施工方案及安全技术措施。

在起吊作业中，各方人员应协调一致，统一信号，统一指挥。

7.8.3 《化学品生产单位吊装作业安全规范》(AQ 3021—2008) 关键条文

《化学品生产单位吊装作业安全规范》(AQ 3021—2008)对吊装作业的要求(以下条文的编号为标准编号)：

5 作业安全管理基本要求

5.1 应按照国家标准规定对吊装机具进行日检、月检、年检。对检查中发现问题的吊装机具，应进行检修处理，并保存检修档案。检查应符合 GB6067 的规定。

5.2 吊装作业人员(指挥人员、起重工)应持有有效的《特种作业人员操作证》，方可从事吊装作业指挥和操作。

5.3 吊装质量大于等于 40t 的重物和土建工程主体结构，应编制吊装作业方案。吊装物体虽不足 40t，但形状复杂、刚度小、长径比大、精密贵重，以及在作业条件特殊的情况下，也应编制吊装作业方案、施工安全措施和应急救援预案。

5.4 吊装作业方案、施工安全措施和应急救援预案经作业主管部门和相关管理部门审查，报主管安全负责人批准后方可实施。

5.5 利用两台或多台起重机械吊运同一重物时，升降、运行应保持同步；各台起重机械所承受的载荷不得超过各自额定起重能力的 80%。

6 作业前的安全检查

吊装作业前应进行以下项目的安全检查：

6.1 相关部门应对从事指挥和操作的人员进行资质确认。

6.2 相关部门进行有关安全事项的研究和讨论，对安全措施落实情况进行确认。

6.3 实施吊装作业单位的有关人员应对起重吊装机械和吊具进行安全检查确认，确保处于完好状态。

6.4　实施吊装作业单位使用汽车吊装机械，要确认安装有汽车防火罩。

6.5　实施吊装作业单位的有关人员应对吊装区域内的安全状况进行检查(包括吊装区域的划定、标识、障碍)。警戒区域及吊装现场应设置安全警戒标志，并设专人监护，非作业人员禁止入内。安全警戒标志应符合 GB16179 的规定。

6.6　实施吊装作业单位的有关人员应在施工现场核实天气情况。室外作业遇到大雪、暴雨、大雾及 6 级以上大风时，不应安排吊装作业。

7　作业中安全措施

7.1　吊装作业时应明确指挥人员，指挥人员应佩戴明显的标志；应佩戴安全帽，安全帽应符合 GB2811 的规定。

7.2　应分工明确、坚守岗位，并按 GB5082 规定的联络信号，统一指挥。指挥人员按信号进行指挥，其他人员应清楚吊装方案和指挥信号。

7.3　正式起吊前应进行试吊，试吊中检查全部机具、地锚受力情况，发现问题应将工件放回地面，排除故障后重新试吊，确认一切正常，方可正式吊装。

7.4　严禁利用管道、管架、电杆、机电设备等作吊装锚点。未经有关部门审查核算，不得将建筑物、构筑物作为锚点。

7.5　吊装作业中，夜间应有足够的照明。室外作业遇到大雪、暴雨、大雾及 6 级以上大风时，应停止作业。

7.6　吊装过程中，出现故障，应立即向指挥者报告，没有指挥令，任何人不得擅自离开岗位。

7.7　起吊重物就位前，不许解开吊装索具。

8　操作人员应遵守的规定

8.1　按指挥人员所发出的指挥信号进行操作。对紧急停车信号，不论由何人发出，均应立即执行。

8.2　司索人员应听从指挥人员的指挥，并及时报告险情。

8.3　当起重臂吊钩或吊物下面有人，吊物上有人或浮置物时，不得进行起重操作。

8.4　严禁起吊超负荷或重物质量不明和埋置物体；不得捆挂、起吊不明质量，与其他重物相连、埋在地下或与其他物体冻结在一起的重物。

8.5　在制动器、安全装置失灵、吊钩防松装置损坏、钢丝绳损伤达到报废标准等情况下严禁起吊操作。

8.6　应按规定负荷进行吊装，吊具、索具经计算选择使用，严禁超负荷运行。所吊重物接近或达到额定起重吊装能力时，应检查制动器，用低高度、短行程试吊后，再平稳吊起。

8.7　重物捆绑、紧固、吊挂不牢，吊挂不平衡而可能滑动，或斜拉重物，棱角吊物与钢丝绳之间没有衬垫时不得进行起吊。

9　作业完毕作业人员应做的工作

9.1　将起重臂和吊钩收放到规定的位置，所有控制手柄均应放到零位，使用电气控制的起重机械，应断开电源开关。

9.2　对在轨道上作业的起重机，应将起重机停放在指定位置有效锚定。

9.3　吊索、吊具应收回放置到规定的地方，并对其进行检查、维护、保养。

9.4　对接替工作人员，应告知设备存在的异常情况及尚未消除的故障。

10 《吊装安全作业证》的管理

10.1 吊装质量大于 10t 的重物应办理《吊装安全作业证》(以下简称《作业证》),《作业证》由相关管理部门负责管理。《作业证》见附录 A。

10.2 项目单位负责人从安全管理部门领取《作业证》后,应认真填写各项内容,交作业单位负责人批准。对本标准 5.4 规定的吊装作业,应编制吊装方案,并将填好的《作业证》与吊装方案一并报安全管理部门负责人批准。

10.3 《作业证》批准后,项目单位负责人应将《作业证》交吊装指挥。吊装指挥及作业人员应检查《作业证》,确认无误后方可作业。

10.4 应按《作业证》上填报的内容进行作业,严禁涂改、转借《作业证》,变更作业内容,扩大作业范围或转移作业部位。

10.5 对吊装作业审批手续齐全,安全措施全部落实,作业环境符合安全要求的,作业人员方可进行作业。

7.8.4 起重吊装作业安全监督要点

(1) 操作人员的持证上岗情况。

起重指挥人员、司索人员(起重工)和起重机械操作人员属于特种作业人员,必须经过专业学习并接受安全技术培训,经国家或业务主管部门考核合格,取得地方主管部门签发的《特种作业人员操作证》,方可从事起重指挥和操作,严禁无证操作。

(2) 大中型设备起重作业安全方案的编制和审批情况。

① 起吊物重量在 100t 以上为大型,40~100t 为中型,40t 以下为小型;

② 大中型设备、构件或小型设备在特殊条件下吊装应编制施工方案及施工措施,并按重要程度报有关部门审批,施工中未经审批人许可不得改变方案;

(3) 大型吊装作业安全技术措施的落实情况和安全防护设施的齐全、完备情况。

① 吊装机械或器具有无主管部门签发的定期检验合格证。

② 吊装区域是否设有警示(警戒)线,吊装的周围环境是否有安全隐患,包括周围设备管线、电缆电线,起重机械臂下有无人员。

③ 是否利用设备、管道、楼板及设备、管廊基础作为吊装支撑点或锚固点。

④ 当时的生产环境、气象条件是否允许进行起吊作业,如装置进行重大操作或生产波动;5 级以上大风或大雪、大雨、大雾等恶劣天气。

(4) 作业过程中,起重作业人员遵章守纪情况。

起重吊装作业事故案例 1

(1) 事故经过

2001 年 6 月 1 日 17:10 前后,某施工单位起重班班长带领 5 名人员(3 名起重工,2 名民工),在化工一厂裂解车间冷区和压缩区之间的道路上,要将一根预制好的气态丙烯管线(直径 800mm,长度 18.9m,重约 4t),从地面吊装至冷区 10.5m 标高的管廊下侧准备进行穿管作业,预制好的管线在起吊前沿着道路南北放置,由于管线上的弯头位于北侧,需将弯头转到南侧后才可穿管,起重班采用二根钢丝绳捆绑(捆绑间距 400mm),两端系麻绳牵引在地面转向,当起吊后管线距地面 400mm 高度由南北方向转至东西方向时,由于管线过长,两端分别延伸至两侧冷区和压缩区装置内(路面宽 8m,路两侧石子管廊带和排水沟各 2m),当时有 3 名起重工在 10.5m 标高管廊上做穿管的接应工作,另两名民工在地面负责牵引工作。

在管线向上起吊过程中，东侧管头碰撞到冷区一设备基础，致使管线的西侧管头向上方反弹，碰撞到正在运行中的 EA-603 换热器液面计根部 $DN20$ 倒淋阀上（距地面 1.4m），将该阀碰断后导致大量丙烯泄漏。

该事故使化工一厂裂解车间及部分装置停车。

事故发生后，由于丙烯的比重比空气大，泄漏点周围离地面半米左右的大片区域内弥漫着白色的丙烯气体。

由于事故发生前，裂解车间 DA-408 加氢再生气释放造成压缩区、冷区烟雾弥漫，气味很大，不能继续用火作业，施工单位与裂解车间商定暂停现场用火施工，并收回了火票。

由于当时现场没有明火作业，泄漏处理时使用的均为防爆工具，因此没有发生次生的火灾爆炸事故，一旦发生，其后果将不堪设想。

（2）事故原因简要分析

① 施工单位吊装作业不规范是导致事故发生的直接原因。包括使用两名无起重作业专业知识的民工，捆绑上虽按规定采用了双绳起吊，但捆绑间距过窄导致吊装时稳定性不好。

② 按要求进行了管线预制，以减少现场的用火量，但管线预制过长，导致在起吊过程中管线延伸至两侧的设备区域内，是导致事故发生的重要原因。

③ 还有监管不力、重视不够等间接原因和次要原因。

起重吊装作业事故案例 2——齐鲁分公司"9·27"起重伤害事故 2

2009 年 9 月 27 日，齐鲁石化第二化肥厂检修车间起重班 3 人在气体联合车间气化装置 1700# 现场进行管线吊装作业。作业人员的意图是是把管线吊起后，依次放到三个管托上，再在吊车的配合下把管线与冲洗水泵 P-1601 出口管焊接在一起。由于作业现场东侧上方有大量工艺管道，现场人员先用人力将管线东头抬到管托上，一名起重工独自站在脚手架上，用手扶管线。13 时 30 分，在管线被吊起后，由于起吊的速度较快，在直管段离地瞬间，管线西侧第 3 个弯头向南发生摆动，管线东头向北偏移，从管托中滑出，将管线东侧站在脚手架上手扶管线的王某刮倒，管线砸中其头部，经抢救无效死亡。

人的不安全行为：行为性危险、危害因素中的操作失误（误操作、违章作业）；其他行为性危险和危害因素，未保持安全距离，未严格执行起重作业安全管理规定，吊点选择不合理物的不安全状态：管托上的管线未采取固定措施；不合理捆绑；

（1）措施分类

本质安全措施：避免起重作业或避免吊车的起重作业。

工程控制措施：对管托上的管线采取固定措施。

行政控制措施：有规定未执行，无吊装方案。

个体防护措施：无（原因是危害识别未识别出侧面物体打击，故无措施）。

（2）事故直接原因

① 违章指挥、违章操作，吊装作业未严格执行起重作业安全管理规定，未对管托上的管线采取固定措施；起重作业十不吊；

② 吊点选择和捆绑不合理；

③ 作业人员未与吊装物保持足够的安全距离；起重作业安全管理规定。

（3）事故间接原因

① 吊装前没有制定书面吊装方案；

② 直接作业环节监督管理不到位，没有对施工项目进行全过程监控。

7.9 临时用电作业

指从本企业正式运行电源上所接出的一切临时临时用电。包括用电设备、用电线路、手持电动工具及临时照明、移动照明等。

容易发生的事故类型：

① 用电设备、用电线路、手持电动工具及临时照明、移动照明漏电电击造成人身伤害事故；

② 负荷过高造成正式运行电源波动或停电事故；

③ 易燃易爆场所放电造成火灾爆炸事故；

④ 高架线缆支撑倒塌造成人身伤害及设备损坏事故；

⑤ 线缆架空高度不够引发的各种事故等。

7.9.1 HSE 管理体系规范要求

在正式电源上接的一切临时用电，应到供电管理部门办理《临时用电许可证》；在防爆区域办理《临时用电许可证》时，首先要办理相应《用火许可证》；

安装临时用电线的作业人员，应具有《电工操作证》方可操作，严禁擅自接用电源；

临时用电设备和线路应按供电电压等级正确使用；

临时用电单位应严格遵守临时用电规定，不得变更地点和工作内容。

7.9.2 安全监督要点：

（1）临时用电许可证填写及办理审批程序的规范性

① 包括用电设备及功率、电源接入点、用电有效期限、供电部门、用电负责人会签及审批情况；

② 在易燃易爆区域接临时电源，同时办理《用火许可证》。

③ 用电执行人员必须持有相应类别的《电工操作证》。

（2）电气设备的防爆等级与生产现场的符合性

根据生产现场具体情况，在防爆场所使用的电气元件和线缆要达到相应的防爆等级要求，并采取相应的防爆安全措施。

（3）临时电源和电气设施的接用规范性和符合性

① 临时用电的单相和混用线路应采用五线制；

② 配电盘、柜、箱有防雨措施并编号，配电盘、柜、箱门应能可靠关闭并有电气标志；

③ 线缆架空高度应符合要求，穿越道路时不得低于 5m 并有可靠的保护措施；

④ 电气设备必须安装符合规范要求的漏电保护器，移动电动工具、手持电动工具应一机一闸一保护；

⑤ 行灯电压不超过 42V，在特别潮湿的场所或金属设备内作业装设的临时照明行灯电压不超过 24V。

7.9.3 存在问题

① 电缆穿越车辆通行处未采取保护措施；

② 用树木脚手架等作为架线杆；

③ 电缆绝缘老化，导电部分外漏；

④ 移动式配电箱、开关箱直接放置在地面或离地高度低于 60cm；

⑤ 采用易燃材料制作配电箱或开关箱；

⑥ 露天或室外使用的配电箱、开关箱未做好防护措施标识不清或无标识及标识无效；

⑦ 未使用漏电保护器；

⑧ 漏电保护器选型或接线不符合产品使用要求，起不到保护作用。

用其他金属丝代替保险丝；

用电设备在接地标识处未接保护接地线；

直接将用电设备电源线头插入插座内；

手持式或移动式电动工具与电源线缠绕使用；

一个开关或插座接许多设备（一闸多机）；

受限空间安全照明未使用 12V 安全电压的设备；

易燃易爆场所使用非防爆产品；

配电箱、用电设备线路周围堆放易燃易爆腐蚀性物品。

7.10 放射作业

指不包括作为核燃料、核原料、核材料的其他放射性物质与射线装置（X 线机、加速器、中子发生器），在建设、购置、使用、维护、移动、储存和运输过程中的管理作业。

7.10.1 放射作业容易发生的事故类型

放射性核素和电离辐射对人体的健康产生危害；

辐射对人体产生的生物效应：

① 躯体效应：辐射效应出现在受照射本人身上；

② 遗传效应：辐射效应出现在受照射的后代身上；

辐射对人体产生的常见效应：

① 急性效应：指肌体在短时间内一次或多次受到大剂量电离辐射照射，引起急性全身性损伤；

② 慢性效应：指肌体在较长时间内受低剂量率、超剂量限值照射，引起的全身慢性放射损伤；

③ 胚胎效应：主要是胚胎发育障碍；

④ 远期效应：主要为至癌效应、遗传效应、白内障效应。

7.10.2 放射作业 HSE 管理体系规范要求

从事放射性同位素工作的人员要进行定期体检，接受放射防护知识的培训，严格控制职业禁忌症；

放射性同位素设备的拆除、安装、铅罐活门的开启和关闭均应有专人负责，严格登记；作业时，应有卫生人员现场监护；

装有放射性同位素的生产场所和施工工地，应划出一定范围的放射保护区，并设置放射性危险标志，严禁无关人员进入放射防护区，必要时设专人警戒；

放射性同位素使用单位，应有预防和处理意外事故的措施和设备。

7.10.3 放射作业安全监督要点

（1）工作人员的定期体检情况

① 从事放射工作的人员必须经过职业健康检查及专业知识培训，持有《放射工作人员证》方可上岗作业。

②《放射工作人员证》每年复核1次，每5年换发1次。

③ 放射工作人员必须接受个人剂量监测，在放射工作期间必须佩戴个人剂量计，建立个人剂量档案。

④ 放射工作单位应建立放射工作人员职业健康检查档案，每1~2年由政府卫生行政部门指定的卫生医疗机构进行1次职业健康体检。

（2）放射性同位素管理、监护制度的执行情况

① 放射性同位素与射线装置的固定使用场所（指专用探伤室、专用源库、含密封源仪表、放射免疫试剂室）应配备相应的防护设施及个人防护用品，其入口处必须设置放射性标志和必要的安全防护设施、报警装置和工作信号。

② 移动式探伤作业和含密封源仪表的开源、关源、拆源、装源、调校作业要严格执行相关管理制度。

③ 射线作业单位要严格执行放射性同位素与射线装置的领取、使用、归还、运输管理制度。

④ 放射防护器材及防护用品、监测仪器的技术性能应符合有关标准和卫生要求，并按规定定期进行安全检查和性能检测。

（3）预防和处理措施的落实情况

① 放射作业单位有放射工作资质；

② 操作人员持有《放射工作人员证》；

③ 正确划定射线作业警戒区域，设警示标志；

④ 作业人员正确使用合格防护用品；

⑤ 影响范围内的相关单位已得到通知；

⑥ 作业后对现场进行认真检查和检测，避免放射源遗失或散落现场。

（4）放射保护区的警戒、标识情况

射线作业，尽量安排在人员较少时进行。

射线作业单位要对射线作业现场标出适合的放射防护区域，设置警示标志及警绳（夜间设警灯），专人警戒，防止任何人在射线作业时闯入防护区域和进行交叉作业。

放射作业事故案例

燕化建安公司检测中心在燕化炼油事业部联合加氢装置进行γ射线焊缝探伤作业时将放射源丢失，造成炼油事业部维修车间北大维修班班长等人被放射源照射的事故。

2001 年 9 月 2 日 1：40 左右，燕化建安公司检测中心探伤一队探伤工到燕化炼油事业部联合加氢装置进行 γ 射线焊缝探伤，作业后卸下导管时放射源辩（γ 源）由导管中脱落到地面上，9：20 左右被到达现场的炼油事业部员工拾到，以为是仪表物品，随装入裤带近 2h 之久，后又放在工具箱内，直到 17：45 才由建安公司用仪器检测发现并取走。

事故发生后，燕化公司领导指示对全部进入事故现场的作业人员进行了拉网式全面检查，共检查 192 人，后又对其中的 37 人进行了复查。经专家会诊诊断为：主要受照射人属于局部损伤为主的全身轻度骨髓型急性放射病，另 6 人受到轻度照射，不构成放射病，其他受检人员均正常。

针对放射性事故，燕化公司修订完善了有关安全管理规章制度，堵塞放射源管理中存在的漏洞；在全公司范围内开展了放射源有关知识的教育；对探伤人员进行了停工整顿，对每台探伤设备及附件进行了逐项的安全性能检查；对事故责任者进行了严肃处理。

第8章 危险化学品企业安全文化建设

为加强危险化学品企业安全文化建设，充分发挥企业安全文化在引领和推动安全生产，提升安全管理绩效，增强员工队伍素质，塑造良好社会形象中的重要作用，结合深入贯彻落实《国务院关于进一步加强企业安全生产工作的通知》，必须加强企业安全文化建设。

8.1 加强危险化学品企业安全文化建设的紧迫性和重要性

加强集团公司安全文化建设，是贯彻落实科学发展观，实现科学发展、安全发展的必由之路；是提升企业安全生产管理绩效，创造世界一流 HSE 业绩的必然选择；是造就高素质员工队伍，促进人本安全的重要途径；是塑造良好社会形象，打造高度负责任，高度受尊敬企业的重要举措。通过加强企业安全文化建设，将安全文化有机融入危险化学品企业文化体系之中，形成具有危险化学品企业特色的安全文化。这对危险化学品企业在创新安全管理、提升 HSE 业绩方面提出更高的要求。进一步加强安全文化建设是提升安全管理水平，建设世界一流能源化工公司的现实需要。因此，应加强和规范企业安全文化建设，特别是尽快建立危险化学品企业安全文化体系，以促进各单位安全文化建设协调发展，充分发挥安全文化对创造世界一流 HSE 业绩的软实力作用。

8.2 企业安全文化建设的指导思想和基本原则

8.2.1 指导思想

坚持以邓小平理论和"三个代表"重要思想为指导，深入贯彻落实科学发展观，坚持"安全第一，预防为主，综合治理"的方针，在继承石油石化安全文化优良传统和作风的基础上，积极吸收借鉴国内外现代管理和企业安全文化的优秀成果，以文化管理推进企业安全管理，最终形成具有危险化学品企业特色的企业安全文化，为安全生产提供强有力的精神动力、智力支持、思想保障，实现危险化学品企业的科学发展、安全发展。

8.2.2 基本原则

（1）源于实践，指导实践

坚持从企业生产的生动实践中提炼具有文化特征的安全理念和精神，用先进的企业安全文化指导、服务和推动企业生产的新实践。

（2）继承传统，持续创新

坚持继承和发扬企业发展历程中积淀的安全文化的优良传统和作风，结合时代发展的要求，汲取国内外先进文化的新鲜养分，与时俱进，持续创新企业安全文化的内涵。

（3）突出共性，兼容个性

坚持危险化学品企业安全文化的统一性，尊重不同企业的差异性，因地制宜、因时制宜、因企制宜，培育和塑造富有个性化的特色安全文化，实现危险化学品企业共性安全文化与企业个性安全文化的有机融合、相得益彰。

（4）以人文本，全员参与

坚持把以人为本作为企业安全文化建设的切入点和着力点，依靠全体员工的学习、实践、塑造和传播，共同建设和发展企业安全文化。

（5）切合实际，注重实效

坚持从企业安全生产的实际出发，以做实功、求实效作为企业安全文化建设的基本出发点和落脚点，在实践中检验安全文化建设的成果。

8.3 企业安全文化建设的主要任务

8.3.1 培育企业安全理念体系

安全理念体系是企业安全文化的核心，能够引导员工的安全思想和行为，明确企业安全发展的方向和前景，从而使得企业得以健康、持续、安全发展。培育企业安全理念体系，是企业安全文化建设最为首要的任务。

（1）安全核心理念

危险化学品企业以"以人为本，安全发展"作为企业安全核心理念。

以人为本——在生产经营活动中，始终坚持时刻关注安全，珍惜生命，不断改善劳动环境和条件，不断增强劳动技能和事故防范能力，在切实保障员工生命安全和身体健康的基础上，努力实现安全生产与经济发展相适应的目标。

安全发展——坚持贯彻落实科学发展观，牢固树立安全发展的理念，将安全作为生产经营的出发点和落脚点，使安全真正作为发展的前提和基础。

（2）安全愿景

危险化学品企业安全工作必须要高标准、严要求，坚持对标国际一流企业，查找不足和差距，找准安全工作的努力方向和切入点，学习借鉴先进的管理理念和方法，努力创造世界一流 HSE 业绩，为建设世界一流能源化工企业保驾护航。

（3）安全宗旨

危险化学品企业以"安全生产永无止境"作为企业的安全宗旨。以"以人为本、安全发展"为统领，坚持持之以恒的决心，常抓不懈的努力，脚踏实地的作风，不断细化安全管理，强化安全培训，增强员工意识，提高业务技能，完善安全管理措施，有效地预防和控制一切不安全因素的发生。

（4）安全追求

危险化学品企业以"为生命安全和家庭幸福而工作"作为企业安全追求。始终坚持安全工作要为了人、尊重人、理解人，把"以人为本"、"关爱员工"贯穿到生产经营的每个环节里，使广大员工充分感受到安全无时不在身边，增强爱岗敬业的情感和意识，提高自觉做好安全工作的积极性和主动性，做到一个人安全工作，一家人都放心，使幸福成为企业安全文化的最宝贵内核。

（5）安全价值观

危险化学品企业以"安全高于一切，生命最为宝贵"作为企业的安全价值观。

安全高于一切——始终将 HSE 工作放在首位，自觉做到"四个让位于"的 HSE 工作要求，即在实际工作过程中，当利润、产量、进度、成本等与 HSE 工作发生矛盾时，都要让位于 HSE 工作。

生命最为宝贵——始终坚持"以人为本"的原则，把"为了人"作为安全生产的根本目的，把员工的生命安全和身心健康作为安全生产的出发点、落脚点。其中，员工不仅包括企业的在册员工，也包括企业雇佣的各类临时用工，也包括为危险化学品企业服务的各类承包商员工。

（6）安全责任观

危险化学品企业以"共担安全责任，共保安全发展"作为企业的安全责任观。始终坚持"谁主管、谁负责"和"一岗双责"的原则，全面落实"全员、全过程、全方位、全天候"的安全监督管理模式，努力创造世界一流的 HSE 业绩，为实现世界一流能源化工企业提供有力保障。

（7）安全预防观

危险化学品企业以"风险可以控制，违章可以杜绝，隐患可以消除，事故可以避免"作为企业的安全预防观。

风险可以控制——风险无时无处不在，要正确辨识、认真分析、科学应对，让风险时刻处于可控、在控的状态。

违章可以杜绝——违章源于麻痹侥幸，要严格程序，标准作业，正确指挥，杜绝违章。

隐患可以消除——隐患是可以识别和消除的，开展 HSE 观察，落实"七想七不干"工作要求，全面识别不安全因素，消除隐患。

事故可以避免——事故来自隐患积累，要全面推行 OSHA 事故统计，发现管理漏洞和薄弱环节，采取措施，避免事故。

（8）安全执行观

危险化学品企业以"领导率先垂范，全员遵章执行"作为安全执行观。

领导率先垂范——始终坚持领导以身作则，身体力行践行安全。全面推行领导"两特"带班制度、领导下基层安全督查制度，和关键装置、要害部位领导安全承包制度，各级领导深入现场，协调解决安全问题。

全员遵章执行——按照"以人为本"和 HSE 管理的要求，从关爱员工生命安全出发，制定《安全生产禁令》和《员工守则》，开展"我要安全"主题活动，持续提升员工安全意识，让遵章守纪成为员工的自觉追求。

（9）安全幸福观

危险化学品企业以"安全健康是最大的幸福"作为全体员工的安全幸福观。始终坚持以员工职业安全健康作为幸福之本，坚持将安全、健康放到生产经营工作的首位，不断增强员工的安全、健康意识，使得职工职业安全健康成为幸福的基础和前提。

在遵循危险化学品企业核心安全理念统一性的基础上，可结合实际培育具有自身特点的安全文化理念，更好地发挥企业安全文化的导向、凝聚和激励和约束作用。

8.3.2 加强安全管理文化建设

管理文化是安全文化的制度层，是企业安全理念物化的结果，是企业安全生产的运作保障机制重要组成部分。

（1）促进安全理念与管理制度的融合

坚持以安全理念规范危险化学品企业的安全管理工作，加强无形的安全理念与有形的管理制度的融合。遵循危险化学品企业核心安全价值理念，对安全规章制度，进行全面梳理、修订和完善，将安全价值理念渗透融入管理制度中，激发员工"自律"意识，提升管理制度执行率和有效率。

（2）保持安全信息沟通机制畅通

建立安全信息沟通交流渠道，优化安全信息传播内容，严格遵守安全信息沟通程序，形成完善的安全信息沟通机制，确保各项安全工作得到落实。

（3）实施有效的安全培训和评估

建立岗位适任资格评估和培训系统，优化教育培训方式，及时更新培训内容，严格培训效果评价，形成有效的安全培训和评估模式，确保员工具备岗位适任的安全意识和能力。

（4）实现员工安全事务充分参与

制定员工安全事务参与激励制度，明确安全事务参与方式，并给予及时反馈，形成员工安全事务参与机制，确保员工安全事务的充分参与。

8.3.3 推行安全行为文化建设

安全行为文化又称为企业安全文化的行为层，其既是企业安全理念文化的反映，同时又作用和改变企业的安全理念文化。

（1）夯实企业安全行为文化建设的思想基础。

继续深化开展"我要安全"主题活动，注重安全氛围的营造和安全行为的舆论引导，夯实安全行为的思想基础，将"要我安全"到"我要安全"的转变成为员工的自觉行为。

（2）实施行为安全方法，培养全员安全行为习惯

通过推行工作危害分析、能量隔离、作业许可、HSE 观察、OSHA 指标等工具，严格执行"七想七不干"的工作要求，形成系统化的行为安全工具，实现直接作业环节的严格管控，提升企业安全行为文化建设的有效性。

（3）建立安全行为激励机制，鼓励员工实施安全行为。

建立、健全运行良好的安全行为激励机制，积极认可员工良好的安全绩效，鼓励员工实施安全行为，充分发挥员工主观能动性，自觉控制不安全行为。

8.3.4 完善安全物态文化建设

安全物态文化是企业生产经营活动中所处的环境条件和本质安全化状态，是实现本质安全化的基础和保障。

（1）依靠科技创新，加强本质安全

加大安全投入，狠抓科技创新，不断采用新技术、新产品、新装备、新标准，充分发挥科技创新对安全生产工作的支撑引领作用，向科技要安全，实现本质安全，努力提升生产运营水平。

（2）规范视觉指引，实现安全引导

综合运用包括安全标识、安全操作指示、安全绩效等各种安全指引工具和安全目视化管理工具，实现作业场所安全状态可视化，从而有效引导员工安全生产。

（3）强化安全防护，确保作业安全

依据生产作业环境特点，安装有效的防护设施和设备，配备、检查及更新个体防护用品，做好安全防护工作。

（4）推进安全文化载体建设，营造安全的环境和氛围

积极推进安全文化载体建设，营造浓厚的安全环境和氛围。积极创建安全文化教育基地，开展安全文化教育活动，并充分利用宣传舆论工具进行广泛宣传，在企业内部形成浓厚的安全文化氛围，依靠环境引导人，使广大员工受到了潜移默化的教育和熏陶，从而有效提升企业整体安全文化水平。

8.4 企业安全文化建设的组织实施

企业安全文化建设是一项持之以恒，不断完善的系统工程。安全文化作为企业文化的重要组成部分，要将安全文化建设纳入企业文化建设的总体战略之中，整体推进，使两者有机结合，推动企业各项事业的健康发展。

8.4.1 实施步骤

（1）宣传推广阶段

用1年左右时间，重点宣传贯彻危险化学品企业统一的安全理念体系，完善有关规章制度，修订员工行为准则，营造浓厚的安全文化氛围，发布危险化学品企业《安全文化手册》。增强企业和员工对安全文化的认同感和建设的积极性。

（2）典型示范阶段

在安全文化建设基础较好的企业开展试点工作，并通过省级安全文化建设示范企业评估，进行系列宣传报道，以点带面、辐射全局，推动全系统安全文化建设。

（3）整体推进阶段

重点推进危险化学品企业共性安全文化与企业个性安全文化的融合，形成由安全理念体系、管理文化体系、行为文化体系、物态文化体系共同构成的比较完整的企业安全文化体系。

（4）巩固提高阶段

用较长一个时期，丰富完善危险化学品企业安全文化内涵，形成一批国家以及省级安全文化建设示范企业，构建企业安全文化建设的长效机制。

（5）持续提升阶段

企业定期应进行安全文化评估，根据文化成熟度和存在问题提出改进措施，以实现安全文化建设的持续提升。

企业应按照实施步骤的计划开展安全文化建设工作，安全文化建设的效果纳入考核。

8.4.2　形式载体

积极利用富有时代感，表现力强，体现危险化学品企业特色的安全文化建设载体传播企业的安全文化。通过积极建设安全文化园地、安全文化长廊、安全文化社区；广泛开展安全知识竞赛、有奖问答、技术比武、劳动竞赛、安全座谈会，以及征集安全漫画、安全警句格言、亲情寄语，举办安全演讲、安全签名活动，举行安全培训、应急演练等方式，充分发挥内部媒体、培训中心、荣誉室、展览馆、"职工之家"等文化阵地的作用，利用电视、网络、报刊等大众传媒广泛宣企业安全文化理念，在企业内部形成浓厚的安全文化氛围，将企业安全文化植根于员工的思想，引导员工自觉实践企业安全文化理念。

8.4.3　保障措施

（1）组织保障

企业要加强对企业安全文化建设的领导，统筹各方面的力量，落实安全文化建设工作，形成安全主管部门组织协调，各职能部门分工落实的工作体系，各企事业单位党政主要领导是企业安全文化建设的第一责任人。

（2）机制保障

完善企业安全文化建设运行机制，建立分工明确，运转协调的责任体系，保证企业安全文化建设有序开展。完善企业安全文化建设考核评价机制，促进企业安全文化建设有效开展。完善企业安全文化建设交流机制，互相学习借鉴企业安全文化建设的优秀成果，推动企业安全文化建设深入开展。

（3）人才保障

通过学习培训、岗位实践等方式，加快培养企业安全文化建设骨干人才，提高企业安全文化建设工作水平。

（4）资金保障

企业安全文化建设资金纳入企业安全生产费用预算，为企业安全文化建设提供必要的资金支持和物质保障。

第9章　安全生产监管信息平台建设

为加快推进安全生产信息化建设与应用工作，实现安全监管监察系统安全生产信息的互联互通、信息共享，国家安全监管总局研究制定了《国家安全生产监管信息平台总体建设方案》。方案要求各地区要加快安全生产信息化规划与建设，参照《国家安全生产监管信息平台总体建设方案》，加强沟通衔接，确保数据采集、系统对接整合、信息交换共享接口等与国家安全监管总局保持一致，实现安全生产数据通过网络上报和交换。各单位结合实际，全面推进机关办公自动化和业务信息系统的整合应用，提升系统应用成效和信息化水平，加快信息系统推广应用，逐步形成统一的安全生产基础信息采集平台，避免信息数据重复、多头采集。

2016年底前，各级安监机构基本建成安全生产监管信息平台。依托信息交换共享平台，实现与国家安全生产监管信息平台互联互通和数据交换共享；基本实现安委会有关成员单位之间在企业隐患排查信息、标准化达标信息、企业基本数据和安全生产不良信用记录等的互通共享。到"十三五"中期，全面建成纵向从国家安全监管总局到各级安监机构，横向由各级安全监管部门到本级安委会成员单位、重点生产经营单位的资源共享、互联互通的安全生产监管信息平台体系，有力支撑新形势下安全生产监管监察业务。

9.1　安全生产监管信息平台主体框架

依托国家电子政务外网、互联网和现有的软硬件资源，以安全生产数据为导向，按照国家统筹规划、中央、地方政府和企业分级分步建设相结合的思路，构建覆盖国家安全监管总局(含国家煤矿安全监察各级机构，下同)、省级安全监管局、国务院安委会有关成员单位、地方煤炭行业管理部门、生产经营单位(煤矿、非煤矿山、危险化学品、烟花爆竹、工贸等行业领域)、中介服务机构、社会公众7类用户的国家安全生产监管信息平台(图9-1)，逐步实现安全生产信息"来源可查、去向可追、责任可究、规律可循"，为全国安全生产状况根本好转提供信息化支撑保障。

9.2　建设内容

（1）以安全生产数据为导向，建设安全生产统一数据库

依托电子政务外网、互联网及移动互联网，以安全生产信息资源规划和数据应用服务为导向，形成国家安全监管总局统一数据采集、存储、加工、分析、利用和更新的入口，建设安全生产统一数据库，实现对重点行业领域企业安全管理基础数据、监管监察业务数据、辅助决策数据、交换共享数据和公共服务数据集中管理和应用；建立"一数一源、一源多用"的服务模式，实现安全生产数据资源"底细清、情况明"，有效支撑业务系统开发、应用和大数据分析决策，为地方安全监管部门、安委会成员单位、生产经营单位、中介服务机构和社会公众提供个性化、多元化数据服务。

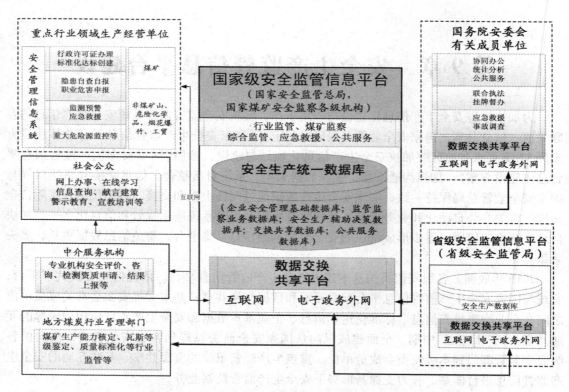

图 9-1　国家安全生产监管信息平台主体框架图

安全生产统一数据库包括企业安全管理基础数据库、监管监察业务数据库、安全生产辅助决策数据库、交换共享数据库和公共服务数据库 5 个子库(表 9-1)。数据来源方式:

表 9-1　安全生产统一数据库内容及部署方式

序号	子库名称	数据项	部署网络	备注
1	企业安全管理基础数据库	企业基本情况、隐患排查、标准化、重大危险源、安全培训、应急预案、应急资源、应急演练、职业健康、生产安全事故等数据	电子政务外网	基于数据交换共享平台实现数据统一采集、管理、应用和共享
2	监管监察业务数据库	行政许可、行政执法、隐患监管、标准化达标、事故管理、监察计划、事故调查、应急救援等数据		
3	安全生产辅助决策数据库	风险评估、监测预警、统计分析、安全生产指数分析、地理信息服务、智能化决策方案等数据		
4	交换共享数据库	指标控制、统计分析、协同办公、联合执法、挂牌督办、事故调查、协同应急、诚信、打非治违等数据		
5	公共服务数据库	信息公开、信息查询、建言献策、警示教育、举报投诉、舆情监测预警发布、宣教培训、诚信信息等数据	互联网	

① 煤矿、非煤矿山、危险化学品、烟花爆竹、工贸等重点行业领域企业依托互联网,使用安全监管部门已建信息系统将企业基本情况、许可证申报、标准化达标、隐患排查、事故信息、职业健康、应急预案等数据上报至安全生产统一数据库。

② 省级安全监管局依托电子政务外网,利用数据交换共享系统,将本地区企业基础数

据、监管业务数据、辅助决策数据以及公共服务信息交换共享至安全生产统一数据库。

③ 国务院安委会有关成员单位依托电子政务外网，利用数据交换共享系统，将指标控制、协同办公、统计分析、联合执法、挂牌督办、应急救援及事故调查等信息交换共享至安全生产统一数据库。

④ 中介服务机构依托互联网，通过安全监管部门建设的信息系统，将服务机构基本情况、瓦斯等级鉴定、特种设备检测检验、安全评价、安全培训、标准化评定等信息报送至安全生产统一数据库。

⑤ 社会公众依托互联网，通过安全监管部门建设的公共服务信息系统，实现投诉举报、建言献策、交流互动等信息存入安全生产统一数据库。

（2）以数据为核心，依托国家电子政务外网构建灵活、高效的数据共享交换平台，实现国家安全监管总局与省级安全监管部门、国务院安委会有关成员单位之间的数据交换和共享

目前国家安全监管总局与省级安全监管局、国务院安委会有关成员单位间主要通过部署前置机的方式实现数据交换共享（图9-2）。国家电子政务交换共享平台体系建成后，与国家电子政务外网公共交换平台对接，实现统一交换共享。

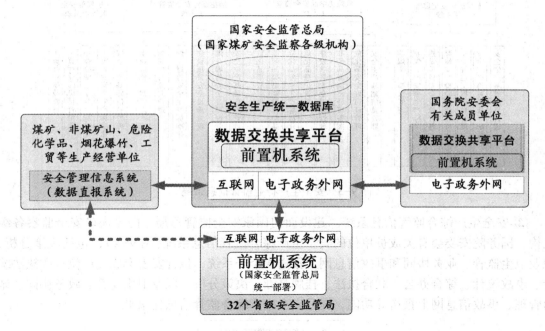

图9-2　数据共享交换总体框架图

① 依托电子政务外网，国家安全监管总局通过统一为省级安全监管局配置前置机系统（含配套的信息交换共享系统），实现国家安全监管总局与32个省级安全监管局数据交换共享。

② 依托电子政务外网，国务院安委会有关成员单位通过自行部署的前置机系统，实现与国家安全监管总局的信息交换共享。

③ 依托互联网，煤矿、非煤矿山、危险化学品、烟花爆竹、工贸等生产经营单位通过安全管理信息系统（数据直报系统）报送数据。

（3）国家安全监管总局基于电子政务外网和互联网建设的云服务平台，建设安全生产行

业监管、煤矿监察、综合监管、应急救援、公共服务 5 大业务系统。

按照支撑保障国家安全监管总局、国家煤矿安监局、国家安全生产应急救援指挥中心履行职责，提升安全监管监察信息化支撑保障能力，遵循"以用促建、以建保用、注重实效"的原则，坚持以需求为导向，以应用为核心，建设功能齐全、可扩展、可定制、业务模式灵活的安全生产行业监管、煤矿监察、综合监管、应急救援、公共服务 5 大业务系统。

① 安全生产行业监管信息系统。建设面向国家安全监管总局、国务院安委会有关成员单位、安全生产中介服务机构、社会公众以及非煤矿山、危险化学品、非药品类易制毒化学品、烟花爆竹、工矿商贸等重点行业领域的安全生产行业监管信息系统，包括非煤矿山、危险化学品、烟花爆竹、工矿商贸 4 个监管子系统(图 9-3)，实现行政审批、行政执法、隐患排查、安全生产标准化达标、统计分析等功能，通过电子政务外网门户进行综合展现与应用，全面提升重点行业领域安全监管信息化支撑保障能力。

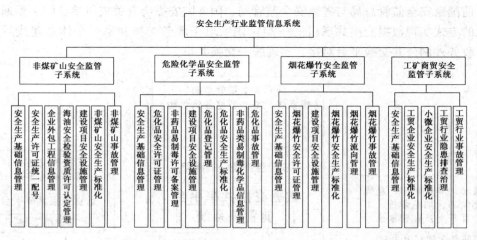

图 9-3　安全生产行业监管信息系统

② 安全生产综合监管信息系统。建设面向国家安全监管总局、国家煤矿安全监察各级机构、国务院安委会有关成员单位的安全生产综合监管信息系统(图 9-4)，包括决策分析、职业卫生监管、业务协同和事故信息网上报送 4 个子系统，包含安委会成员单位行政执法统计、事故统计、综合办公、联合执法、挂牌督办、决策分析、职业卫生监管、政务协同、诚信管理、事故信息网上报送等功能，提升安全生产综合监管信息化水平。

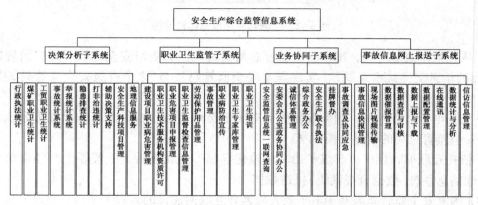

图 9-4　安全生产综合监管信息系统

③ 安全生产应急救援信息系统。建设完善安全生产应急救援信息系统，为省级安全监管局、安委会成员单位、生产经营单位、社会公众等提供预警信息、应急预案、救援方案等，实现生产安全事故应急救援的重大危险源监控、重点企业监控视频接入、监测预警、远程会商、综合研判、辅助决策和总结评估等功能，形成统一指挥、反应灵敏、协调有序、运转高效的应急救援机制（图9-5）。

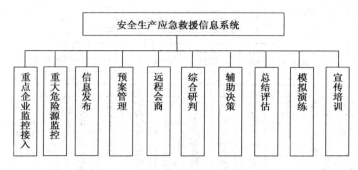

图9-5　安全生产应急救援信息系统

④ 安全生产公共服务信息系统。基于互联网建设安全生产公共服务信息系统（图9-6），为社会公众提供安全生产综合信息查询，政策法规、政府信息公开、网上办事、警示教育、安全咨询、举报投诉等服务功能，提高企业职工、社会公众参与安全生产的意识和社会服务水平。

a. 建立面向安全生产领域各类企业和中介机构的安全生产信息管理服务系统，为企业和中介机构提供安全生产基本信息、安全生产诚信状况、各类业务关联查询、业务办理状态、证件到期提醒等在线通知通告和综合查询服务。

b. 建立和完善网上办事指南、流程图，审批、办证等查询服务项目，逐步实现网上申请、受理、办理过程查询和办理结果的回复，加强与企业和公众的互动。进一步扩大安全生产许可证、企业安全状况、隐患排查、标准化达标、事故救援等信息的网上查询、互动交流等功能，促进公众行使知情权、监督权。

c. 利用移动终端，为社会公众提供便捷有效的举报、投诉、登记管理等服务，以加强对安全生产相关投诉举报内容如隐患举报、事故举报等的有效甄别、快速受理、举报核查跟踪、督促办理，为个人提供类别多样、畅通有效的投诉办理渠道。

d. 建立安全生产培训和警示教育服务。通过规划面向安全生产各类企业、个人、中介机构的网络教育培训体系，建设各类安全生产业务培训资源课件以及事故案例知识资源库，开展面向安全生产行业领域的全员安全文化和安全培训以及事故案例警示教育服务，以提高企业从业人员的安全生产意识和管理水平。

e. 基于移动互联网和移动终端，采用微信、微博、微门户等新型媒体传播模式，建设便于公众参与、灵活易用的安全生产公共服务新型业务系统，提供安全生产领域"自媒体"服务，打造形成安全生产工作的"移动课堂"、凝聚广大安全监管监察工作者的"网上家园"、服务社会公众的"在线平台"，实现国家安全监管总局与地方各级安全监管监察机构、行业管理和企业负责人随时点对点、点对面地沟通对话谈心、警示教育等，与社会公众交流互动，营造全民参与安全生产氛围。

f. 建设完善安全生产网络舆情平台，搜集网上有关安全生产信息，分析、研究、判断安全生产热点、焦点及其传播和演化规律，为安全监管监察部门提供安全生产网络舆情监测分析决策服务。

g. 继续完善以国家安全监管总局政府网站为主站，以总局各业务司局、各级安全监管监察机构为子站的政府网站群建设，重点加强政府信息公开、公共信息服务、网上办事、预警发布、公众参与互动等系统建设。

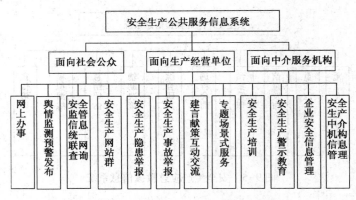

图9-6 安全生产公共服务信息系统

还将建设建设安全生产数据中心和网络系统、视频会议系统。建设终端一体化安全防护系统，对终端的接入及行为进行控制及审计，提升系统安全性；在系统内部署终端准入系统，确保非授权终端计算机无法接入网络访问业务系统；采用身份鉴别措施，确保非授权人员无法使用终端计算机；终端部署防病毒系统，通过云查杀技术对终端可能出现的已知恶意代码或未知恶意代码进行查杀；采取技术手段对终端计算机的操作系统进行加固（包含补丁分发和漏洞修复等），保证操作系统的健壮性。

依托移动终端管理系统和移动接入平台（SSLVPN 为核心技术）实现移动终端安全接入；由移动接入平台对接入移动终端进行访问授权和行为审计；移动终端管理系统将受管移动终端划分出独立的加密安全区，将安全监管监察应用和数据存放于安全区内，为移动终端中的安全监管监察业务应用提供安全检测和加固，为移动终端提供数据远程删除、追踪设备地理位置、统一查杀病毒木马的功能。

9.3 企业安全管理系统

企业安全管理系统，全功能的实现企业 HSE 业务信息化管理，为企业动态的掌握基层单位的 HSE 管理情况提供信息支持。

9.3.1 系统功能

企业安全管理系统是基于风险的安全、环境、健康（HSE）管理的设计理念进行设计开发的，从事前预防与监督管理业务入手，以风险管理为核心，强化企业事前预防与监督等业务的管理，其业务按照专业分为安全、环境、健康和日常应急四个方面；事中应急突出了应急响应与指挥、应急资源调度、事故动态模拟、工业电视视频及电子地理信息等功能，为事故的应急处置与指挥提供科学的决策依据，减少事故损失，凸显企业事故应急处置与指挥能力；事后处理，强调对事故的调查、分析与处理，总结事故教训，分享事故处理经验，提升企业的 HSE 管理，从而推动企业创造卓越的 HSE 业绩。

系统功能涵盖企业各级 HSE 业务管理人员。

主要业务模块实现的功能如下：

（1）应急管理：包括预测预警、接处警、应急响应、预案管理、电子地理信息等。通过分析获取的预警信息，实现突发事件的早期预警、趋势预测和综合研判，预测突发事件的影响范围、影响方式、持续时间及危害程度，确定事件的预警级别；完成警情的接报与处置；发生重特大突发事件时，完成预案启动、事件数据采集、事件分析预测、资源协调等功能，并能对突发事件进行跟踪与反馈，能够将模拟预测结果、专家建议以及查询到的应急资源及时、快速地展示出来，供领导进行决策和指挥。

（2）隐患管理：主要满足基层单位通过风险识别发现隐患、制定整改措施并上报，经逐级审批对发现的隐患进行分级处理并整改，属于公司级的隐患提交公司安全环保部门汇总后，经公司领导审批后再次分级，确定为上报上级单位或政府的隐患可自动按要求上报，申请资金进行统一安排治理。

（3）事故管理：主要满足基层单位事故、事件的上报和调查处理的需求，以及事故快报、事故报告、事故报告、事故现场信息、事故月报表等信息的上报，实现事故经验教训的共享。事故统计方面，可依据企业上报的事故按照发生起数、重伤人数、死亡人数等进行统计分析，还可以按事故类型、事故发生原因等生成各类统计图表，为企业的安全管理提供决策支持。

（4）风险管理：主要包括作业过程中的危害识别、风险评价和风险控制措施的制定。

（5）HSE 检查：主要包括检查问题的登记、制定整改措施及整改情况的跟踪验收，此外还包括检查问题的统计分析、检查表的编制和引用等功能。

（6）承包商 HSE 管理：主要包括承包商的资质预审查、承包商作业人员的入厂教育和现场教育、作业过程监督问题的登记和整改以及承包商 HSE 业绩表现评价等功能。

（7）建设项目"三同时"管理：主要包括建设项目的"三同时"管理，按照可行性研究、基础设计(初步设计)、总体开工方案审查、开工前安全条件确认、竣工验收五个阶段，实现规范的项目 HSE 管理等功能。

（8）关键装置(要害部位)管理：主要包括企业按照规定的时间提交企业的关键装置(要害部位)安全技术报告，自动汇总生成集团公司的关键装置(要害部位)安全运行报告等功能。

（9）教育培训：主要包括 HSE 教育培训计划的制定，培训结果的登记以及培训效果的评估等功能。

（10）环保管理：包括"三废"资源综合利用、清洁生产、节水管理和环保统计等。

（11）职业卫生管理：主要包括企业按规定的事件(季度、半年和全年)上报各自企业的职业卫生管理情况报表，自动汇总生成各企业的职业卫生报表等功能。

（12）作业许可管理：实现用火作业、进入受限空间作业等作业票的开票(登记)、作业风险评价、落实防范措施等功能。

（13）HSE 绩效管理：实现制定绩效指标、设置安全环保和职业健康三方面的关键绩效指标(KPIs)和量化评估 HSE 绩效等功能。

（14）HSE 基础信息库：实现企业基本信息库、专业技术信息库和运行记录信息库的浏览、查询统计和打印等功能。

（15）日常事务：包括消息系统、工作任务、信息公告和知识园地4个主要功能模块。

9.3.2 系统应用成效

为基层班组人员、专业技术管理人员的日常检查的闭环管理提供有效的管理工具，其监督检查模块实现了基层各岗位人员检查问题的登记、下发、落实整改和验证的流程化管理。

在隐患排查与整改、直接作业环节作业许可票证和承包商现场教育与现场监管方面，不仅保证了隐患、作业许可和承包商的规范管理，还为基层员工加强隐患排查与整改、直接作业环节作业许可票证的填写、签发和完工验收以及承包商现场监督提供有效的手段。

通过HSE管理系统的实施，企业引进了先进管理理念，规范了HSE管理内容，前移了管理关口，筑牢了安全生产防线，提升了管理深度。

在HSE职责落实方面，体现了"谁主管、谁负责"的原则，实现了HSE业务数据共享、灵活调用，减少了管理人员的工作量，提高了管理效率。

系统集成了计算机辅助调度、短信及无线视频监控、无线浓度监测、大屏显示和模拟辅助决策等技术手段，整合了企业的应急资源，提高了突发事件的应急响应速度。

丰富了信息展示手段和自动生成的数十张基础报表、台账，有助于集团公司安全环保局和企业的各级管理层快速查询、统计分析相关数据信息，为各HSE业务决策提供准确的参考数据和信息。

通过知识园地模块，企业可查阅、下载国内外HSE法律法规、标准、《班组安全》及相关技术文献，为企业的HSE管理提供了信息工具支持。

参 考 文 献

［1］中国石化集团公司．石油化工安全技术［M］．中级本．北京：中国石化出版社，1998.

［2］佴士勇，宋文华，白茹．浅析危险化学品分类［M］．安全与环境工程，2006，13（4）：35～38.

［3］苏华龙．危险化学品安全管理［M］．北京：化学工业出版社，2006.

［4］蒋军成．危险化学品安全技术与管理［M］．北京：化学工业出版社，2009.

［5］李万春．危险化学品安全生产基础知识［M］．北京：气象出版社，2006.

［6］赵耀江．危险化学品安全管理与安全生产技术［M］．北京：煤炭工业出版社，2006.

［7］崔克清．化工生产过程危险、过程爆炸、安全设计［D］．南京化工大学，1998.

［8］冯肇瑞，杨有启．化工安全技术手册［M］．北京：化学工业出版社，1993.

［9］陈莹．工业防火与防爆［M］．北京：中国劳动社会保障出版社，1994.

［10］闪淳昌．现代安全管理原理［M］．北京：中国工人出版社，2003.

［11］匡永泰，高维民．石油化工安全评价技术［M］．北京：中国石化出版社，2005.

［12］施红勋，王秀香，牟善军，等．中国石化 HSE 管理系统建设及应用［J］．安全、健康和环境，2011，10(10).

中国石化出版社危险化学品图书目录

书 名	定价/元
危险化学品安全技术大典(第 I 卷)	298.00
危险化学品安全技术大典(第 II 卷)	298.00
危险化学品安全技术大典(第 III 卷)	298.00
危险化学品安全技术大典(第 IV 卷)	348.00
危险化学品从业单位安全标准化工作指南(第三版)	55.00
危险化学品从业单位安全生产标准化规范性文件汇编	45.00
危险化学品从业单位安全生产标准化法律法规手册	150.00
石油化工原料与产品安全手册(第二版)	160.00
石油化工危险化学品实用手册	65.00
石油化工有害物质防护手册	120.00
危险化学品活性危害与混储危险手册	198.00
危险化学品应急处置手册	55.00
常用危险化学品应急速查手册(第二版)	38.00
危险化学品安全生产技术与管理	45.00
危险化学品安全生产管理与监督实务	30.00
危险化学品从业人员安全培训教材	28.00
石化行业危险化学品安全培训读本(第二版)	50.00
危险化学品安全评价	30.00
安全教育系列丛书	
危险化学品企业员工安全知识必读(第二版)	20.00
消防安全教育丛书	
危险品物流消防安全	30.00
应急救援系列丛书	
危险化学品应急救援必读	20.00
危险化学品安全培训丛书	
危险化学品安全管理(第二版)	28.00
危险化学品安全经营、储运与使用(第二版)	32.00
危险化学品安全评价方法(第二版)	30.00
危险化学品设备安全(第二版)	30.00
危险化学品生产安全(第二版)	30.00
危险化学品事故处理及应急预案(第二版)	29.00
有毒有害气体防护系列丛书	
有毒有害气体安全防护必读	8.00
有毒有害气体防护技术	25.00
石化企业消防安全丛书	
危险化学品消防救援与处置	25.00